현대의 천문학 시리즈 | 09
Modern Astronomy Series

태양계와 행성

와타나베 쥰이치渡部潤一 · 이다 시게루井田 茂 · 사사키 쇼佐々木 晶 엮음
오충식 옮김

지성사

「SERIES GENDAI NO TENMONGAKU 09: TAIYOU TO WAKUSEI」
by Junichi Watanabe, Shigeru Ida, Sho Sasaki

First published in Japan by Nippon-Hyoron-sha Co., Ltd., Tokyo.

This Korean edition is published by arrangement with Nippon-Hyoron-sha Co., Ltd., Tokyo in care of Tuttle-Mori Agency. Inc., Tokyo through Eric Yang Agency. Inc., Seoul.

이 책의 한국어판 판권은 Tuttle-Mori Agency. Inc.과 Eric Yang Agency. Inc.를 통한 Nippon-Hyoron-sha Co.와의 독점 계약으로 지성사에 있습니다.

화보 1
마리너 10호가 촬영한 수성. 마리너호는 표면의 반 정도밖에 촬영하지 못해 전체 표면에 대한 지도는 제작되지 못했다(본문 67쪽, NASA 제공)

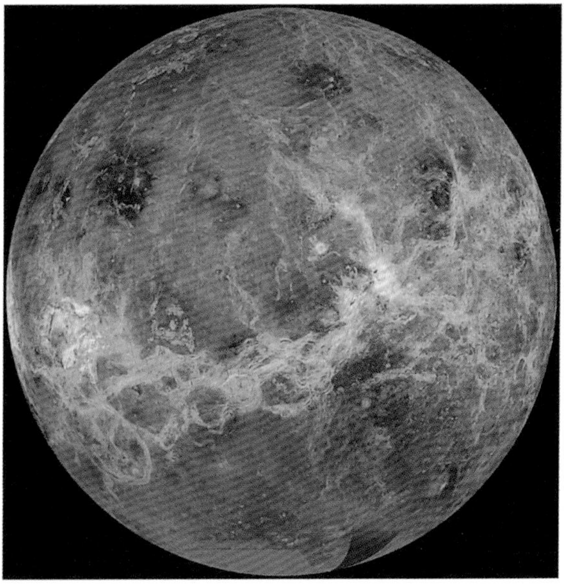

화보 2
마젤란 탐사선이 레이더로 관측 후에 만든 금성의 모습(본문 73쪽, NASA 제공)

화보 3
옛 소련의 금성 탐사선 베네라호가 촬영한 금성 표면(1장, 2장 참조, NASA 제공)

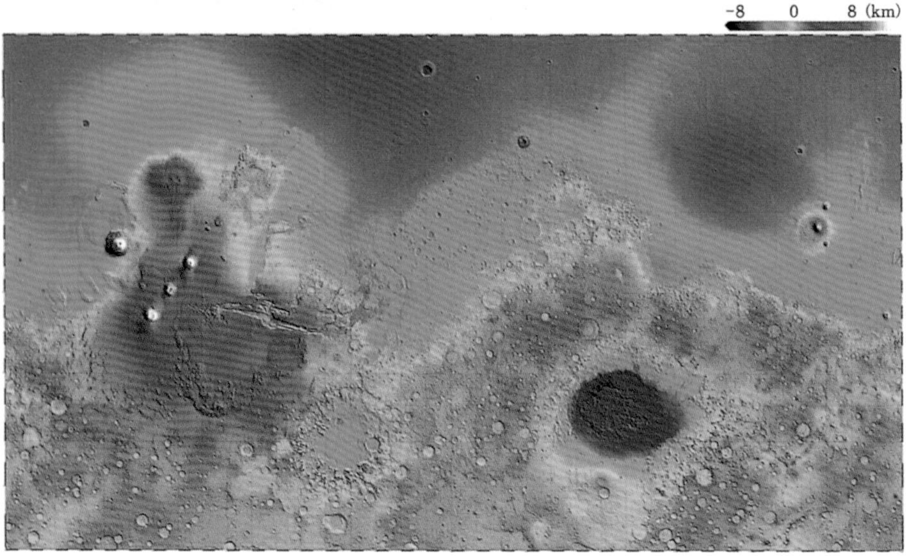
-8 0 8 (km)

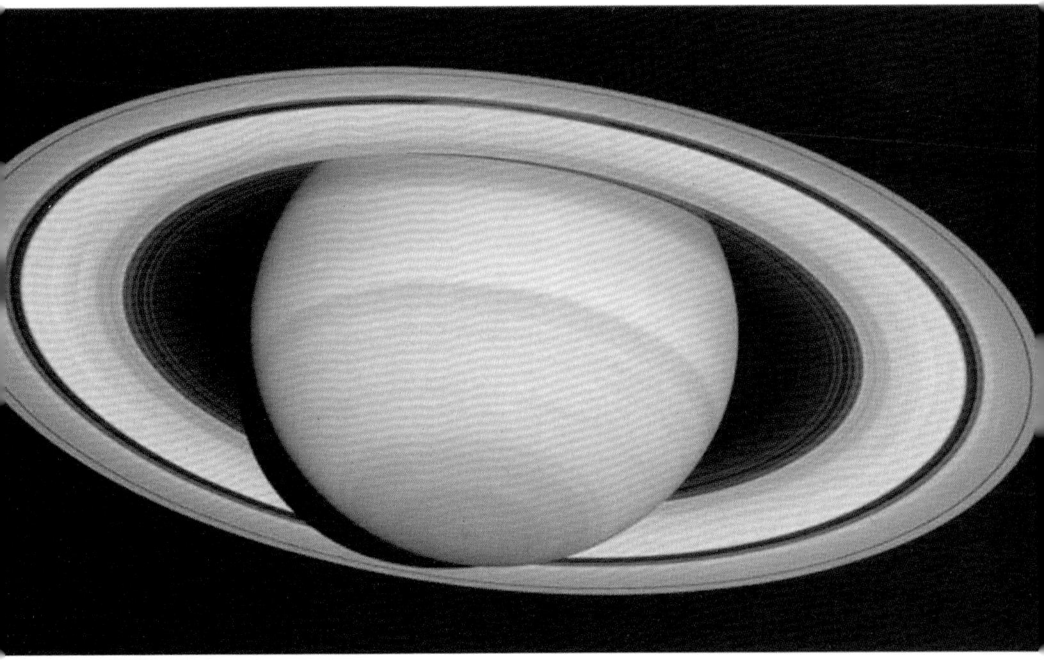

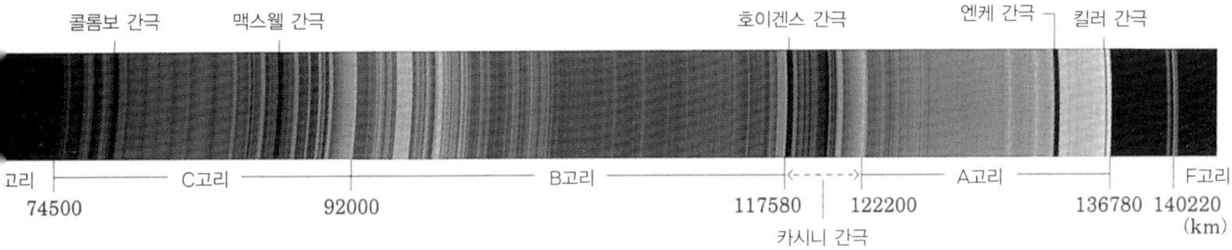

화보 4 (왼쪽 위)
허블 우주망원경에서 촬영한 화성. 양극이 헤이즈로 둘러싸여 있고, 아침과 저녁이 되는 곳에 구름이 안개처럼 나타나는 것을 볼 수 있다(본문 80쪽, http://hubblesite.org).

화보 5 (왼쪽 아래)
마스 글로벌 서베이어의 레이저 고도계에서 얻은 화성의 지형. 남위 70도부터 북위 70도까지의 범위가 그려져 있다. 표고가 높고 구덩이가 많은 남반구, 그리고 화산지역을 제외하고는 표고가 낮고 구덩이가 상대적으로 적은 북반구가 뚜렷하게 구별된다(본문 82쪽, NASA 제공).

화보 6 (위)
아름다운 고리를 가진 토성. 허블 우주망원경으로 촬영한 전체 영상(본문 93쪽, NASA 제공).

화보 7 (아래)
토성 탐사선 카시니가 접근하여 촬영한 토성 고리의 상세한 구조. 안쪽의 D고리부터 F고리까지 확인할 수 있다(4장 참조, NASA 제공).

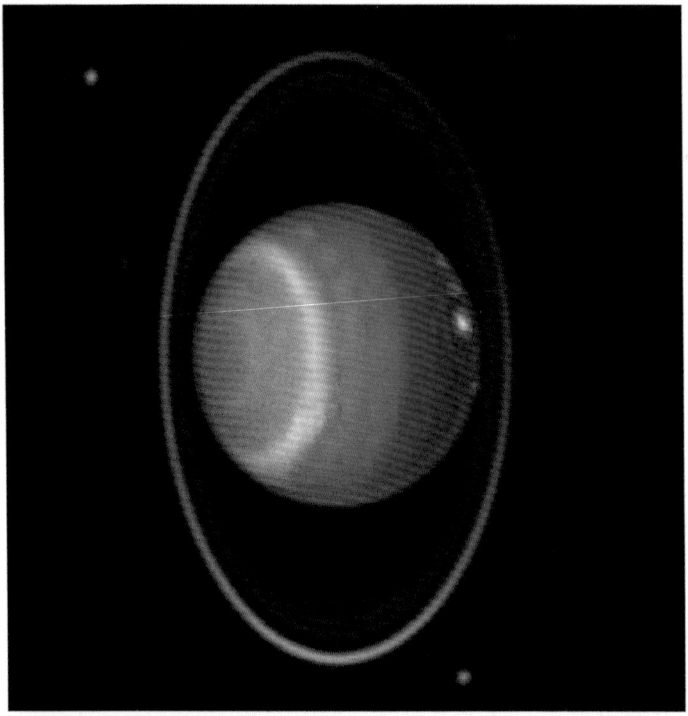

화보 8
허블 우주망원경 적외선으로 촬영한 천왕성. 가시광에서는 밋밋하게 보이는 천체이지만 적외선에서는 화려하게 보이고 고리도 뚜렷하게 나타난다(본문 93쪽, NASA 제공).

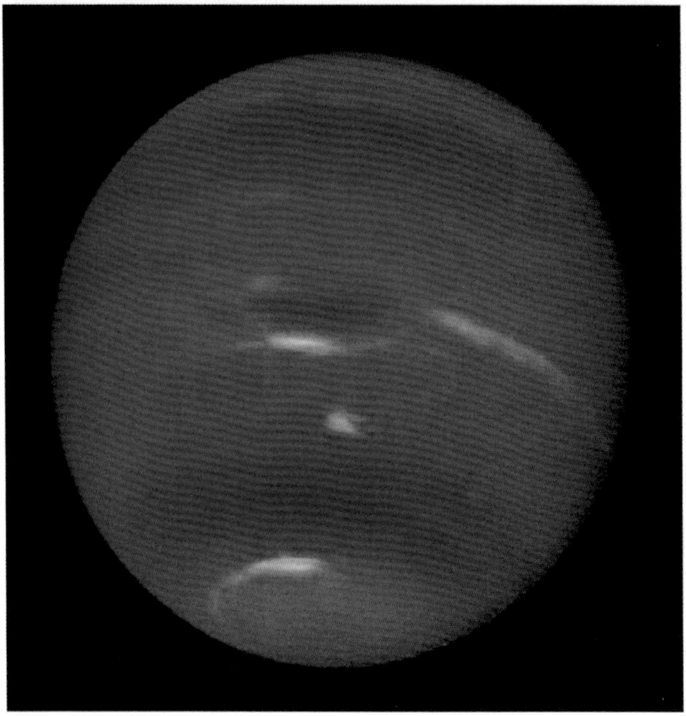

화보 9
보이저 2호가 접근하여 촬영한 해왕성. 중앙에 대암반이 보인다(본문 93쪽, NASA 제공).

화보 10
'가구야'의 지형 카메라가 촬영한 달 표면(입체영상 처리, 4장 참조, JAXA 제공).

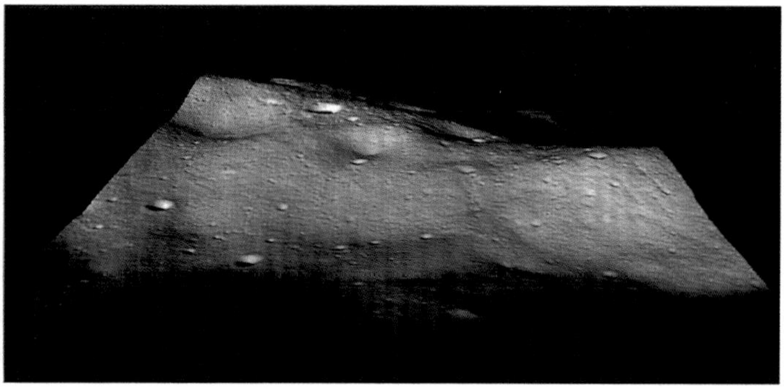

화보 11
'하야부사'가 포착한 소행성 이토카와. 바위덩어리의 집합체인 것을 알 수 있다(본문 184쪽, JAXA 제공).

화보 12
운석 박편(보통 콘드라이트)의 투과현미경 사진(영상 폭 약 1.7mm, 5장 참조).

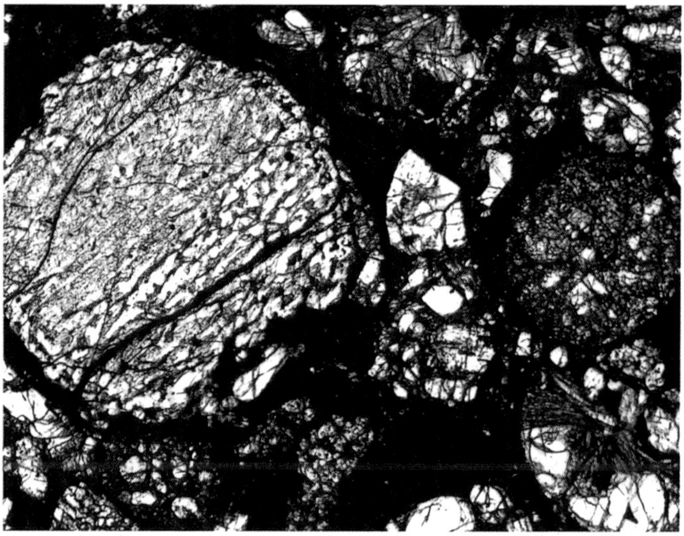

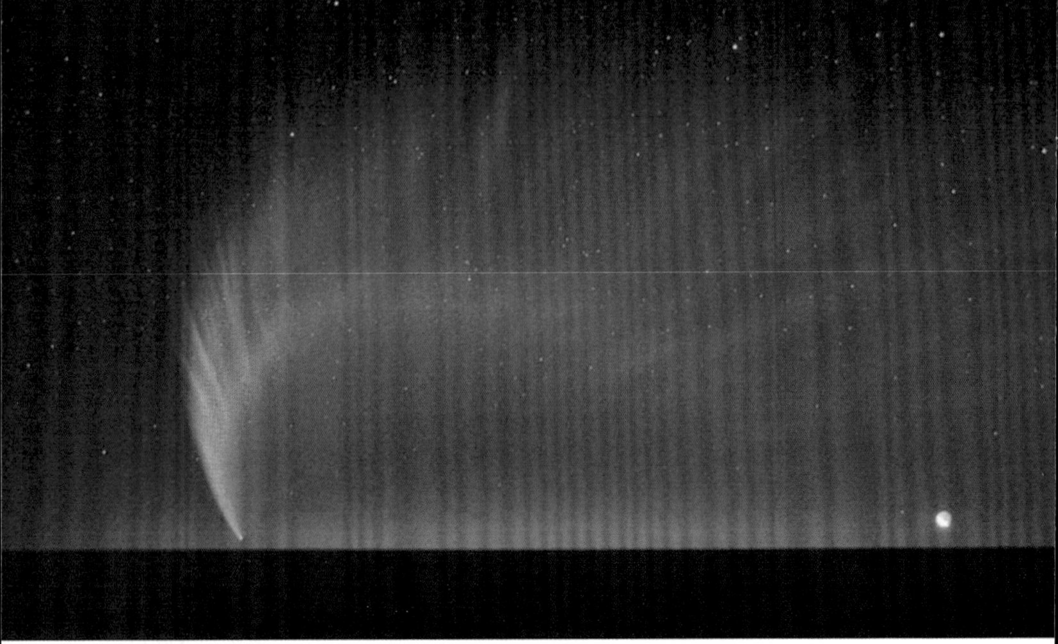

화보 13 (위)
2007년에 출현한 맥노트 혜성(2007년 1월 20일). 남반구에서 그 장대한 모습을 확인할 수 있었으며, 먼지꼬리가 길게 뻗어 있는 것을 볼 수 있다(5장 참조, S. Deiries(ESO) 제공).

화보 14 (아래)
행성 천체후보 2M 1297B. 직접 촬영한 동반별 천체 중에서 가장 가볍다(약 8목성 질량). 주성은 젊고 갈색왜성(2M 1207A, 나이 약 8백만 년, 질량 약 24 목성 질량)이다. 주성에 대한 질량비가 작아 원시행성계 원반에서 생긴 행성으로 추정된다(7장 참조, ESO 제공).

시리즈를 발간하며

천문학은 최근 들어 놀라운 추세로 발전하면서 많은 사람들의 관심을 모으고 있다. 이것은 관측기술이 발전함으로써 인류가 볼 수 있는 우주가 크게 넓어졌기 때문이다. 우주의 끝으로 나아가려는 인류의 노력은 마침내 129억 광년 너머의 은하에 이르게 됐다. 이 은하는 빅뱅으로부터 불과 8억 년 후의 모습을 보여준다. 2006년 8월에 명왕성을 행성과는 다른 천체로 분류하는 '행성의 정의' 가 국제천문연맹에서 채택된 것도 태양계 외연부의 모습이 점차 뚜렷해졌기 때문이다.

이러한 시기에 일본천문학회의 창립 100주년기념출판 사업으로 천문학의 모든 분야를 망라하는 ≪현대의 천문학 시리즈≫를 간행할 수 있게 되어 큰 영광이다.

이 시리즈에서는 최전선의 연구자들이 천문학의 기초를 설명하면서 본인의 경험을 포함한 최신 연구성과를 보여줄 것이다. 가능한 한 천문학이나 우주에 관심이 있는 고등학생들이 이해할 수 있도록 쉬운 문장으로 설명하기 위해 신경을 썼다. 특히 시리즈의 도입부인 제1권에서는 천문학을 우주–지구–인간의 관점에서 살펴보면서 우주의 생성과 우주 속에서의 인류의 위치를 명확하게 밝히고자 했다. 본론인 제2권~제17권에서는 우주에서 태양까지 여러 분야에 걸친 천문학의 연구 대상, 연구에 필요한 기초

지식, 천체 현상의 시뮬레이션 기초와 응용, 그리고 여러 파장의 관측기술을 설명하고 있다.

이 시리즈는 '천문학 교과서를 만들고 싶다' 는 취지에서 추진되었으며, 일본천문학회에 기부해준 한 독지가의 성의로 가능할 수 있었다. 그 마음에 깊이 감사드리며, 많은 분들이 이 시리즈를 통해 천문학의 생생한 '현재' 를 접하고 우주를 향한 꿈을 키워나가길 기원한다.

편집위원장 오카무라 사다노리岡村定矩

머리말

제9권은 천문학 중에서도 태양계 및 행성에 대한 최신의 정보들을 소개한다. 이 책에서 다루는 영역을 행성과학이라 부르기도 한다. 일반적인 천문학과 달리, 탐사 대상인 천체에 탐사선을 보내 직접 관측하는 등의 현지연구가 가능한 것이 큰 특징이자 장점이다. 또한 지구과학의 시점을 응용한 연구도 가능하며, 지질학과 광물학, 기상학, 그리고 생물학 등의 시점에서도 연구가 진행되고 있다. 한편, 7장에서 소개하는 외계 행성 탐사뿐아니라, 태양계에 무수히 존재하는 소천체의 다양한 모습을 밝히기 위해서나 미지의 천체를 탐사하는 관측 등 여전히 천문학적 방법에 따른 연구도 많이 이루어지고 있다.

현재 이 분야의 발전은 매우 빠르게 이루어지고 있다. 2006년 여름, 국제천문연맹 총회에서 명왕성이 행성 분류에서 탈락하여 준행성으로 분류된 일도 최신 정보 가운데 하나이다. 그러한 배경에는, 태양계 외연부에 많은 소천체들이 발견되었고 그에 따라 태양계 천체에 대한 기준이 새로 정리되었기 때문이다. 그러므로 9권에서는 학문적인 진보가 급속히 진행되었던 탓에 원고 수정이 여러 차례 있어 예정보다 늦게 출간되었지만, 그만큼 최신의 정보를 담고 있음을 상기하자.

1장에서는 우리 태양계의 역학적 · 열적 구조, 조성, 그리고 탐사에 대해 간단히 소개한다. 태양계의 중심에 있는 태양에 대해서는 제10권에서 다루므로 여기서는 다루지 않는다. 2장에서는 태양계 행성 중에서도 태양에 가까운 네 개의 지구형 행성에 대해 각각의 특징을 자세하게 소개하고 비교한다. 3장에서는 나머지 네 개의 목성형 행성에 대해 지구형 행성과 마찬가지로 그 특징을 소개하고 서로 비교한다. 4장에서는 행성 주위에 존재하는 고리와 위성의 구조에 대해 알아본다. 먼저, 다양한 위성들을 분류하고 기원에 대해 설명하며, 지구의 위성인 달에 대해서도 설명한다. 주목할 만한 위성인 목성의 이오, 유로파, 그리고 토성의 타이탄에 대해 자세히 설명한다. 그리고 각 행성의 고리에 관한 최신 정보를 소개한다.

태양계를 연구할 때 위성과 고리를 포함하여 행성 이외의 작은 천체들이 중요한 정보를 제공하기도 한다. 행성처럼 큰 천체가 되면 지질학적인 활동에 따라 초기의 원재료 물질이나 물리 상황이 변하기 때문이다. 하지만 소천체의 경우에는 초기조건에 가까운 상태가 보존되어 있을 가능성이 크다. 5장에서는 그러한 다양한 소천체를 소개한다. 암석질의 소천체인 소행성, 그 파편이 지구로 낙하한 운석, 휘발성 물질이 풍부한 소천체인 혜성, 지구 대기로 날아 들어와 발광하는 유성, 태양계 외연부에 존재하는 에지워스-카이퍼 벨트와 명왕성, 그리고 태양계 공간에서 압도적으로 많은 수를 차지하는 행성간 먼지에 대해 각각 소개한다.

이러한 각 천체들의 연구 결과와 함께, 다른 행성을 형성한다고 생각되는 별탄생 영역을 관측하여 얻은 정보 및 이론적인 연구 결과를 바탕으로 태양계 기원의 비밀이 서서히 풀려가고 있다. 6장에서는 현재까지의 태양계 기원론에 대해 알아보고, 원시행성계 원반의 탄생에서부터 지구형 및 목성형 행성의 형성과 대기의 기원에 대해 소개한다.

7장에서는 일반인들에게도 관심이 많고, 최근에 많은 진전이 있는 외계 행성 분야에 대해 다룬다. 그 발견의 역사와 현재의 정보를 소개하고, 외계 행성의 다양성에 관한 이론적 연구, 앞으로의 연구 발전에 대한 전망을 보여준다. 8장에서는 생명의 기원에 다가가는 방법으로, 초기 재료로 알려진 유기물과 얼음의 연구, 그리고 생명 탄생 초기의 지구 환경에 대해 알아보고, 실험실에서 이루어진 생명 탄생의 연구에 대해 소개한다.

다수의 집필자가 각 부분을 나누어 담당했기에 처음부터 마지막까지의 문장과 단어가 일관되지 못한 부분이 있지만, 각 전문 분야에서의 최신 정보를 담은 것에 모든 집필자가 만족하고 있다. 오랜 시간 원고를 기다려주고 편집에 수고를 해준 편집자께 감사드린다.

와타나베 쥰이치

차례

제1장
태양계의 개요

1.1 태양계의 구조

1.1.1 태양계의 구성요소

우리 태양계는 태양을 중심으로 한 8개의 행성, 행성의 크기까지 성장하지 못한 위성이나 작은 천체들, 행성간 공간에 존재하는 먼지, 태양에서 방출되는 플라스마, 고에너지 입자 등으로 이루어져 있다. 태양계 대부분의 질량(99%)은 항성인 태양이 차지하고 있고 행성을 포함한 나머지 천체를 모두 합해도 태양 질량의 100분의 1에 지나지 않는다.

행성은 국제천문연맹의 회의에 따라 다음과 같이 정의한다.

(1) 태양 주위를 돌고 있고,

(2) 고체에 작용하는 여러 가지 힘을 이기고 평형상태(구형상태)를 이루게 하는 강한 중력을 가질 만큼 충분한 질량이어야 하며,

(3) 자기 궤도 주위에서 충돌 · 합체나 중력 산란에 따라 다른 천체들을 없어지게 할 만한 천체이다.

태양에 가까운 순으로 수성, 금성, 지구, 화성, 목성, 토성, 천왕성, 해왕성인 8개이며, 수성이 가장 작고 목성이 가장 크다. 태양에 가까운 네 개의 행성(수성, 금성, 지구, 화성)은 암석질로 이루어져 있고, 먼 쪽의 네 개 행성(목성, 토성, 천왕성, 해왕성)은 가스 비율이 높다. 전자를 지구형 행성, 후자를 목성형 행성이라고 부른다. 후자를 더욱 세분화하여 목성과 토성을 거대 가스 행성, 천왕성과 해왕성을 거대 얼음 행성이라고 부르는 경우도 많아지고 있다. 목성이나 토성이 태양과 같은 수소나 헬륨으로 이루어진 것에 반해, 천왕성과 해왕성은 거대한 얼음핵을 갖고 있고 내부 구조가 서로 다르기 때문이다. 이 행성들은 태양의 적도면에 가깝고 한 평면에 거의 일

치하여 분포하고 있다고 말할 수 있다. 지구의 궤도면을 황도면이라고 부르지만, 대부분 행성들의 궤도면은 이 황도면에서 10도 미만의 기울기를 갖고 있다. 이는 6장에서 소개하는 행성의 형성 시나리오를 생각하면 쉽게 이해할 수 있다.

행성 이외의 천체도 무작위로 존재하는 것이 아니며, 그 구성 성분도 다양하다. 지구형 행성의 존재 영역과 목성형 행성의 존재 영역 사이, 즉 화성과 목성의 사이에 암석질로 이루어진 소행성대라는 작은 천체의 무리가 존재하며, 그 수는 궤도가 알려진 것들만 해도 이미 십만 개가 넘는다. 더욱이 해왕성의 바깥쪽에는 얼음을 포함한 작은 천체의 무리가 존재하는 영역이 있으며, 카이퍼 벨트Kuiper Belt 천체라고 한다. 이러한 작은 천체의 무리도 주로 황도면에 집중되어 있는 것이 대부분이지만, 황도면과 크게 떨어져 있는 천체도 존재한다.

이런 작은 천체들 중에는 행성에 견줄 만한 큰 천체도 존재한다. 한편, 제9 행성으로 불렸던 명왕성은 카이퍼 벨트 천체로 흡수되었고, 최근에는 명왕성보다 더 큰 천체도 발견되고 있다. 이러한 천체를 행성이라고 할지를 논의한 결과, 국제천문연맹에서는 앞에서 말한 행성의 정의 세 가지 조건 가운데 (3)을 만족하지 않는 천체를 왜소행성dwarf planet이라고 부르기로 했다. 이는 곧 행성에 포함되지 않음을 의미하며, 2006년 국제천문연맹에서 정한 새로운 분류이다. 소행성대에서 가장 큰 세레스, 카이퍼 벨트 천체인 명왕성과 에리스, 이 세 천체가 현재 왜소행성으로 분류되어 있다.

행성이나 왜소행성 이외의 천체는 태양계 소천체Small Solar System Bodies라고 하며, 소행성, 혜성, 카이퍼 벨트 천체, 행성간 먼지 대부분이 포함되어 있다. 혜성은 얼음을 비롯한 휘발성 물질을 가지고 있는 작은 천체로, 태양에 가까워지면 그 물질들이 증발하고 질량을 방출한다. 혜성은 일반적으로 긴 타원형의 궤도이지만, 거의 포물선이나 쌍곡선의 궤도를 그리는 것도 일부 존재한다. 주기가 200년 이하의 혜성을 단주기, 그 이상을 장주기 혜성으로 분류하고 있다. 단주기 혜성의 대부분은 행성과 마찬가지로 황도면에 집중해 행성과 같은 방향으로 공전하고 있지만, 장주기 혜성의 궤도면은 황도면과 관계가 없으며 무작위적 분포를 갖고 있다. 이것으로부터 단주기 혜성은 카이퍼 벨트 천체가, 장주기 혜성은 오르트 구름 Oort cloud이라는 태양계를 크게 둘러싸고 있는 구 형태의 작은 천체 무리가 각각 그 기원이라고 생각하고 있다. 단, 후자인 오르트 구름에 관해서는 장주기 혜성의 원일점(遠日點, 그 궤도에서 태양으로부터 가장 멀리 떨어진 지점)의 분포로부터 간접적으로 존재 유무를 파악하고 있을 뿐이다. 천문학적으로는, 관측을 했을 때 그 작은 천체 중에 질량 방출의 징후가 있는 것을 혜성, 그것이 확인되지 않고 단지 항성 형태로 되어 있는 것을 소행성이라고 정의한다. 하지만 최근에는 소행성대에 존재하지만 혜성처럼 질량 방출을 하는 천체라든가, 혜성과 같은 궤도를 갖고 있지만 질량 방출은 보이지 않는 소행성 등이 발견되고 있어 그 경계가 모호해지고 있다.

위성에 대해서는 국제천문연맹에서 정의를 아직 확실히 정하지 않고 있어 일반적으로는 행성이나 작은 천체들 주위를 도는 궤도에 있으며, 중심 천체에 비해 작고 그 중력권에서 벗어날 만큼의 에너지를 갖고 있지 못한 천체로 한정되어 있다. 목성형 행성의 위성에는 중심 행성에 가까운 궤도를 같은 방향으로 도는 위성도 있으며, 매우 먼 곳에서 반대방향으로 도는 위성들도 알려져 있다.

이러한 태양계 내부의 구성요소들은 기본적으로 태양 중력의 지배 아래 있다. 행성이나 작은 천체들은 그 강한 중력에 지배되고 있으며, 그 주위를 도는 궤도를 갖고 있다. 위성도 근본적으로 중심 행성 주위를 돌고 있지만, 태양 중력의 영향을 받고 있음이 틀림없다.

한편, 행성간 먼지 정도의 작은 천체에는 태양의 복사압이나 전자기장 등 중력 이외의 힘이 작용한다. 행성간 먼지는 혜성이나 소행성이 그 기원으로 알려져 있다. 일반적으로 황도면에 집중되어 있지만, 그 정도의 작은 크기로는 태양복사압의 영향으로 태양계 내부에 머무는 수명이 다른 천체에 비해 압도적으로 짧다.

행성간 공간을 채우는 플라스마는 태양에서 내뿜는 태양풍이라 불리며, 중력보다 전자기장의 영향을 받는다. 이에 관한 내용은 제10권에서 다루기 때문에 여기서는 자세히 다루지 않는다. 태양계의 주된 구성요소인 천체들의 물리량은 이 책의 마지막 부분의 부록에 실려 있다.

1.1.2 태양계의 역학적 안정성

태양계 구성요소의 대부분은 태양을 거의 중심으로 하여 각각의 천체가 공전운동을 한다. 태양계의 질량 가운데 99% 이상이 태양이 차지하고 있어 태양계 모든 천체의 공통중심Baricenter은 태양 부근에 존재한다. 엄밀히 말하면 태양계 천체는 공통중심의 주위를 공전하지만(실제로는 행성의 위치에 따라 공통중심이 태양의 내부 또는 외부에 존재한다), 거의 태양을 중심으로 공전한다고 생각해도 무관하다. 이러한 공전운동으로 그리는 궤적을 천체의 궤도라고 한다. 한편, 태양계 전체의 각운동량의 대부분은 반대로 행성이 갖고 있다.

8개의 행성 궤도는 거의 황도면에 따라 분포하고 있으며, 각각 원형에 가까우며 서로 교차하는 일은 없다. 수치계산에서도 태양계의 나이 수준에서는 매우 안정된 상태로 나타난다. 한편, 행성 이외의 천체에서는 궤도가 이 정도 장기간에 걸쳐 안정된 상태를 유지한다고는 단정 지을 수 없다.

왜소행성이나 소행성, 특히 소행성대에 있는 대부분은 궤도가 원에 가깝고, 궤도 경사 또한 황도면과 그다지 차이가 나지 않는다. 하지만 소행성대에는 무수히 많은 천체들이 있으므로 상호 충돌이나 근접조우 등을 무시할 수 없으며, 궤도가 같은 소행성들이 발견되기도 하지만 이런 천체들의 기원은 기본적으로는 충돌에 따른 파편으로 생각된다.

또한 작은 크기의 소행성은 중력 이외의 효과, 예를 들어 소행성 표면에서 일어나는 열복사의 반작용이 축적되어 궤도가 변하는 야코브스키 Yarkovsky 효과 등으로 궤도가 서서히 변하고, 목성의 중력 영향을 받기 쉬운 공명[1] 영역에 들어가기도 한다. 이렇게 되면 궤도가 크게 일그러지고 최종적으로는 소행성대에서 벗어나게 된다. 이런 현상에 따라 일부 천체는 안정된 궤도에서 벗어나 다른 행성의 궤도를 지나치기도 한다. 그렇게 되면 그 천체는 행성에 근접하게 되므로 궤도가 순식간에 불안정해진다. 수백 년에서 수만 년 정도의 짧은 시간 동안에 궤도는 점점 변화하고, 일부는 행성과 충돌하거나 행성에 근접함으로써 쌍곡선궤도에 들어가 태양계를 탈출하는 경우도 생긴다. 지구에 접근하는 소행성도 원래는 소행성대에 있었던 것이 이러한 궤도의 변화를 받았다고 생각된다.

혜성은 원래 이렇게 궤도가 불안정한 경우가 많다. 1994년 목성에 충돌한 슈메이커 – 레비 혜성Shoemaker-Levy comet처럼(3.5절 참조) 행성에 충돌해서 없어지는 것도 있지만, 원래 태양열의 영향으로 질량 방출을 계속하기 때문에 붕괴하고 증발되어 사라지기도 하는데 그 물리적인 수명은 짧다. 하지만 혜성은 항상 공급되고 있다고 알려져 있으며, 황도면을 따라서 순행하는 궤도를 가진 단주기 혜성(목성형 혜성이라고 한다)의 대부분은 카이퍼 벨트에서 충돌이나 역학적 효과로 공급된다고 생각하고 있다.

카이퍼 벨트에서 내부로 궤도 진입하는 혜성은 해왕성, 천왕성, 토성, 목성의 순으로 이동한다. 이렇게 하여 태양에 근접하면 혜성 활동, 즉 태

1 공전운동을 하는 천체가 서로 규칙적 · 주기적으로 중력을 미치는 현상을 천체역학에서는 공명共鳴이라고 한다. 이 둘의 공전주기가 간단한 정수비가 되는 경우를 평균운동 공명이라 하는데, 소행성에서는 목성과의 공전주기비로 공명 영역이 정해져 있다(5.1절 참조).

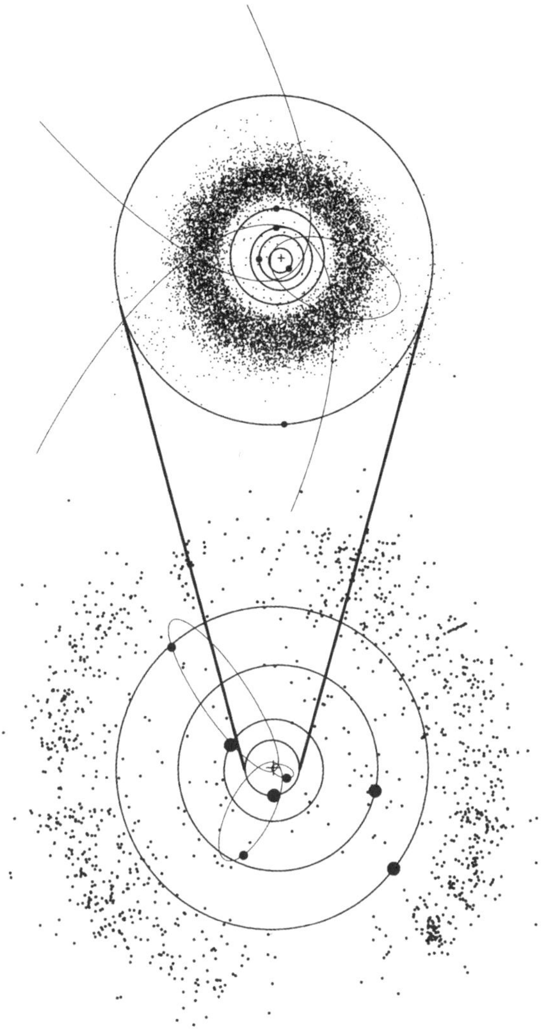

그림 1.1 태양계의 개관도. 위가 목성까지의 궤도면이고 목성과 화성의 사이에 무수한 소행성이 존재한다. 아래는 바깥쪽의 궤도면으로, 해왕성의 궤도 바깥에 카이퍼 벨트 천체가 분포하고 있음을 알 수 있다. 가느다란 선으로 그린 타원형의 궤도 세 개는 혜성의 전형적 예로 핼리 혜성(왼쪽 위), 엔케 혜성(오른쪽 아래), 템펠－터틀 혜성(왼쪽 아래)을 나타낸다. 은하면의 방향이기 때문에 5~6시 방향에는 카이퍼 벨트 천체 수가 적다.

양의 열에 따라 휘발 성분이 증발되어 혜성의 전형적인 특징이 나타난다. 카이퍼 벨트에서 혜성으로 궤도가 바뀌는 천체 무리도 발견되며, 이 천체들의 궤도 장반경이 해왕성보다 안쪽에 위치하는 천체를 켄타우루스족이라고 부르기도 한다. 이것들은 아직 태양에서 멀기 때문에 혜성 활동이 보이지 않는 천체가 많고 소행성으로 분류된 것도 많다.

한편, 장주기 혜성 중에서 황도면과 관계없는 혜성은, 태양계를 1만~10만 AU(천문단위) 정도의 크기로 구껍질 형태로 둘러싼 오르트 구름이 그 기원이다. 포물선궤도에 가깝고 태양의 중력이 거의 미치지 않는 경계 부근에 머물러 있으므로 태양에 근접하여 혜성이 되었을 때의 두 가지 방향을 띤 물질 방출에 따른 효과(비중력효과)나 행성의 섭동[2]에 따라 약한 쌍곡선궤도가 되어 두 번 다시 돌아오지 않는 경우가 대부분이다. 돌아오는 궤도라 해도 수천 년이나 수만 년 이상의 주기가 되어 다음의 정확한 출현 예측은 매우 어렵다.

위성은 본디부터 행성이나 작은 천체의 주위를 도는 매우 안정된 궤도를 가진 것이 많다. 일반적으로 그 중력권에서 벗어날 에너지를 갖지 못하며, 아무 일도 없다면 중심 천체에서 멀리 벗어나는 일은 일어나지 않는다. 하지만 목성형 행성의 위성 중에 아주 바깥쪽에서 반대방향으로 도는 위성들의 안정성에 의문이 들 수 있다. 목성에 충돌한 슈메이커-레비 혜성 등은 궤도 계산의 결과, 수십 년에 걸쳐 일시적으로 목성의 중력권 안에 잡혀 있다고 생각하는데 이러한 일시적인 천체를 위성이라고 불러야 할지에 대한 논의도 있다.

행성간 먼지는 크기도 다르지만 기본적으로 수명이 짧다. 혜성이 기원

2 일반적으로 역학계에서 주요한 힘의 기여(주요항)에 따른 운동이 부차적인 힘의 기여(섭동항)에 따라 영향을 받는 현상을 섭동이라고 한다. 태양계에서는 위성과 같은 경우를 제외하고, 일반적으로 태양이 주요항이고 다른 행성의 중력적 영향은 섭동항에 있다.

인 먼지 중에서 작은 것은 태양복사압의 영향으로 대부분 쌍곡선궤도가 되어 태양계를 벗어난다. 크기가 모래 알갱이 정도인 입자들은 그 기원인 혜성의 궤도를 따라서 이어진 경우가 많지만, 그 궤도가 원래 불안정해 역학적인 수명은 짧다. 혜성 궤도가 지구에 접근하는 경우 이러한 먼지의 일부가 지구에 충돌하여 유성우로 관측된다. 소행성 기원의 먼지는 태양복사에 따른 포인팅-로버트슨 효과(Poynting-Robertson effect, 5.6.3절 참조)의 영향을 크게 받으면서 서서히 원궤도가 되어 안쪽으로 점점 이동한다. 이렇게 수천만 년을 지나면 태양에 가까워지고 성분에 따라 태양에서 특정 거리의 장소에서 증발하고 태양풍으로 날아가버린다. 이것이 베타-메테오로이드β-meteoroids라는 태양에서 날아오는 미크론 입자의 기원이다.

또한 안쪽으로 이동하는 행성간 먼지가 증발하는 장소에서는 일시적으로 먼지의 공간밀도가 높아질 것으로 예측된다. 이러한 영역이 존재한다는 지적도 있지만, 일시적으로 관측되는 것일 뿐 안정적으로 존재하는 것은 아니다. 그리고 지구에는 하루에 몇 톤이나 되는 행성간 먼지가 끊임없이 충돌하고 있다. 태양계 천체의 천체역학적 측면에 관해서는 제13권에서 소개할 것이다.

1.1.3 태양계의 온도구조

태양계의 온도구조는 대부분 태양의 영향이라고 할 수 있다. 태양에너지의 원천은 핵융합반응이며, 그 에너지가 빛이 되어 태양의 표면에서 우주로 방출된다. 표면온도는 약 5800도의 고온이지만 다행히 에너지 복사량이 매우 안정되어 있어 지구는 거의 안정된 기후환경을 유지할 수 있었다. 태양에서 받는 복사량은 태양에 더 가까울수록 많아져, 태양 근처일수록 뜨거워지고 멀어질수록 차가워진다. 태양에 가장 가까운 수성에서 낮 동안의 표면온도가 섭씨 400도에 이르는 한편, 해왕성 부근에서는 영하 220

도까지 내려간다. 태양에서 받는 에너지와 다시 우주로 복사하는 에너지의 균형으로 온도가 일정하게 유지되는데, 이것을 복사평형온도라고 한다. 대기가 없는 경우의 복사평형온도는 대기가 있는 경우에 비해 일반적으로 낮아진다. 대기에 따른 온실효과가 사라지기 때문이다.

행성의 온도를 결정하는 또 다른 큰 요인은 행성 자체에서의 열 발생량이다. 지구의 지열 등은 거의 무시할 만한 양이지만, 목성형 행성의 경우에는 중력 수축에 따른 에너지를 무시할 수 없다. 한편, 대기가 없는 작은 천체의 경우는 이러한 중력 수축 에너지는 거의 없고, 표면의 물리적 성질에 좌우되는 복사평형에 가까운 온도를 가진다. 작은 천체에서 이러한 영향을 크게 받는 것은 혜성처럼 얼음 등의 휘발성 물질을 대량으로 갖고 있는 경우이다.

더욱이 행성간 먼지는 단순한 복사평형보다도 온도가 높은 경우가 있다. 이것은 장소와 물리적 성질에도 의존하지만, 일반적으로 혜성에서 방출된 먼지의 온도는 매우 높다. 먼지는 태양에너지를 가시광으로 받아들여 온도가 높아진다. 그리고 다시 그 에너지를 파장 10 μm 정도의 적외선으로 방출하지만 그 파장보다도 작은 먼지라면 복사효율이 낮아지게 된다. 이 정도 크기의 먼지가 혜성에서는 다수 존재하고 있으므로 온도가 높아지는 일이 많다. 하지만 정확히 지구의 궤도 부근은 물이 고체에서 기체로 변하는 온도 환경이라 대기압이 적절하다면 얼음이 물로 변하기 때문에 이러한 영역을 생명이 존재할 가능성이 있는 영역habitable zone이라고 한다.

6장에서 소개하겠지만, 이 온도구조는 태양계 천체의 구성 성분을 결정하는 큰 원인이라고 할 수 있다. 소행성대 영역보다 멀면 얼음(고체)이 되고, 반대로 그보다 가까우면 녹아서 기체가 된다. 그렇기 때문에 화성보다 가까운 행성의 성분은 암석이 주성분이고 얼음이 거의 없다. 물이 많은 행성인 지구의 경우에도 전체로 봤을 때 물은 아주 일부분이라고 할 수 있다.

한편, 목성보다도 먼 곳에서는 물은 얼음(고체)이 된다. 그러므로 목성이나 토성의 위성에서는 상당량의 얼음이 구성 성분으로 존재한다. 예를 들어 목성의 위성인 유로파에서는 적어도 표면의 3~4 km가 얼음으로 덮여 있고, 그 아래에 바다가 있다고 알려져 있다. 더욱이 해왕성보다도 먼 곳에서는 메탄 같은 가스도 얼기 시작한다. 토성의 위성인 타이탄에서는 메탄이 고체 및 액체, 기체 상태로 공존하고 있다고 알려졌다. 이 위성에서는 얼음이 지구로 치자면 '지각'의 역할을 하며, 내부의 압력이 높은 곳에서는 얼음이 녹아 물의 마그마가 되고 분출하여 대지를 만든다. 이 정도 거리를 경계로, 더 먼 곳에서는 메탄도 완전히 얼어버리고 메탄의 얼음이 카이퍼 벨트 천체인 명왕성의 표면에 존재하고 있는 것으로 알려졌다. 카이퍼 벨트 천체 부근은 태양에서 아주 멀기 때문에 태양복사가 매우 적으며, 표면온도는 절대온도에 가까워 거의 30 K에서 50 K 정도이다.

1.1.4 태양계의 전자기학적 구조

태양계의 가장 작은 구성요소라고 할 수 있는 행성간 플라스마는 그 대부분이 양성자와 전자로 구성되어 있으며 태양을 기원으로 한다. 일반적으로 태양 표면에서부터 반경 1~2배의 범위에서는 태양의 자기장이 충분히 강하기 때문에 뜨거운 가스를 보유할 수 있다. 하지만 그보다 바깥쪽으로는 자기장이 약해지고, 코로나 가스가 자기장을 따라 우주 공간으로 흘러나간다. 한번 흘러나가기 시작하면 자기장의 힘이 점점 더 약해지고 가스의 밀도도 낮아져 가속되기 시작한다. 이것이 태양계 공간에 흐르고 있는 태양풍의 기원이다. 태양풍은 자기장을 따르면서 방사형으로 내뿜으며, 그 극성이나 속도는 11년 주기의 태양 활동에 따라 변화한다. 태양의 자전주기에서는 짧은 주기로 변동하며, 지구에서 27일의 주기로 관측된다. 태양풍이 가속되어 고속이 되면 지구 부근에서는 수백 km/s에 달한다.

태양풍은 태양계의 천체에 충돌하고 다양한 현상을 일으키는 원인이 된다. 그중에서도 대기를 갖고 있는 행성의 경우에는 더욱 흥미로운 현상이 나타난다. 지구를 시작으로 자기장이 있는 행성은 독자적으로 자기권을 가지고 있어 그 자기권 내부로 태양풍이 직접 들어가는 것은 불가능하다. 하지만 태양풍과 자기권의 상호작용에 따라, 특히 극 부분에서는 고에너지 입자의 출입이 가능하여 오로라 등의 현상이 관측되기도 한다. 오로라는 지구뿐 아니라 목성이나 토성에서도 관측된다. 금성 등 자기장이 약한 행성에서는 상층대기와 태양풍이 직접 상호작용함으로써 약간이긴 하지만 대기를 벗겨내는 등의 현상을 일으키기도 한다.

작은 천체의 경우는 다른 천체와 같은 정도의 현상을 일으키진 않지만, 활발히 가스를 방출하는 혜성에서는 그 가스가 태양 자외선 등의 영향으로 이온화된다. 그렇게 되면 태양풍의 영향을 받기 쉬워지며, 혜성의 머리 부분부터 차례로 태양과 반대방향으로 가속되어 플라스마 꼬리(가스 꼬리)를 형성한다. 가시광에서 볼 수 있는 플라스마 꼬리는 주로 일산화규소 이온이나 물 이온이다. 이러한 혜성의 꼬리는 태양풍을 눈으로 확인할 수 있는 현상이며, 자주 꼬리가 끊기는 것은 태양풍의 극성이 변하거나 속도가 급변하기 때문으로 생각되고 있다.

마지막으로, 태양풍이 성간공간의 전자기적인 바람에 대항하는 장소까지를 태양권heliosphere이라고 하며, 태양에서 약 90억 km~150억 km 부근에 그 경계가 있다고 알려져 있다. 어쩌면 태양 활동에 따라 이 장소가 변동한다고도 생각할 수 있다. 파이오니아Pioneer 또는 보이저Voyager 탐사선이 조만간 이 경계면에 도달할 것으로 알려져 있다. 전자기적으로는 태양풍이 성간풍과 만나는 장소가 태양계의 범위라는 주장도 있으며, 그런 의미에서 태양계의 끝은 이 경계면이라고 해도 상관없을 것이다.

보통 태양계의 끝이라고 하면 태양 중력의 영향이 미치는 중력권 안에 천체를 잡아두는 범위이며, 일반적으로 오르트 구름까지라고 생각할 수 있다. 한편, 행성이 존재하는 황도면 부근의 연장선에서 생각한다면, 카이퍼 벨트 천체 부근이 태양계의 끝이라고 생각하는 것이 타당할 수 도 있다.

1.2 태양계의 조성

1.2.1 태양계의 평균적 화학조성

태양계에는 어떤 원소가 존재하고 있는가. 태양계의 화학조성이 의미하는 것은 무엇인지 생각해보자.

태양계 전체 질량의 99% 이상을 차지하는 것은 그 중심에서 빛나고 있는 태양이다. 즉, 태양의 화학조성이 태양계의 평균 화학조성을 대표한다고 해도 틀리지 않는다. 태양의 화학조성에 대한 연구는 19세기 초반 프라운호퍼J. von Fraunhofer가 태양광 스펙트럼 내에 존재하는 500개가 넘는 검은 선(프라운호퍼선)을 발견함으로써 시작되었다. 그 후 키르히호프G. R. Kirchhoff가 태양 광구 내의 원자가 각각 특징적인 파장의 빛을 흡수함으로써 프라운호퍼선을 만든다는 것을 밝혀냈으며, 태양을 구성하는 원소의 정체가 처음으로 알려지게 되었다.[3] 현재는 빛의 흡수 세기와 태양 광구에서 복사나 운동량의 전달 모형을 조합하여 태양 광구에서의 원소 존재비(조성)를 계산하고 있다(부록 표 3 참조).

태양계의 평균 화학조성에 관한 정보는 태양 광구 이외에서도 얻을 수 있다. CI 콘드라이트라고 불리는 운석은(5장 참조) 수소, 탄소, 질소, 리튬

3 이 방법으로 헬륨이 지구상에서가 아닌 태양광의 관측에서 처음 발견되었다.

이나 비활성기체 등의 일부 원소를 제외하고 대부분의 원소 존재비가 태양 광구의 원소 존재비와 매우 일치한다(그림 1.2). 운석의 화학조성은 태양 광구의 조성보다 매우 정밀하게 측정할 수 있으므로 태양계의 원소 존재비Solar System Elemental abundance는 태양 광구의 조성뿐 아니라 CI 콘드라이트의 조성을 기준으로 하여 계산한다(부록 표 3 참조).[4] 또한 동위원소를 포함해 태양계 내 각종 원소들의 존재비를 그림 1.3과 부록 표 4에 나타냈다.

이렇게 구한 태양계 내 각종 원소 존재비의 경향(그림 1.3)을 보면, 다음과 같은 특징을 알 수 있다.

(1) 수소(H)와 헬륨(He)의 양이 압도적으로 많고, 두 종류가 전체 존재량의 99% 이상을 차지한다. 그 다음으로 많은 것이 ^{16}O, ^{12}C이다.

(2) 전체적으로 질량수의 증가와 함께 존재비가 감소하는 경향이 있다. 하지만 다음과 같은 중요한 예외도 존재한다.

(3) 리튬(Li), 베릴륨(Be), 붕소(B)는 주변의 원소에 비해 존재비가 극단적으로 낮다.

(4) ^{20}Ne, ^{24}Mg, ^{28}Si, ^{32}S, ^{36}Ar, ^{40}Ca과 같이 질량수가 4의 배수인 원소의 존재비는 높다.

(5) ^{56}Fe 주변의 원소 존재비는 높다.

(6) ^{88}Sr, ^{138}Ba, ^{208}Pb 주변의 원소, 질량수 130, 195 주변의 원소 존재비가 높다.

(7) 질량수가 짝수인 원소는 인접하는 질량수 홀수인 원소에 비해 존재비가 높다.

4 태양 대기의 스펙트럼과 운석의 화학조성에서 태양계의 원소 존재비를 구하는 작업은 골트슈미트V. M. Goldschmidt가 최초로 시도했다(1938년).

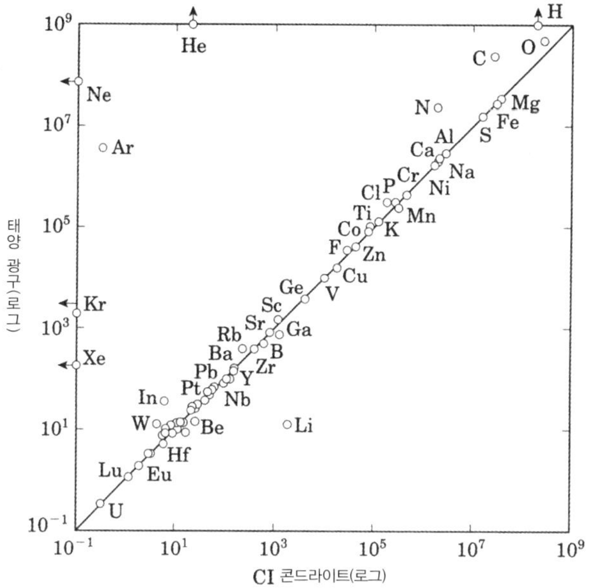

그림 1.2 태양 광구와 CI 콘드라이트의 원소 존재비(Si 존재비≡1×10^6).

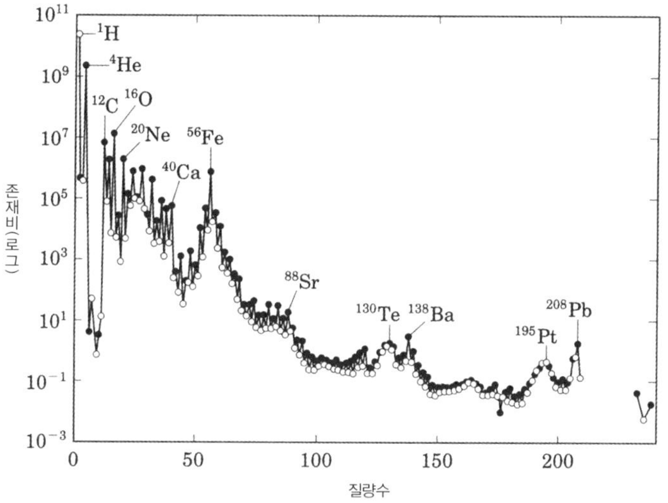

그림 1.3 태양계의 각종 원소비(Si 존재비≡1×10^6). 검은색 원이 짝수 원소, 흰색 원이 홀수 원소.

이러한 특징은 다음과 같이 설명할 수 있다.

(1) 수소, 헬륨은 빅뱅으로 만들어진 우주의 주요 원소이다. 항성 내부에서 헬륨 원자핵의 연소로 ^{12}C, ^{16}O이 만들어진다. 이 반응은 비교적 저온에서 무거운 원소의 합성 이전에 일어난다.

(2) 수소, 헬륨 등의 가벼운 원소에서부터 단계적으로 무거운 원소가 만들어지기 때문에 질량수가 클수록 존재비가 작아지는 경향을 가진다.

(3) 리튬, 베릴륨, 붕소는 원자핵의 결합에너지가 약하고 항성 내부에서 깨져버려 그 존재비가 매우 낮다. CI 콘드라이트 안의 리튬 존재량에 비해 태양 광구의 리튬 양이 적은 것은 태양의 탄생에서부터 지금까지 붕괴되어왔다는 것을 의미한다(그림 1.2).

(4) ^{20}Ne, ^{24}Mg, ^{28}Si 등은 질량수 4(헬륨 원자핵)의 배수인 질량수를 가진 원소이므로 존재비가 높다.

(5) ^{56}Fe는 결합에너지가 가장 높으며(즉 가장 안정된 상태), 항성 내부의 초고온 · 고밀도 상태에서 원자핵의 열평형이 이루어지는 경우 가장 양이 많아질 것으로 예상된다.

(6) ^{88}Sr, ^{138}Ba, ^{208}Pb는 마법의 수라고 불리는 50, 82, 126개의 중성자를 원자핵에 포함함으로써 핵이 폐각상태closed shell가 되는 원소이다. 이러한 원소는 중성자를 포획하는 확률이 낮고, s과정(제1권 3장 참조)에서 많이 만들어진다. 질량수 130, 195 주변의 원소에 대해서는 r과정(제1권 3장 참조)에서 만들어진 마법수의 중성자를 포함한 불안정 원소의 β붕괴로 만들어졌다고 생각된다. 이 원소들이 많이 존재하는 것은 철보다 무거운 원소의 합성이 주로 중성자 포획(s과정, r과정)으로 일어났음을 시사한다.

(7) 양성자 수, 중성자 수가 모두 짝수인 원소의 원자핵 결합에너지는, 어느 한쪽이 홀수 또는 둘 다 홀수인 원소에 비해 크고 안정되어 있다. 그렇기 때문에 질량수가 짝수인 원소가 많이 만들어진다(그림 1.3).

이렇듯 태양계 원소 존재비에서 나타나는 특징은 빅뱅에서 만들어진 수소와 헬륨을 제외하고, 모두 항성 내부에서의 원소합성 과정에서 만들어진다고 설명할 수 있다.[5] 태양계에 존재하는 원소의 대부분은 항성에서 만들어진 원소가 차세대 별에 넘어가 없어지면, 새롭게 원소가 만들어지는 순환을 반복하여 현재의 태양계와 같이 되었다고 할 수 있다. 우리의 신체를 이루는 탄소, 생명을 만들어낸 바다(물)를 구성하는 산소, 지구를 구성하는 금속원소, 이 모두가 태양계가 탄생하기 이전에 다른 별들에서 만들어졌다.

이전에는 태양계 원소 존재비를 우주의 평균적인 원소 존재비로 보는 경우도 많았다. 항성의 화학조성이 다양하다는 것이 알려진 현재에는(제7권 참조), 태양계 원소 존재비가 우주의 평균적 화학조성을 대표한다는 것은 생각하기 어렵다. 하지만 태양계의 화학조성은 46억년 전에 태양이 만들어진 영역의 성간가스 조성임과 동시에, 가장 잘 알고 있는 항성의 화학조성이며 항성 내부의 원소합성이나 우주의 화학진화를 논의할 때의 기준으로 이용된다(제1권 3장 참조).

1.2.2 원소의 우주 화학적 분류 및 지구 화학적 분류

태양계의 평균 화학조성에 대해 1.2.1절에서 언급했다. 그러나 태양계에는 우리가 사는 지구를 비롯한 행성과 소행성, 혜성과 같은 다양한 천체가 존재하며, 그 화학조성은 태양계 원소 존재비와 반드시 일치하지는 않는다. 이는 초기 태양계의 기억을 담고 있는 원시운석의 많은 수가 CI 콘드라이트와는 다른 조성을 나타내고 있음을 봐도 알 수 있다(이 화학성분의 차이를

5 태양계 원소 존재비의 경향성에 기초하여, 1957년 버비지 부부G. R. Burbidge & E. M. Burbidge, 파울러W. A. Fowler, 호일F. Hoyle은 항성 내부에서의 원소합성이론(B^2FH 이론)을 만들어냈다.

이용하여 콘드라이트를 분류한다. 5장 참조). 또한 지구형 행성과 소행성의 일부처럼 금속철의 핵, 규산염의 맨틀, 지각과 같은 층 구조를 가진 천체에서 각층은 천체 전체의 화학조성과는 다른 조성을 가진다.

행성과 운석에서 발견되는 화학조성의 차이와 그 차이를 만들어낸 과정을 생각하기 위해서는 각 원소가 지닌 성질을 정리하고 분류해두는 편이 좋다. 여기서는 그 논의에 자주 이용하는 원소의 휘발성 차이에 따른 우주화학적 분류, 그리고 원소가 존재하기 쉬운 물질 형태의 차이에 따른 지구화학적 분류에 대해 소개한다.

원소의 우주 화학적 분류

압력이 낮은 우주 공간에서는 액체 상태로 안정되게 존재하는 것이 어려우며, 물질의 상태 변화는 주로 고체와 기체 사이의 반응으로 일어난다. 따라서 고체 상태로 응축[6]이 가능한가, 기체 상태로 증발이 가능한가와 같은 휘발성 차이가 원소 분류 지표로 사용된다(원소의 우주 화학적 분류). 이 분류법을 이용하면 콘드라이트 화학조성의 다양성을 정리할 수 있다(5장 참조).

태양계 원소 존재비를 감안할 때, 고체를 만드는 원소에서 산소 다음으로 많은 것은 마그네슘, 규소와 철, 유황이다. 태양계 원소 존재비를 가진 가스에서 열역학평형을 유지하면서 고체가 응축하는 과정(평형응축)을 생각하면 마그네슘, 규소, 철은 마그네슘-규산염이나 철-니켈 합금으로 약 1300 K(전체 압력 $\sim 10^{-5}$bar의 경우)에서 응축된다. 유황은 약 700 K에서 금속철과 반응하여 황화철 광물(FeS, Troilite)을 형성한다. 이러한 응축온

6 고체에서 기체로 바뀌는 경우나 기체에서 고체로 바뀌는 경우에 승화라는 말을 사용하지만, 여기에서는 그 둘을 구별하기 위해 각각 응축과 증발이라고 한다.

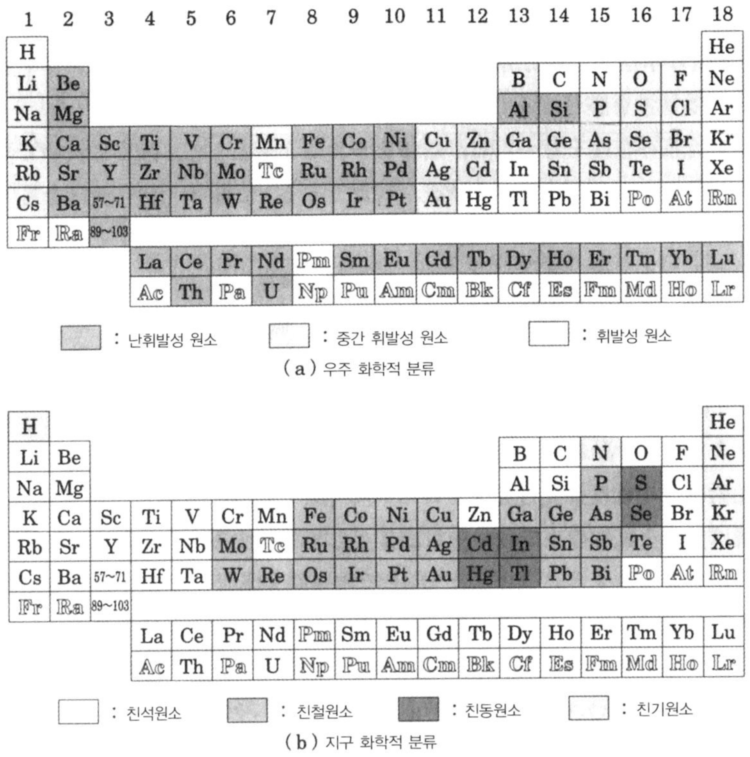

그림 1.4 (a) 원소의 우주 화학적 분류, (b) 원소의 지구 화학적 분류.

도를 기준으로, 마그네슘－규산염과 철－니켈 합금보다 고온에서 응축하는 원소를 난휘발성 원소, 황화철 광물보다 저온에서 응축하는 원소를 휘발성 원소라고 한다. 그 중간 온도에서 응축하는 원소는 중간 휘발성 원소라고 한다(그림 1.4(a)).

원소는 다양한 광물의 주성분과 미량 성분으로 응축된다. 어떤 광물이 응축되는지를 살펴보자. 전체 압력 10^{-5}bar에서 태양계 원소 존재비의 가스에서 평형응축하는 광물의 응축온도와 존재비를 그림 1.5(a), (b)에 나타냈다. 고온 가스에서 가장 먼저 응축하는 것은 난휘발성 원소인 알루미

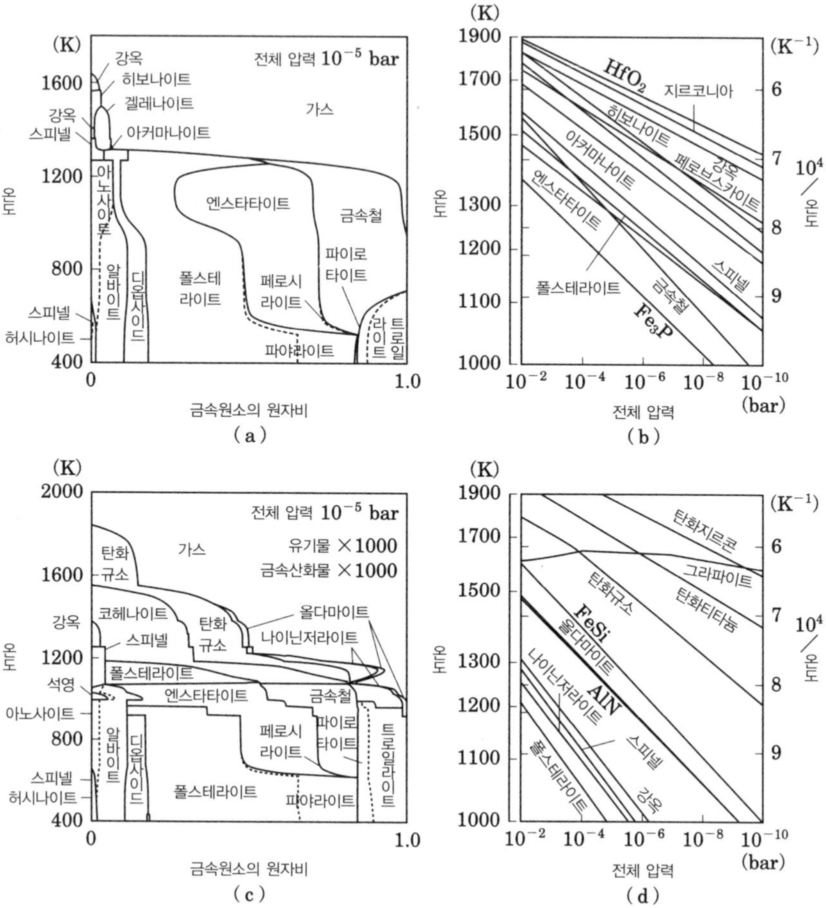

그림 1.5 평형응축 모형. (a) 태양계 조성에서의 평형응축 광물과 그 양의 비, (b) 주요 원소를 포함한 광물의 응축온도의 압력 의존성, (c) 태양계 조성의 금속원소 산화물 양을 1000배, 유기물을 1000배로 한 계에서 평형응축 광물과 그 양의 비, (d) 탄소가 풍부한 N형별 가스에서 광물 응축온도의 압력 의존성 (Wood & Hashimoto 1993, *Geochim. Cosmochim. Acta*, 57, 2377; Lodders & Fegley 1999, in *Asymptotic Giant Branch Stars* 279에서 보완).

늄과 칼슘이 주성분인 강옥(Al_2O_3, Corundum), 히보나이트($CaAl_{12}O_{19}$, Hibonite), 겔레나이트($Ca_2Al_2SiO_7$, Gehlenite)와 같은 광물이다. 냉각이 진행되면 대표적인 규산염 광물인 폴스테라이트(Mg_2SiO_4, Forsterite)와 철-니켈 합금이 응축된다. 이렇게 주요 원소가 응축하여 고체의 비율이 급격히 늘어난다. 이후의 냉각은 주로 이미 응축된 광물과 가스와의 반응으로 원소의 응축이 진행된다.

광물의 응축온도는 전체 압력이 떨어짐과 함께 낮아진다〔그림 1.5(b)〕. 전체 압력이 변화해도 응축되는 순서는 크게 다르지 않다. 그러나 주요 광물에는 예외가 보이기도 하고, 철-니켈 합금과 폴스테라이트 및 엔스타타이트($MgSiO_3$, Enstatite)의 응축 순서는 전체 압력에 따라 변화한다. 하지만 황화철 광물의 형성 온도는 전체 압력에 관계없이 일정하다.

태양계 원소조성과는 다른 조성을 가진 가스에서 응축이 일어날 경우에는 다른 응축 과정이 예상된다. 탄소가 산소보다 많은 경우($C/O>1$)의 응축 계산 결과를 그림 1.5(c), (d)에 나타냈다. 고온에서 응축하는 것은 흑연과 탄화물이 있으며, 태양계 원소 존재비($C/O \approx 0.5$)의 가스에서 응축이 일어날 경우에는 규산염에 포함된 규소, 알루미늄, 칼슘 등도 탄화물, 합금, 황화물, 질화물로 응축된다. 이러한 환경은 탄소별에서 방출되는 가스에서 고체를 형성할 때 해당하는 것으로 생각된다. 이 경우 태양계 원소 존재비에서의 우주 화학적 분류를 사용할 수 없다.

C/O 비율의 변화에서 비롯된 응축상태와 응축순서 차이의 원인을 간단히 알아보자. 탄소와 산소는 고온의 가스에서 일산화탄소라는 매우 안정적인 가스 분자를 만든다. 일산화탄소는 광물의 응축에 관여하지 않으며, 일산화탄소를 만든 뒤 남아 있는 산소 또는 탄소가 고체 형성에 사용된다. 즉, 태양계 원소 존재비와 같이 C/O 비율이 1보다 작은 경우에는 산소가 남았으므로 산화물 및 규산염이 형성된다. 한편, 탄소별 주위의

C/O 비율이 1보다 큰 환경에서는 남아 있는 탄소로 탄화물이 형성된다. 그러므로 C/O 비율은 1을 경계로 안정된 광물의 종류를 크게 바꾸는 중요한 요소라고 할 수 있다.

원소의 지구 화학적 분류

지구가 형성될 때 내부에서 대규모 분화가 일어난 결과, 집적된 천체의 구조를 남기지 않고 중앙에 금속철을 주성분으로 하는 핵, 그 주위를 규산염을 주성분으로 하는 맨틀, 그리고 지각이 둘러싼 층 구조를 이룬다(2장 참조). 다른 지구형 행성과 일부 소행성도 비슷한 층 구조를 가질 것으로 생각된다(2, 5장 참조).

이 층을 구성하는 물질들 사이에 원소가 분배되고, 그 원소에 따라 선택적으로 채워지기 쉬운 물질이 달라진다. 골드슈미트는, 지구는 금속철의 핵을 가지며 그 바깥쪽을 황화물층, 더 바깥쪽을 규산염 맨틀과 지각이 덮고, 표면을 대기가 덮는다는 층 구조를 고안하여 금속철, 황화물, 규산염, 대기에 모이기 쉬운 원소를 각각 친철원소, 친동원소, 친석원소, 친기원소로 분류했다(원소의 지구 화학적 분류, 그림 1.4(b)).

현재 황화물층은 존재하지 않는 것으로 알려져 있고(2장), 골드슈미트가 그린 지구의 모습이 올바르다고는 말할 수 없다. 그러나 그가 제안했던 원소의 지구 화학적 분류의 유용성이 사라진 것은 아니며, 분화된 천체의 화학조성과 형성 · 진화 논의에 이용된다. 또한 휘발성에 따른 우주 화학적 분류와 조합하여 사용되기도 하고, 난휘발성 친석원소(알루미늄, 칼슘 등), 난휘발성 친철원소(이리듐, 몰리브덴 등) 등의 형태로도 이용된다.

1.3 태양계 탐사

1.3.1 달 탐사

1957년 10월 4일 최초의 인공위성 스푸트니크Sputnik 1호를 우주로 쏘아 올린 직후, 우주탐사의 다음 목표는 달이었다. 사상 처음으로 달에 도달한 것은 옛 소련의 루나Lunar 2호로, 1959년 9월 14일 달에 충돌했다. 이어서 루나 3호는 같은 해 10월 7일, 달 뒷면의 촬영에 성공했다. 이것은 태양계 탐사선에서 사상 처음으로 데이터를 제공받은 기념비적인 사건이라고 할 수 있다. 루나 3호가 촬영한 달의 뒷면은 예상 밖으로 바다라고 불리는 지역이 그다지 보이지 않았다. 그 후에도 무인 탐사기에서 옛 소련이 앞섰고, 달 연착륙은 루나 9호(1966년 1월), 달 궤도 선회는 루나 10호(1966년 3월)로 달성했다.

한편, 미국은 유인 탐사에서 달의 주도권을 쥐었다. 1969년 12월 24일 아폴로Apollo 8호가 최초의 유인 달 선회비행을 이루었다. 그리고 1969년 7월 20일 16시 17분 40초(UT: 세계 표준시), 아폴로 11호 착륙선 이글Eagle이 달의 '고요의 바다'의 북위 0도 40분, 동경 23도 20분 지점에 착륙했다. 다음 날 21일 2시 56분 15초, 인류는 처음으로 지구 밖의 천체 표면에 내려섰다. 우주비행사 닐 암스트롱, 에드윈 올드린의 달 체류 시간은 하루도 되지 않은 짧은 시간이었고, 달 표면 활동도 겨우 2시간 반이었지만, 22 kg의 월석을 가지고 귀환하는 데 성공했다.

이후 아폴로 계획은, 1972년 말 아폴로 17호까지 총 6회 유인 달 착륙과 귀환에 성공했다(아폴로 13호는 착륙하지 못함). 달 표면을 탐사하여 총 400 kg 이상의 달 샘플을 가지고 왔으며, 다양한 관측 장비를 달 표면에 설치했다. 원자력 전지로 지탱하는 지진계와 열유량계는 장기간 동안 관측 자료를 보냈다. 달에 설치된 레이저 반사판corner-cube은 지금도 달 거리의 변화와 자전의 흔들림 등을 측정하는 데 도움이 되고 있다. 아폴로 계획 최후의 '17호'에서는 74시간 59분이라는 달 체류 시간 동안 22시간 5분의 달 표면 활동을 펼쳤다. 또한 처음으로 지질학자(해리슨 슈미트Harrison H. Schmitt)가 달 표면에 내려서서 달의 지질 관찰과 샘플을 채취했다.

옛 소련은 달의 무인 착륙 탐사를 계속했다. 무인 월면차lunar roving vehicle의 달 조사(루나 17 · 21호)와 달의 샘플 채취 및 회수(루나 16 · 20 · 24호)가 이루어졌다. 이 무인 착륙선은 미래의 유인 달 착륙선을 유도하는 역할을 하리라고도 생각했지만, 옛 소련은 결국 유인 달 탐사는 하지 않았다.

아폴로 · 루나 시대 이후로 달 탐사에 긴 공백기가 이어졌다. 그 뒤 처음으로 달에 보낸 탐사선은 일본의 '히텐'이었지만, 과학 관측기기는 먼지 계측기밖에 탑재되지 않았다.

1994년 1월 25일에 발사된 클레멘타인Clementine은 북극 · 남극 상공을 통과하는 극궤도에서 달 전체를 촬영하고, 레이저 고도계를 이용해 극지방을 제외한 달의 정확한 지형을 측정했다. 1998년 1월 6일에 발사된 루나 프로스펙터Lunar Prospector는 감마선 분광계를 이용해 달 표면의 원소 분포, 특히 방사성 원소의 분포를 밝히고, 자력계를 이용해 달의 잔류 자기장의 분포를 조사했다.

2007~2008년에는 일본, 중국, 인도, 미국이 잇달아 달 궤도 탐사선을 보낼 계획을 세웠다. 2007년 9월 14일에 발사된 일본의 탐사선 '가구야(SELENE)'는 관측기기 총 14기가 탑재되었다. 고분해능 카메라 및 분광기기로 달 전체의 영상과 데이터를 얻을 계획을 갖고 있다. 특히 두 개의 자위성을 이용해 세계 최초로 달의 뒷면 전체의 중력을 측정하고, 또한 지하 레이더로 전체적인 달 표면 근처의 내부 구조를 조사하는 등의 중요한 관측 계획을 갖고 있다.

1.3.2 화성 탐사

1960년대 미국과 옛 소련의 우주 탐사 경쟁은 달뿐만 아니라 화성에서도 전개되었다. 화성 탐사기에서 소련이 5기, 미국이 1기를 실패한 후, 1965년 미국의 마리너Mariner 4호가 최초로 화성에 접근하여 20여 장의 사진을 보내왔다. 이후 1971년 5월 30일에 발사된 마리너 9호는 11월 13일부터 1년 가까이 화성 주위를 돌았고, 7천 장 이상의 화성 표면 사진을 보내왔다. 그 자료들에서 화성에는 인공적인 운하 등은 없지만, 오래된 대홍수 지형과 거대한 화산이 있는 것으로 밝혀졌다.

화성에 최초로 연착륙한 탐사기는 1971년 소련의 마스Mars 3호였지만 착륙 20초 후 교신이 끊겼다. 이후 소련이 2기의 착륙선을 더 실패한 후, 미국은 생명 탐사를 목적으로 한 바이킹Viking 1호와 2호를 1975년에 발사하여 1976년 화성에 도달했고, 그 착륙선으로 표면의 화학조성과 대기조성의 중요한 데이터를 얻었으며, 그와 동시에 화성 주위를 도는 선회기에서 수많은 표면 영상을 얻었다.

그 후 화성 탐사에 어려운 시기가 찾아왔다. 옛 소련의 포보스Phobos 1호 · 2호, 미국의 마스 옵서버Mars Observer, 러시아의 '마스 96'이 모두 실패로 끝나버렸다. 1996년에 발사된 미국의 마스 패스파인더Mars Pathfinder는 이듬해 7월 4일 대홍수의 흔적이 있는 아레스 계곡에 착륙하여 소저너Sojourner라고 이름 붙인 작은 로버(rover, 소형 탐사선)로 주위를 관찰했다. 또한 1996년에 발사된 마스 글로벌 서베이어Mars Global Surveyor는 본격적인 화성 원격탐사remote-sensing 위성으로, 레이저 고도계에 의한 지형 탐사, 고해상도 카메라에 의한 표면 탐사, 적외선 측정기에 의한 대기 탐사를 실시, 2006년까지 지속적인 관측이 이루어졌다.

지구에서 화성까지는 거의 2년에 한 번, 탐사기의 발사가 가능한 '창窓'

이 있다. '호먼 궤도'라는 것으로, 근일점近日點이 지구 궤도, 원일점遠日點이 화성 궤도에 접하는 타원인 천이궤도를 말한다. 지구에서 탐사선이 이 천이궤도를 이용해 원일점에서 화성 궤도에 도달했을 때, 정확히 화성이 그 부근에 있는 시기가 약 2년에 한 번 있다. 이때가 화성으로의 위성 발사 시기가 된다. 1998~1999년의 발사시기에 화성 탐사선 3기가 발사되었다. 미국의 '화성 기후 탐사선Mars climate orbiter', '화성 극지착륙선Mars polar lander'은 실패, 일본의 '노조미'는 지구를 이탈할 때 연료를 너무 많이 사용해 궤도 계획을 변경했지만, 최종적으로는 2003년에 화성 선회궤도로 들어가지 못했다. 다음 시기인 2001년에 발사된 마스 오디세이Mars Odyssey가 성공하여 감마선과 중성자선 분광기로 화성의 표층 부근의 얼음의 존재를 밝혔다. 또한 2003년에 발사된 유럽 우주기구ESA의 마스 익스프레스Mars Express는 착륙선은 실패했지만 궤도선에 의한 원격탐사로 화성 대기에서 메탄의 존재, 화성 표면의 함수광물의 존재 등 흥미로운 데이터를 얻을 수 있었다. 또한 화성 표면의 고정밀 스테레오 영상을 얻었다.

2003년에는 화성 로버 스피릿Spirit과 오퍼튜니티Opportunity 2기가 발사되어 2004년 1월에 적도 부근의 구세프 크레이터, 메리디아니 평원에 각각 착륙했다. 퇴적암, 수질변성암 등 과거 화성에 물이 존재한 직접적인 증거를 제시했다. 2006년부터는 '화성조사위성Mars Reconnaissance Orbiter'이 화성에 대한 정밀관측을 시작했다. 2007년에는 미국의 피닉스Phoenix가 북반구의 고위도에 착륙해 지하 얼음 탐사를 목적으로 발사되었다. 이후에도 미국과 유럽에서는 지속적으로 화성 탐사 계획을 진행했다.

1.3.3 금성 탐사

처음으로 금성을 관측한 탐사기는 미국의 마리너 2호로, 1962년에 금성에서부터 3만 km 지점을 통과하여 금성 표면이 고온이라는 것을 발견했다.

이어 마리너 5호·10호가 금성 대기와 구름을 관측했다. 금성에 수많은 탐사선을 보낸 것은 옛 소련이었고, 베네라Venera 시리즈로 잇달아 탐사선을 보냈다. 1969년 베네라 4호는 대기를 관측했지만 착륙 직전에 고장이 나버렸다. 가장 먼저 금성 착륙에 성공한 것은 베네라 7호로 1970년 12월 15일이었다. 지표의 촬영에 성공한 것은 1975년 10월 22일, 25일에 잇달아 착륙한 베네라 9호·10호이다. 1978년 베네라 11호·12호도 연착륙에 성공했다. 1981년에 발사한 베네라 13호·14호는 금성 표면의 컬러 영상과 암석을 분석했다. 또한 베가Vega 1호·2호는 핼리 혜성을 탐사하는 도중, 금성에 착륙선을 보내어 연착륙에 성공하기도 했다.

금성은 표면기압 90bar의 두터운 대기가 있어 착륙 자체는 기술적으로 쉽다 해도 온실효과로 표면온도가 높고, 착륙선의 수명이 짧다는 문제가 있다. 그리고 금성 대기의 구름 때문에 가시광선이나 적외선 영역에서는 표면 지형을 조사할 수 없다. 따라서 레이더를 이용한 탐사가 필요하다. 미국은 1978년에 발사한 파이오니아 비너스Pioneer Venus 1호로 장기간에 걸쳐 금성 대기의 관측을 실시하고, 합성개구 레이더synthetic aperture radar를 이용해 수 km의 정밀도로 표면 지형 정보를 얻었다. 옛 소련은 1983년에 발사한 베네라 15호·16호의 합성개구 레이더를 이용한 지표 촬영을 실시하여 금성 표면의 4분의 1 지역을 1~2 km의 해상도로 촬영했다. 그리고 1990년 발사된 미국의 마젤란은 합성개구 레이더를 이용해 금성 표면 지형의 상세한 지도를 만들기 시작했다. 거의 전역을 해상도 100~300 m로 영상화하고, 고도와 중력의 데이터도 동시에 얻었다.

그 후, 2006년부터 유럽의 비너스 익스프레스Venus Express가 금성 대기를 관측하고 있다. 일본이 2011년에 발사한 아카쓰키(PLANET-C)는 구름층의 시간 변화를 조사하여 금성 대기에서 대기권의 고속운동super-rotation을 해명할 계획이다.

1.3.4 수성 탐사

지금까지 수성을 관측한 탐사기는 1973년에 발사된 마리너 10호뿐이다. 금성 중력에 따른 스윙바이(swingby, 목표로 하는 행성이나 중도 행성의 중력의 장場을 이용해 진로나 궤도를 제어하는 우주선의 비행경로) 후, 1974~1975년 세 차례에 걸쳐 수성에 접근해 관측했다. 그 결과 지표면의 40% 가까이를 촬영하는 데 성공했고, 수성에 자기장이 존재하는 것을 발견했다.

현재 미국 탐사기 메신저(MESSENGER: MErcury Surface, Space ENvironment, GEochemistry and Ranging)가 수성을 탐사하고 있다. 2008년 1월에 수성에 접근해 관측에 성공, 2011년 수성 선회궤도에 들어갔으며 2013년까지 수성의 탐사가 진행될 예정이다. 또한 일본은 유럽과 협력하여 베피콜롬보 BepiColombo라는 수성 탐사계획을 진행하고 있다. 이 탐사기는 2014년에 발사해 수성 선회궤도에는 2019년에 들어갈 예정이며, 관측기 2대를 이용해 수성을 탐사한다.

1.3.5 목성형 행성 탐사

목성형 행성에 최초로 도달한 탐사선은 1972년에 발사된 파이오니아 10호로, 1973년 12월에 목성에서 13만 km 떨어진 지점을 통과했다. 이듬해 1973년에 발사된 파이오니아 11호는 1974년 12월 목성에서부터 3만 4천 km까지 접근해 목성 중력을 이용한 스윙바이로 가속하여 토성으로 향했으며, 1979년 9월 토성에서 2만 1천 km의 지점까지 접근하여 새로운 고리 등을 발견했다.

목성형 행성과 위성의 세계를 본격적으로 탐사한 것은 1977년에 잇달아 발사된 보이저 1호 · 2호이다. 보이저 1호는 목성과 토성, 보이저 2호는 천왕성과 해왕성까지 포함하여 탐사했다. 이 시기는 태양에서 보았을 때 같은 방향으로 목성형 행성들이 줄지어 위치해 있어 행성 중력의 스윙바이를 이용해 가속할 수 있고, 차례차례 행성들을 방문할 수 있는 절호의 기회였나. 이 책에 실린 목성형 행성 및 위성 데이터의 대부분은 보이저 탐사선에서 얻은 것들이다. 그중에서도 가장 큰 성과에 대해 보이저 계획의 책임자인 에드 스톤은 '이오의 활화산 발견' 이라고 말했다.

그 후 목성에는 갈릴레오 탐사기가 1995년 12월에 도달해 대기 돌입 탐사기를 내려놓음과 동시에 선회기로 관측을 8년간 계속했다. 고이득 안테나(high gain antenna, 화상 및 방대한 양의 과학 데이터를 전송하기 위해 지구로 향해 있는 1차 안테나)가 펼쳐지지 않아 화상 데이터 등의 수집에는 제한적이었지만, 그래도 보이저가 얻은 것보다 훨씬 좋은 고해상도 데이터를 얻을 수 있었다.

토성은 카시니Cassini 탐사기가 2004년에 도착해 장기간 관측했다. 2005년 1월에 토성 최대의 위성 타이탄에 탐사선 호이겐스(Huygens, 토성의 고리를 발견한 네덜란드 천문학자 '하위헌스' 의 이름을 딴 영어 발음)를 진입시켰다. 호이겐스는 대기 분석, 표면 촬영 등을 실행하면서 낙하해 무사히 표면에 착륙했다. 또한 카시니는 위성 엔셀라두스(Enceladus, 라틴어 발음은 엔켈라두스)에서 얼음입자들이 뿜어져 나오는 사진도 얻었다.

1.3.6 소천체 탐사

탐사기로 표면을 촬영한 최초의 소행성(이었던 천체)은 화성의 위성 포보스와 데이모스Deimos이다.

그리고 1986년의 핼리 혜성 탐사는 세계 최초의 국제 공동 관측이었다. 유럽의 탐사선 지오토Giotto는 혜성 핵에서부터 600km 지점을 통과하면서 사진을 찍거나 먼지의 성분을 분석했다.

옛 소련의 '베가 1호 · 2호', 일본의 '스이세이', '사키가케', 미국의

'아이스' 탐사선 등도 혜성에 접근했다.

달 탐사를 실시한 클레멘타인은 그 후에 지오그라포스Geographos라는 소행성을 탐사할 계획이었지만 탐사기에 문제가 생겨 포기했다. 갈릴레오 탐사선은 주소행성대main asteroid belt에 있는 S형 소행성(5.1절 참조)인 가스프라Gaspra와 아이다Ida를 관측했다. 크기가 50km 정도인 아이다는 1km 크기의 위성이 존재하는 것이 밝혀졌고, 그 위성에 댁틸Dactyl이라는 이름을 붙였다.

미국의 디스커버리discovery 계획이 시작되자 소규모 천체들의 탐사가 활발히 이루어졌다. 혜성 탐사선 컨투어Contour는 발사에 실패했지만, 에로스를 탐사한 니어Near와 최근에 혜성에 충돌한 디프 임팩트Deep Impact, 그리고 혜성의 먼지를 가지고 돌아온 스타더스트Stardust 계획 등이 있다. 또한 2007년에는 대형 소행성 베스타, 세레스를 탐사하는 돈Dawn이 발사되었다. 한편, 기술 시험위성으로 발사된 '디프 스페이스Deep Space 1'은 혜성 보렐리Borrelly를 촬영하는 데 성공했다.

소천체 탐사에서는 2005년 일본이 새로운 이정표를 세웠다. 소행성 탐사기 '하야부사'가 크기 1km에 채 미치지 않은 소행성 이토카와Itokawa를 상세하게 탐사하고 게다가 표면에 착지하는 데 성공했다. 그리고 2010년에 이토카와에서 1500여 개의 미립자 샘플을 채취해 성공적으로 귀환해 가장 멀리 지구 밖을 여행하고 돌아온 탐사선이 되었다.

한편, 얼음 천체인 명왕성을 관측하기 위해 2006년 뉴 허라이즌스New Horizons가 발사되었다. 그리고 2007년 2월에 목성의 중력을 이용해 가속되었고 2010년에 소천체 크란토르Crantor에 접근한 뒤 2015년 7월 명왕성과 위성 카론에 접근해 관측을 시작할 계획이다.

1.3.7 태양계 공간의 탐사

우주 관측을 시작한 초기에 큰 성과라고 할 수 있는 것은 1958년 3월에 발사된 '익스플로러 3호'에 따른 지구 주위의 방사선대(반 알렌대Van Allen belt)의 발견이다. 이후에도 지구 주변의 자기권을 관측하기 위해 수많은 탐사선이 발사되었고, 이와 함께 행성간 공간에서의 태양풍이나 자기장 등을 관측하는 탐사도 이루어졌다.

1975년과 1976년에 발사된 헬리오스 1 · 2호는 행성간 공간의 플라스마와 먼지를 측정하면서 태양의 4000만여 km까지 접근했다. 한편, 1990년에 발사된 율리시스Ulysses는 목성 중력의 스윙바이를 이용하여 태양계의 극궤도에 투입된 첫 탐사기가 되었다. 태양의 북극 및 남극에서의 태양풍을 관측해 외계 기원의 먼지를 발견하고 태양계가 물질적으로 닫힌 공간이 아닌 것도 밝혔다.

1.3.8 일본의 행성 탐사

미국과 소련에 비해 늦었지만, 일본도 태양계 천체 탐사를 시작했다. 표 1.1은 지금까지 실시된 탐사, 그리고 앞으로 수행될 탐사를 보여주고 있다. 첫 번째 대상은 핼리 혜성이었다.

사키가케는 일본에서 최초로 지구 중력권 밖으로 나간 탐사기이다. 1986년 3월에 핼리 혜성에서부터 700만 km의 지점을 통과했다. 공학 시험위성이라는 임무를 띠고 탑재된 장비는 플라스마 입자 · 플라스마 파동 · 자기장의 계측장비로, 태양계 천체의 탐사라기보다는 태양계 공간의 탐사가 목적이었다. 한편, 스이세이는 핼리 혜성에서 15만 km 지점을 통과했으며, 자외선 영상을 이용해 핼리 혜성의 자전주기를 처음으로 측정하는 성과를 올렸다. 그 밖에 물 방출률의 변화 측정, 핼리 혜성 기원의 이

표 1.1 일본의 태양계 탐사

	목표 천체	발사 시기	목표 도착
사키가케	핼리 혜성	1985년 1월 8일	1986년 3월 11일
스이세이	핼리 혜성	1985년 8월 19일	1986년 3월 8일
히텐	달	1990년 1월 24일	1990년 3월 19일
노조미	화성	1998년 7월 4일	(2003년 12월)
하야부사	이토카와	2003년 5월 9일	2006년 9월 11일
가구야(SELENE)	달	2007년 9월 14일	2007년 10월 4일
플래닛 C	금성	2010년	2010년 12월
베피콜롬보	수성	2013년	2019년

지금까지 발사되거나 발사 예정인 탐사를 표로 나타냈다. '가구야'를 제외하고는 옛 우주과학연구소(ISAS)가 맡은 탐사이다.

온이 태양풍에 포획되는 모습을 조사했다. 히텐은 달에 도달한 공학 시험위성으로, 10회에 걸쳐 달의 중력에 따른 스윙바이 실험을 실시했다. 관측장비로는 먼지 계측기가 탑재되어 지구 주변 영역에서의 먼지 분포를 조사했다. 달에 접근할 기회를 포착하고, 달 선회궤도에 자위성 하고로모를 투입했다.

일본 최초의 행성 탐사는 화성 탐사기 노조미이며, 주로 플라스마 관측장비로 화성의 상층대기와 태양풍의 상호작용을 조사해 대기 산란을 해명하는 것을 목적으로 한 탐사기였다. 1998년에 발사되어 1999년에 화성에 도착할 계획이었지만, 지구를 이탈할 때의 문제로 궤도 계획을 변경해 2003년 말 화성 도착을 목표로 하게 되었다. 최종적으로는 2002년에 발생한 전기계통의 문제가 복구되지 않아 2003년 12월 9일에 화성 투입을 포기했다. 비록 화성에 도달하지는 못했지만 우주 플라스마와 먼지 측정 결과 등을 남겼다. 또한 지구 주위의 헬륨 이온 분포의 촬영에 성공한 최초의 위성으로 남았다.

그림 1.6 발사 전 점검하고 있는 소행성 탐사선 '하야부사.' 앞쪽 동그란 구조물 네 개가 이온 엔진이다 (JAXA 제공).

하야부사는 소행성 이토카와에서 표면 샘플을 채취하여 지구 귀환을 목표로 한 야심찬 임무로 2003년에 발사되었다(그림 1.6). 이온 엔진이라는 태양전지의 에너지를 추진력으로 하는 탐사선으로, 2005년 크기가 1 km보다 작은 소행성 이토카와에 접근하고 표면에 착륙하여 샘플 채취를 시도했다. 그리고 최대 해상도 1 cm에 이르는 표면 영상을 얻어서 지구에 보냈다. 암석덩어리로 둘러싸인 소행성의 모습을 처음으로 밝혀냈다고 할 수 있다.

가구야(SELENE)는 아폴로 이후 본격적인 첫 번째 달의 원격탐사이며, 2007년 9월에 발사되었다(그림 1.7). 달의 극궤도를 1년간 선회하며 관측기기 14기로 달 전체를 관측했다. 달 전역을 해상도 10 m로 촬영하고, 근적외신 분광과 X선 분광, 감마선 분광을 이용하여 달 표면의 조성을 밝히는 것이 목표이다. 자위성 2대를 사용하여 지금까지 밝혀지지 않은 달의 뒤편

그림 1.7 달 탐사선 가구야(SELENE). 윗부분에는 중력 계측에 사용할 자위성이 탑재되어 있다(JAXA 제공).

전역의 중력을 측정하여 내부 구조를 연구할 계획이다. 또한 저주파전파 측심기를 이용하여 달 표면 바로 밑의 지하 구조를 밝힐 예정이다. 가구야(SELENE)로 달 앞뒷면의 차이 같은 중요한 문제의 해명을 진행하는 것과 동시에, 앞으로의 달 탐사를 위한 기초적인 데이터도 수집할 수 있다.

한편, 가구야(SELENE) 이전에 계획된 '루나 A'는 중단되었다. 지진계, 열유량계를 탑재한 페네트레이터penetrator[7]를 달 표면에 돌입시켜 달의 내부 구조 정보를 얻을 계획이었다.

가구야(SELENE)는 (구)우주과학연구소와 (구)우주개발사업단(NASDA)이

7 천체 표면에 충돌하여 꽂히는 창 형식의 관측장치. 페네트레이터는 지하에 들어가므로 표면의 온도 변화에 관측기기가 영향을 받지 않는다는 장점이 있다. 한편, 충돌의 충격을 견딜 수 있는 장치를 만들어야 한다는 어려움이 있다.

공동으로 추진한 탐사이다. 현재 모든 탐사는 새로운 조직인 우주항공연구개발기구(JAXA)에서 이루어지고 있다. 가구야(SELENE)는 (구)NASDA계의 로켓 H-IIA에서 발사된 첫 태양계 탐사선이다. 금성의 기상 탐사를 목적으로 한 플래닛-C도 H-IIA에서 발사되었다. 베피콜롬보 계획은 유럽우주기구(ESA)와 공동으로 실시하는 수성 탐사 계획으로, 일본은 궤도선 2기 중 자기권 탐사선Mercury Magnetosphere Orbiter을 담당하고 있다. 2기가 동시에 러시아의 로켓으로 2014년에 발사될 계획이다.

앞으로도 달 착륙 탐사, 소행성 탐사, 그리고 국제협력을 기본으로 하여 화성 및 목성 탐사까지의 계획들이 진행될 것이다.

제2장
지구형 행성

2.1 지구형 행성의 비교

2.1.1 내부 구조

지구형 행성은 태양계의 안쪽에 위치하는 암석질의 천체이며, 태양에서의 거리에 따라 수성, 금성, 지구, 화성의 순으로 배열되어 있다. 지구의 위성인 달도 구조가 비슷하므로 그 일원으로 생각해도 무방하다. 수성은 태양에서의 평균거리가 0.4 AU(천문단위)이며 공전주기는 88일, 자전주기는 58.7일로 공전주기의 2/3에 해당하는 값이다. 그리고 표면온도는 최대 700 K에 이른다. 한편, 태양에서 멀리 떨어진 화성은 평균거리가 1.5 AU이며 평균 표면온도는 218 K(−55 ℃)인 극한의 환경이다.

지구형 행성은 모두 중심의 금속핵과 그 외부를 둘러싼 암석질의 맨틀, 그리고 지각으로 구성되어 있다(그림 2.1). 금속중심핵의 주성분은 철과 니켈이며, 그 밖에 산소 · 유황 · 수소 등의 경원소가 포함되어 있다고 알려졌다. 원래 미행성微行星 상태일 때는 암석질 입자와 철 입자가 혼합되어 있었던 것이 천체로 압축된 후에 분리되어 금속핵이 형성되었다고 알려졌다. 지구나 금성 중심핵의 질량은 천체 질량의 약 1/3에 이른다. 수성의 높은 밀도는 중심핵의 질량비(70%)가 큰 것에서 설명할 수 있다. 달은 금속핵의 질량이 전체 질량의 10% 이하이며, 반지름도 500 km 이하로 알려져 있다. 지구형 행성의 기본적인 양들을 표 2.1에 정리하여 비교해보았다.

지구에서 맨틀의 주성분은 감람암(Mg_2SiO_4)이다. 다른 지구형 행성의 맨틀 조성도 이와 비슷하다고 생각된다. 천체의 표면에는 지각이라는 맨틀보다 밀도가 낮은 암석층이 있고, 지구형 행성에서는 그 주성분이 현무암이다. 대류로 맨틀 물질이 상승한 후, 천체 표면 부근에서 녹아 분출된 마그마의 조성이 현무암이다. 지금까지의 탐사로 화성과 금성의 표면의

표 2.1 지구형 행성의 비교

	수성	금성	지구	화성	달
질량($1M_{\oplus}$)	0.055	0.86	1	0.107	0.0012
적도 반경(km)	2439	6006	6375	3394	1737
밀도($\times 10^3$kg m^{-3})	5.4	5.3	5.5	3.9	3.34
중심핵 반경(km)	1800	3000	3400	1300~1600	≦500
대기(기압)		90	1	0.006	
대기 성분	Na, K	CO_2	N_2, O_2	CO_2	Na

질량은 지구 질량($M_{\oplus}=5.97\times 10^{24}$kg)을 기본단위로 이용했다.

대부분, 그리고 달의 바다 지역은 모두 현무암으로 덮여 있다는 것이 알려졌다. 지각의 두께는 10 km~수십 km에 달한다.

지구형 행성은 모두 형성 직후에는 압축에 따른 중력에너지의 영향으로 용해되어 있었다(8.2절). 깊은 마그마의 바다로 덮여 있고, 이때 금속핵이 분리된 것으로 생각된다. 현재 맨틀은 고체이지만 느린 대류운동을 하고 있다. 그 대류를 구동하는 지구형 행성의 내부 열원은 칼륨(K), 우라늄(U), 토륨(Th) 등의 방사성원소이다. 현재 지구 표면의 지질활동을 지배하는 대규모 수평운동인 '판구조론'은 천체 규모의 대류에서 볼 때 표면 부분의 운동으로 생각할 수 있다. 그러나 다른 지구형 행성에서도 많은 화산활동이 보고되지만 판구조론과 같은 증거는 발견되지 않고 있다.

2.1.2 대기와 해양

지구는 질소와 산소가 주성분인 대기로 덮여 있고, 표면기압은 1.013 bar(1기압)이다. 또한 지구 표면에는 액체인 물이 대량으로 존재한다. 바다의 평균수심은 약 3800 m이며, 바다가 지구 표면 전체를 덮고 있다고 생각했을 때의 평균수심도 2440 m가 된다. 지구의 긴 역사에서 바다 전체가 동결된 사건Snowball Earth이 여러 차례 일어났다고 알려져 있다. 대기

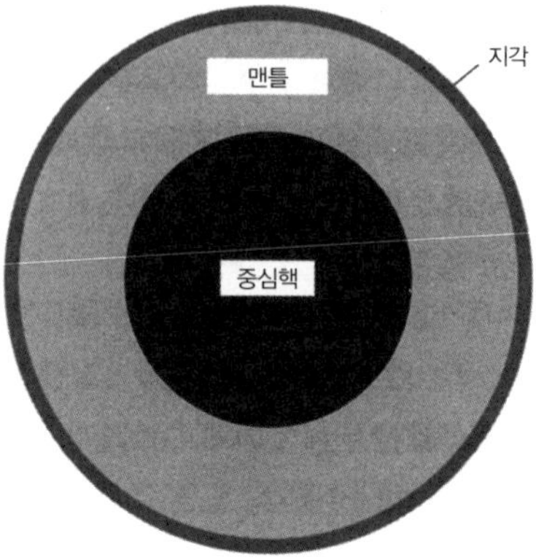

그림 2.1 지구형 행성의 내부구조.

중에서 수증기는 미량성분이지만, 상공에서 구름으로 응결하여 지구의 반사율을 높이는 등 지구 전체 에너지 수지(收支, energy balance)에 영향을 미친다. 또한 대기 중에 미량성분으로 포함된 이산화탄소는 온실효과로 지구 표면온도를 올리는 역할을 한다. 태고의 지구에서는 이산화탄소가 대기 중에 많이 포함되어 있었다. 이산화탄소는 육지의 풍화작용에서 석회암 등의 탄산염 광물로 고정된다. 또한 광합성 생물의 활동이 시작되면서 이산화탄소가 소비되고 산소가 방출되어 대기 중의 산소 농도가 높아졌다.

금성은 이산화탄소가 주성분인 두터운 대기로 덮여 있고 표면기압은 90기압에 달한다. 질소도 지구와 비슷한 정도로 대기에 존재한다. 대기의 온실효과로 지표온도가 높아져 740 K에 이른다. 지구와 비교할 때 금성의 표면은 작열의 세계로, 금성 표면에 착륙한 탐사선은 장시간 활동할 수 없다. 대기 중에는 황산입자로 이루어진 구름이 금성 전체를 뒤덮고 있다. 금성에도 초기에는 대량의 물이 존재했을지도 모르지만, 안정된 바다로는 되지 않고 대기 중에서 분해되어 거기서 생성된 수소가 우주 공간으로 흩어져 버렸다고 생각된다.

화성 대기의 주성분도 이산화탄소이지만, 대기압이 낮아 0.006기압에 지나지 않는다. 화성의 표면에 유수지형流水地形이 존재해 과거에는 온난하고 대량의 물이 존재했다고 추측할 수 있다. 그러나 현재 화성 표면에서 물은 극관(polar cap, 화성의 남극과 북극에 나타나는 희고 빛나는 부분)에 얼음으로 존재할 뿐이며 그 양은 매우 적다. 그리고 화성 대기에는 이산화탄소의 얼음과 물의 얼음으로 이루어진 구름이 존재한다.

수성과 달은 중력이 작아 대기를 유지하기 힘들다. 그러나 지상 관측에서 수성 주위에 매우 얇은 나트륨과 칼륨 대기가 존재하는 것을 발견했다. 하지만 대기 성분이 표면에 머무르는 시간은 단지 몇 시간에 지나지 않아 태양풍이나 수성 표면에서의 공급이나 우주 공간에서 들어온 티끌입자 등의 지속적인 공급이 있을 것으로 생각한다. 달에도 이와 비슷하게 매우 얇은 나트륨 대기가 확인된다.

2.1.3 자기장

지구형 행성 중에서 현재까지 자기장이 유지되고 있는 것은 지구와 수성뿐이다. 자기장은 액체 금속핵의 유체운동으로 생긴다는 '다이나모 이론dynamo theory'으로 설명할 수 있으며, 따라서 지구처럼 수성도 핵의 일부가 녹아 있을 것으로 생각된다.[1] 현재의 화성에는 자기장이 없지만 표면의 지각에 잔류 자기장이 있고, 과거에 지구와 유사한 다이나모 자기장이 활동했던 시기가 있었다고 추측된다. 금성도 현재에는 자기장이 존재하지 않는다. 게다가 표면온도가 높아서 자성을 잃어버리는 퀴리 온도Curie temperature에 가까워 잔류 자기장이 확인되지 않는다. 그래서 과거에 자기장이 존재했는지 여부는 알 수 없다. 달의 표면에 잔류 자기장이 있는 곳

1 최근 수성 자전운동의 요동을 직접 관찰하여 액체핵의 존재가 보고되었다.

이 있지만, 다이나모 활동이 아니라 충돌 현상 등에서 얻어진 것으로 간주한다. 최근의 지구 다이나모 이론 및 수치계산에 따르면, 지구는 액체 금속핵 속에 고체의 내핵이 존재하며 이 구조가 자기장을 생성하는 다이나모 현상의 유지에 중요한 역할을 한다는 것이 밝혀졌다. 금성에서는 내부 온도가 높고, 고체의 내핵이 존재하지 않을 가능성이 있다. 행성 자기장은 태양풍 플라스마를 차단하고, 그 천체의 주위에 자기권이라 불리는 플라스마의 영역을 만든다. 지구 주위에는 지구 반지름의 10배 정도(태양 방향으로)의 자기권이 존재한다. 자기장이 존재하지 않는 현재의 금성과 화성은 태양풍이 직접 상층대기와 상호작용한다. 그 결과로 대기 성분이 우주공간으로 날아가버리는 일이 지구보다 활발할 것으로 예측한다.

2.2 지구

지구 표면의 특징은, 첫 번째로 젊다는 점을 들 수 있다. 예를 들어 해양지각의 나이는 약 1억 년 이내이다. 이것은 지구 표층에서 침식과 판의 이동이 활발하게 일어나고 있기 때문이다. 지형 데이터를 살펴보면, 지표는 대륙과 바다로 명확하게 구별된다. 두 번째 특징은 지표면의 70%가 액체 상태의 물(바다)로 덮여 있다는 점이다. 그리고 세 번째 특징은 생명활동이다. 이 특징은 철학적인 면에서도 지구의 위상을 두드러지게 할 뿐만 아니라 지구 표층 환경에도 중요한 영향을 주고 있다.

2.2.1 지구의 내부 구조

지구의 내부 구조는 지진의 관측에 따라 (다른 행성에 비해) 아주 잘 알려져 있다. 지구의 표층을 지각이라고 한다. 지각의 두께는 대륙판과 해양판이 다르며, 대륙판이 약 50 km, 해양판이 약 10 km 정도이다. 지각이라는 것은 어림잡아 맨틀이 부분 용해된 용액이 응고된 성분으로 여겨도 좋다. 맨틀은 주로 Mg, Fe, Al, Si 및 O로 이루어진 암석의 집합체이다. 깊이 660 km인 곳에 지진파 속도가 뚜렷하게 바뀌는 불연속면이 있고, 이 깊이까지를 상부 맨틀, 660 km에서 핵맨틀 경계면(깊이 2885 km)까지를 하부 맨틀이라고 한다. 상부 맨틀과 하부 맨틀의 경계는 맨틀 주요 광물의 상태 천이가 일어난다. 하지만 상부와 하부 맨틀이 다른 화학물질로 구성되어 있는 것은 아니다 . 맨틀은 고체이지만 지질학적 시간규모에서 점성유체로 취급되고, 현재도 대류하면서 맨틀 내부의 열을 지표로 운반하고 있다. 지구의 중심에는 핵이 있다. 핵은 주로 Fe와 Ni의 합금이다. 반지름 1217 km보다 바깥쪽에서는 지진의 횡파가 전해지지 않아 이 영역(외핵)은 액체로 구성되며, 가장 중심 부분(내핵)만 고체인 것을 알 수 있다. 외핵이 녹아 있는 것은 무언가의 불순물(경원소)이 포함되어 있기 때문에 Fe의 녹는점이 낮아진 것으로 생각된다.

2.2.2 지구 구조론

비교행성학의 입장에서 지구를 볼 때, 중앙 해저산맥에서 끊임없이 형성되는 상부 열 경계층(해양판)의 냉각과 해구에서의 하강에 따른 맨틀로의 회귀는 지구 구조론[2]의 명확한 특징이다. 천체 표면에서 식어 단단해지고, 강체같이 행동하는 열 경계층 최상부를 판plate이라 정의하고, 판 경계에서 일어나는 다양한 지질현상을 '판구조론' 이라고 한다. 이 개념에 따르면 지구와 비슷한 조성으로 이루어지는데, 지구와 유사한 열원을 가진 것으로 추정되는 다른 지구형 행성에 판구조론의 흔적이 전혀 눈에 띄지 않는 것

2 행성 내부에서 생기는 응력이 암석권을 변형시키고, 행성 표면에 다양한 지질운동을 일으킨다. 이 응력과 변형의 관계, 그리고 이 이론을 구조론이라고 한다. 행성 구조론 연구는 행성 표면의 지형 및 구조에서 그 원인인 응력을 추정하고, 더 나아가 근본 원인인 행성 온도 변화의 역사를 밝히기 위한 것이다.

은 이상하다. 중력에너지의 방출에 따라 행성 및 위성의 형성기에 천체 내부에 축적된 열과, 그 후 방사성원소의 붕괴로 생기는 열은 대류에 따라 간단히 운반될 것이다. 현재 이 질문에 대한 명쾌한 대답은 아직 발견되지 않았다. 지구의 화산에는 여러 종류가 있지만, 대형 화산 중에는 맨틀의 깊은 곳까지 뿌리를 내린 것도 있으며, 지구 내부의 물질 진화와 열 수지에 무시할 수 없는 역할을 하고 있다. 이 때문에 지구 이외의 고체 행성 및 위성의 열구조에는 판구조론 대신 맨틀 심부에서 올라오는 플룸plume이 대류의 열 운반을 담당하고 있다는 설명이 유력하다. 또한 이러한 대류체계는 천체 표면에 화산으로 나타나 행성 표층 부근의 구조론을 설명할 수 있다. 이러한 생각을 '플룸 구조론' 이라고 한다.

플룸 구조론에서 나타나는 천체 내부의 활동은 암석권[3]이라는 필터를 통해 천체 표면에서 관측된다. 그래서 암석권의 성질을 이해하는 것이 지구형 행성 및 위성 내부의 역학을 이해하는 열쇠가 된다. 암석권이란 천체의 표면온도가 낮기 때문에 지각과 맨틀의 암석이 점성유체적인 성질보다 취성脆性 · 탄성적 성질이 강하게 나타나는 층이다(뒤에서 설명하기로 한다). 암석권은 암석의 물리적 성질에서 기인하기 때문에 정도의 차이는 있지만 지구형 행성에는 반드시 존재한다. 이 암석권과 판을 동일시하여 달과 화성을 하나의 판으로 이루어졌다고 추정하기도 한다. 하지만 적어도 지구와 같은 판구조론의 개념은 더 이상 통용되지 않으므로 여기에서는 이 둘을 구별하기로 한다.

3 맨틀을 구성하는 감람암은 온도가 올라가면 점성이 낮아지고, 압력이 올라가면 점성이 높아진다. 이 특성으로 깊이 100 km보다 얕은 지구 맨틀의 최상부와 지각이 단단한 판처럼 움직인다. 이 판을 암석권이라고 한다. 한편, 깊이 100~200 km에서는 맨틀의 점성률이 갑자기 낮아진다고 알려졌다. 이 지구 내부의 저점성층을 연약권이라고 한다. 연약권은 윤활유 역할을 하고, 맨틀 중심부의 대류가 암석권에 미치는 응력을 약화시킨다. 지구형 행성의 맨틀은 감람암으로 구성되어 있으므로(2.1.1절) 암석권과 연약권은 지구 이외의 행성에서도 통용되는 개념이다.

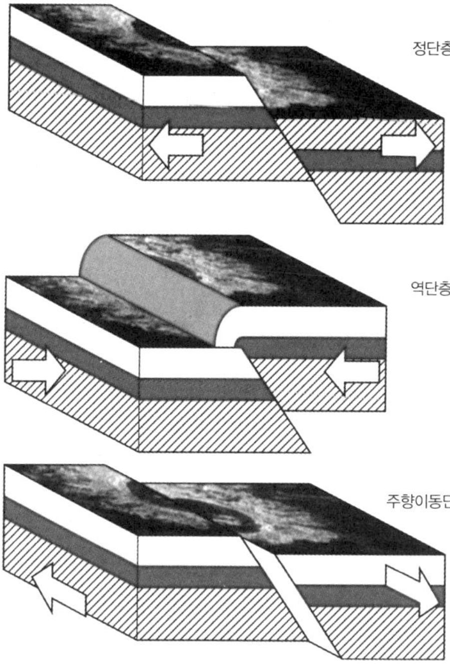

그림 2.2 단층의 모식도. 역단층은 지표면에서 상판이 붕괴되기 때문에 탐사기 영상만으로는 정단층과 구별하기가 어렵다.

암석권의 변형 방식은 크게 취성변형과 탄성변형으로 나뉜다. 취성변형은 끊어지는 것으로 나타나며, 천체 표면에서 주로 단층으로 관찰된다. 단층은 대략 세 가지 유형이 있는데 정단층正斷層, 역단층逆斷層, 주향이동단층走向移動斷層 등이 있다(그림 2.2). 정단층은 암석권이 장력을 받고 있음을, 역단층은 횡압력을, 주향이동단층은 수평으로의 힘이 작용하고 있음을 나타낸다. 따라서 탐사기에서 촬영한 행성이나 위성사진의 지질 분석에서 정단층이 발견되면 내부의 운동으로 암석권이 당겨지고 있음을, 역단층이 발견되면 압축되고 있음을 알 수 있다.

암석권의 탄성 성질이란 가장 쉬운 예로 플라스틱 책받침을 구부리는

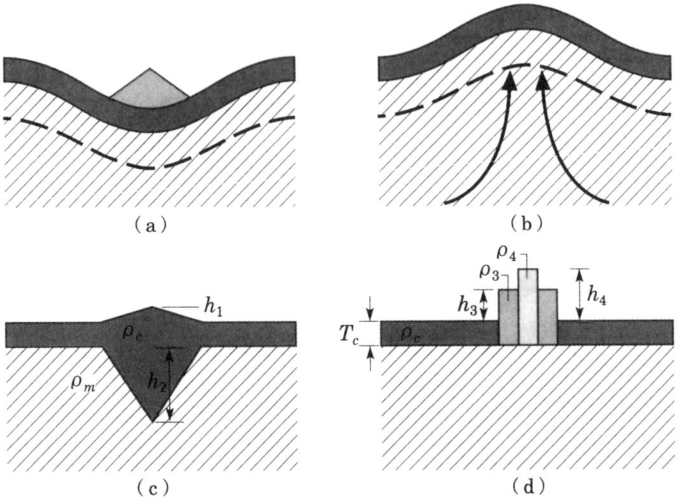

그림 2.3 지형을 지지하는 메커니즘 모식도. 짙은 회색은 지각(밀도 ρ_c, 두께 T_c)을, 사선은 맨틀(밀도 ρ_m)을, 굵은 점선은 암석권 바닥을 나타낸다. (a) 지형의 하중을 탄성적인 암석권이 지지하고 있는 상태, (b) 맨틀 대류의 응력으로 지형이 지지되고 있는 상태, (c) 에어리-아이소스타시〔$\rho_c h_1 = (\rho_m - \rho_c) h_2$〕, (d) 프랫-아이소스타시〔$\rho_c T_c = \rho_3(h_3 + T_c) = \rho_4(h_4 + T_c)$〕를 나타낸다.

것을 연상하면 된다. 이 경우 플라스틱 책받침이 암석권이며, 책받침을 구부리는 하중은, 예를 들어 표면의 지형(산맥과 화산)이거나 내부의 대류로 생기는 압력이기도 하다〔그림 2.3 (a), (b)〕. 이러한 하중은 종종 천체 표면 또는 내부의 밀도 변화에서 비롯되므로, 행성이나 위성의 중력장을 관측하여 그 근원을 추정할 수 있다. 한편, 하중에 대한 암석권 응답은 지형으로 나타난다. 동일한 하중에 대해 얇은 암석권은 크게 변형되고, 반면에 두꺼운 암석권은 조금밖에 변형되지 않는다. 따라서 중력과 지형을 비교하여 암석권의 탄성 성질을 알 수 있다.

중력과 지형을 관계 짓는 메커니즘은 암석권의 탄성 성질이나 맨틀 대류의 점성응력만이 아니다. 예를 들어 빙산이 바다에 떠 있는 것처럼, 맨틀 물질보다 밀도가 작은 지각 구성물질은 맨틀 위에 떠 있는 것이 가능하다. 지구에서도 고도가 높은 산맥은 그만큼 뿌리가 깊다고 생각할 수 있다〔에어리G. B. Airy−아이소스타시isostasy[4], 그림 2.3 (c)〕. 마찬가지로 주변보다 밀도가 작은 불실이 모이면 그만큼 고도도 높아진다〔프랫J. H. Pratt−아이소스타시, 그림 2.3(d)〕. 실제로 행성이나 위성의 중력과 지형의 관계에서는 이러한 모든 메커니즘이 복합적으로 작용하고 있다. 그러나 각각의 메커니즘이 효과적으로 작용하는 규모는 서로 다르다. 그래서 중력과 지형을 다양한 파장으로 분해하여 각 파장의 관계를 조사함으로써 각각의 메커니즘을 이해하는 것이 가능하다.

2.2.3 지구의 대기

지구 대기는 주로 78%의 N_2, 21%의 O_2로 이루어지며, 여기에 H_2O(수증기)가 0~2%, Ar이 1% 정도 포함된다. 물은 바다에 액체 상태로, 극지역에는 얼음으로 존재하고 있다. 수증기는 다양한 형태의 구름으로 표면을 덮고 있고 그 존재량은 불과 1%정도밖에 안 되지만 응결할 때의 잠열을 통해 지구 대기의 열 운반에 중요한 역할을 하고 있다. 금성이나 화성과는 달리 적당한 온도로 조절되는 지구 대기는 생명을 키울 수 있는데, 이는 곧 지구 표층의 생명의 역사가 지구 대기의 화학조성과 깊이 관련되어 있다고 할 수 있다.

금성과 화성의 대기 조성과 비교하면 현재의 지구 대기에는 CO_2가 매우 적다. 지구 대기에 이전에 존재했던 CO_2는 탄산염으로 지각에 포함되어 있다. 그에 대신해 생명의 현상에 필요한 O_2가 대기의 주성분이 된 것이다. 대기의 상층에서는 태양에너지에 따라 H_2O와 O_2의 광분해와 함께

4 부력과 중력이 평형을 이루고 있는 상태. 예를 들어 물에 떠 있는 얼음은 아이소스타시가 이루어지고 있다. 만약 수중에 강한 상승류가 존재해서 얼음을 밀어올리고 있다면 (중력)=(부력)+(추가 상승류의 힘)이라는 균형이 되어 아이소스타시는 성립되지 않는다.

거기에 연쇄적으로 다양한 화학반응이 일어나고 있다. 특히 성층권의 광화학반응에서 생긴 오존(O_3)은 자외선을 흡수하여 지구 생명을 지키는 중요한 역할을 한다.

대기의 온도구조는 가장 단순하게는 대류의 열 운반에 따른다. 이때 수증기의 응결로 수직 온도기울기는 단열 온도기울기[5](1 km의 고도 상승에 따라 10 K의 온도 감소)보다 매우 값이 작다. 또한 대규모 파동에 따른 에너지 운반도 하층대기에서 좀 더 중요한 역할을 한다. 한편, 성층권에서는 오존의 자외선 흡수로 고도가 올라갈수록 온도가 상승한다. 또한 지구로 쏟아지는 태양광 가운데 30%는 반사되고, 22%의 에너지는 대기에 흡수되며, 나머지가 지표에 도달한다. 대기의 온실효과는 지구에서도 발생한다. 그러나 그 양은 35 K 정도로 금성에 비하면 매우 작다. 지구 온실효과에 기여하는 대기 성분은 CO_2 및 H_2O의 수증기와 구름을 들 수 있다.

행성 규모의 대기운동은 적도지역의 열을 극지역으로 나르는 역할을 하고 있다. 대류권의 대기운동을 장시간에 걸쳐 평균하면 저위도에서 고위도로 향하는 자오면子午面 순환이 발견된다. 지구의 자오면 순환은 북반구와 남반구에 각각 세 개의 순환세포로 구성된다. 순환세포가 각 반구마다 하나가 아닌 것은 지구의 대기구조가 유체역학적으로 불안정하기 때문이다. 지구의 자전은 운동방향에 직교하는 힘, 즉 코리올리의 힘을 생성한다. 따라서 자오면 순환은 단순한 남북방향의 운동뿐만 아니라 동서방향의 바람(편서풍이나 무역풍)이 더해진다.

중위도에서는 경압傾壓 불안정이 열이나 물질 운반에 중요한 역할을 하

5 격렬하게 대류하는 하층대기에서는 공기덩어리가 이동하는 속도가 빨라 주위의 대기와 열교환을 할 시간이 없다. 즉 '단열적' 인 상태에 있다. 이 경우 공기덩어리의 온도는 압력 변화에 따른 부피의 팽창과 압축으로 변하는 내부 에너지 밀도만으로 결정된다. 즉, 수직 방향의 압력 변화로 말미암아 대기 중의 수직 '온도기울기' 가 주어진다. 지구 대기에서는 그 밖에도 수증기의 잠열도 고려해야 한다.

고 있다. 경압 불안정이란 저기압 또는 고기압이다. 또한 지형 및 해륙의 온도 차도 지구의 기상에 큰 영향을 준다. 예를 들어 남북으로 뻗은 산맥이 동서풍을 차단할 때에는 크고 작은 규모의 대기파동이 들뜨게 된다. 이 파동이 수직 방향으로 열이나 운동량을 운반한다. 이런 다양한 물리적 과정을 통합해 대기의 대순환 모형을 이용한 모의실험에서 현재는 지구 대기의 움직임을 상당히 정확하게 재현할 수 있다.

이처럼 지구 대기의 운동에너지의 대부분은 태양에서 주어진다. 한편, 지질학적 시간규모에서는 지구의 궤도가 결코 영원불변이 아니라 약간씩 준주기적으로 변동한다. 따라서 태양에서의 에너지의 위도분포와 계절 변화에도 변동이 생긴다. 약간의 에너지 변화에도 대기 성분이나 얼음의 분포 등이 증폭되어 대기가 민감하게 반응한다. 이렇게 지구 궤도의 변동에 따라 빙하기나 간빙기 같은 기후 변화가 일어나는 것으로 생각한다.

2.3 수성

수성은 태양계에서 가장 질량이 작은 행성이다. 또한 태양에 가장 가까운 궤도를 돌고 있다. 수성 주위는 He(42%), Na(42%) 및 산소원자(15%)가 얇게 감싸고 있을 뿐 대기는 거의 없다(10^{-15}기압). 표면 지형은 달과 유사하며, 지표의 대부분은 구덩이crater로 뒤덮여 있다. 또한 곳곳에 평원이라고 부를 만한 비교적 완만한 영역이 보인다(그림 2.4). 수성은 밀도가 높은 것이 특징이다. 평균밀도 5420 kg m^{-3}은 지구의 밀도 5515 kg m^{-3}에 버금간다. 일반적으로 행성은 질량이나 반지름이 커질수록 내부 압력이 높아져 압축되어 평균밀도가 증가한다. 수성의 반지름이 지구의 40% 이하인 것을 고려하면 수성 내부에는 지구와 금성, 화성에 비해 밀도가 높은 물질, 즉 철이 다량 함유되어 있을 것이다.

수성 궤도는 태양과 매우 가까워 지구에서의 관측은 어렵다. 지구에서 볼 때 수성과 태양의 거리가 가장 먼 경우에도 각거리로 28도밖에 되지 않는다. 지상에서 망원경으로 수성을 보는 것은 매우 한정된 시간인 이른 아침 또는 저녁의 짧은 시간대이다. 따라서 지상에서 망원경 관측으로는 수성 표면의 지형을 정확하게 식별할 수 없었고,[6] 오히려 잘못된 추측을 하는 경우가 많았다. 지상 망원경에 비친 수성의 모양이 항상 변하지 않는 것처럼 보였으므로 천문학자들은 수성은 언제나 같은 면이 태양을 향하고 있다고 생각했다. 그리고 수성의 자전주기를 공전주기와 동일한 88일로 추정했다. 달이 지구에 항상 앞면을 보이고 있는 것과 똑같이 생각한 것이다.

이러한 추측은 1965년의 레이더 관측으로 뒤집혔다. 레이더 관측에서는 수성을 향해 지구에서 전파를 송신하고 수성 표면에서 반사된 전파를 수신한다. 그리고 수신된 전파의 도플러 효과를 분석한다. 수성은 자전하고 있으므로 지구에서 볼 때 동쪽은 멀어지고 서쪽은 다가오게 된다. 즉, 동쪽에서 반사되는 레이더파의 주파수는 낮아지고, 서쪽에서 반사되는 레이더파의 주파수는 높아진다. 그 주파수 차에서 계산된 수성의 자전주기는 58.6일이었다. 이는 '수성의 1년' 에 해당되는 공전주기 88일의 2/3밖에 되지 않는다. 즉, 수성은 태양의 주위를 두 번 도는 동안 세 번 자전하는 것이다.

수성의 모습을 공개한 것은 미국의 마리너 10호 탐사선이다. 1974년 수성에서 6000 km 이내의 거리까지 접근한 마리너 10호 탐사선은 사상 처음으로 수성 표면의 촬영에 성공했다. 수성이 태양에 가까운 것은 탐사선의 관측에서도 큰 장애가 된다. 수성은 태양의 중력 퍼텐셜 장의 깊은 곳

6 수성 지상 관측의 역사는 C.R. Chapman, Mercury : Introduction to an end-member planet, in *Mercury*, F. Vilas, C.R. Chapman & MS Matthews eds., Univ. Arizona Prress,1988에 상세히 나와 있다.

그림 2.4 마리너 10호가 촬영한 수성의 합성영상(화보 1 참조, NASA 제공).

을 공전하고 있어 지구를 출발한 탐사선의 위치에너지가 운동에너지로 변환되어 수성에 도착했을 때는 큰 상대속도를 가지게 된다. 속도를 떨어뜨려서 탐사선을 수성 선회궤도에 투입하려면 큰 에너지, 즉 많은 연료가 필요하다. 그래서 마리너 10호는 수성 주위를 도는 대신 수성과 동일한 주기로 태양의 주위를 도는 궤도를 택했다. 이 궤도에서 마리너 10호는 '수성의 1년' 중 동일한 날짜에 매년 수성에 접근하게 되었다.

마리너 10호의 카메라가 사진에 담을 수 있는 것은 태양의 빛이 비치는 쪽, 즉 태양을 향한 반구로 제한된다. 여기서 수성의 자전과 공전은 3 : 2의 정수관계에 있다는 것을 기억하자. '수성의 1년' 중에서 마리너 10호가 수성에 가장 가까이 접근하는 날에는 수성의 특정 경도 또는 180도 반대쪽 중 하나가 태양을 향해 있다. 마리너 10호가 여러 번 수성을 방문하더라도 이 위치관계는 변하지 않는다. 따라서 마리너 10호의 수성 촬영 범위는 전체 영역의 45%에 그쳤고, 나머지 절반의 모습은 아직 알 수 없다. 그러므로 다음 세대의 탐사기에서 수성 탐사를 해야 한다.

그림 2.4에서 보이듯이 수성의 모양은 달과 매우 비슷하다. 표면 대부분이 구덩이로 덮여 있는 지역을 고원이라고 한다. 고원 사이에는 용암이 분출한 흔적으로 보이는 완만한 평원이 있다. 고원과 평원의 반사율에는 큰 차이가 없다. 따라서 수성의 고원과 평원 사이에는 달의 고원과 바다처럼 뚜렷한 경계가 있는 것은 아니다.

구덩이의 모양은 지름에 따라 변화한다. 수성에서는 구덩이 지름이 140 km를 넘으면 동심원의 림(limb, 구덩이를 둘러싼 절벽)이 여러 개 나타난다. 이러한 여러 개의 대형 고리 구덩이를 다른 구덩이와 구별하여 분지盆地라고 부른다. 수성에서 가장 큰 분지는 지름 1340 km의 칼로리스Caloris 분지이다(그림 2.5). 칼로리스 분지는 수성 지층의 연대를 결정하는 데 중요한 지표가 된다. 칼로리스 분지의 가장자리는 폭에 의해서 구간이 잘려져 폭 30~50 km, 높이 수 km의 칼로리스 산맥에 의해서 구간이 잘려져 있다. 칼로리스 분지 외에도 수성에서 22개 분지가 발견되었다.

마리너 10호의 가장 중요한 성과는 수성 표면에 있는 절벽의 발견이다(그림 2.6). 절벽 군데군데가 휘어졌지만 길이 100~600 km로 뻗어 있다. 높낮이 차이는 0.5~1.1 km이다. 절벽의 대부분은 지각의 수평압축으로 발생한 역단층으로 보인다. 만약 이러한 절벽(역단층)이 수성 전역에 퍼져 있다면 수성은 지각 형성 후 행성 전체의 냉각으로 반지름이 1~2 km 정도 수축한 셈이다.

절벽(그림 2.6)의 생성 원인은 열수축이라고 단정 지을 수는 없다. 수성

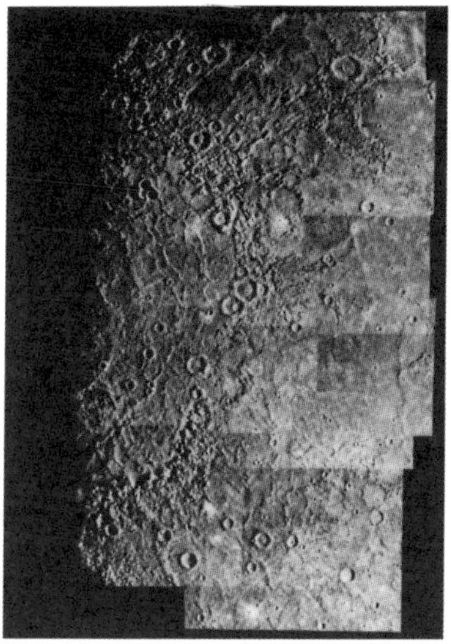

그림 2.5 마리너 10호가 얻은 칼로리스 분지의 합성영상. 그림의 왼쪽 중앙에 세로축 2/3 정도를 칼로리스 분지가 차지하고 있다(NASA 제공).

그림 2.6 디스커버리 절벽의 영상. 그림의 가운데 윗부분에서 절벽이 구덩이를 가로지르고 있다. 원래는 원형이었을 구덩이의 변형에서 수평 방향으로 가해진 힘의 정도를 계산할 수 있다(NASA 제공).

의 자전은 현재 공전과 3 : 2의 비로 동기화同期化되어 있다. 이 공명관계共鳴關係는 태양계의 탄생 뒤에 태양의 강한 조석력潮汐力이 수성에 작용했음을 나타낸다. 동기화 상태에 들어갈 때 태양의 조석력이 수성의 지각을 변형시켰을 가능성도 있다. 이 설에 따르면 동서방향의 절벽은 지각의 압축(역단층), 남북방향은 신장(伸張, 정단층)으로, 북동-남서 및 북서-남동방향은 수평 이동이 될 것이다[단층 종류에 대해서는 지구의 설명(2.2절) 참조]. 안타깝게도, 마리너 10호의 영상만으로는 정단층, 역단층, 주향이동단층 등의 유형을 구별하는 것은 어렵고 위험성도 있다.[7]

수성은 비록 약하기는 해도 고유 자기장을 가지고 있다. 마리너 10호의 관측자료에 불확실성이 존재하긴 해도, 수성이 자전축과 일치하는 쌍극자 자기장을 가지고 있음은 확실한 것 같다. 고유 자기장의 생성 원인에 대해서는 현재도 수성 내부에서 다이나모가 작용하고 있다는 생각, 그리고 과거 다이나모의 잔류 자기장이라고 하는 두 가지 설이 있다. 최근에는 후자의 이론을 지지하는 연구자들이 줄어들고 있다. 하지만 전자를 지지하는 연구자도 다이나모를 구동하는 메커니즘은 아직 명확하게 설명하지 못한다. 어쨌든 수성 다이나모 자기장과 고밀도는 내부에 지름 1800 km 정도의 금속 중심핵이 존재하고 있음을 시사한다. 수성 중심핵의 질량은 무려 행성 전체의 60±10%에 이르고, 다른 지구형 행성(지구에서는 32%)과 비교해 수성이 거대한 중심핵을 가지고 있다고 할 수 있다.

7 수성의 지질에 대해서는 R. Greely, *Planetary Landscapes*, Allen and Unwin, 1987에 상세히 기술되어 있다.

2.4 금성

2.4.1 금성과 지구의 비교

금성의 특징은 지구와 비교해서 생각하면 이해하기 쉽다. 그 이유는 다음과 같다.

(1) 지구와 질량, 크기가(따라서 밀도도) 비슷한 점

(2) 지구의 옆에서 돌고 있고, 예상되는 구성물질도 거의 같은 점

(3) 표면 광물조성이 비슷한 점

(4) 행성 내부에서 분출하여 생긴 것으로 생각되는 대기의 조성이 비슷한 점

(1)~(4)의 유사점에서 금성의 내부 구조는 지구와 비슷한 것으로 생각된다.

반대로 지구와의 차이점은 다음과 같다.

(5) 고유 자기장이 관측되지 않는 점

(6) 판구조론의 흔적을 찾을 수 없는 점

(7) 대기 중에 거의 물이 없는 점

(8) 대기 중의 비활성기체 원소비와 동위원소비가 지구와 다른 점

(5)~(8)의 차이점은 전체적인 내부 구조의 차이가 아니라 미량성분의 차이나 진화 양상의 차이로 이해된다. 예를 들어 (5)는 중심핵에 포함된 경원소 성분의 차이, 유체핵의 부재, 또는 지구에 비해 훨씬 느린 자전속도 등에서 원인을 찾을 수 있다. (7), (8)은 행성 대기의 기원과 관련되어 있다. 지구 대기의 대부분은 내부에서 분출되어 형성한 것으로 생각되므

로 행성의 열역사thermal history나 지각을 만드는 마그마의 활동과 밀접한 관련이 있다. 그러나 현재 시점에서는 가스 분출의 메커니즘이나 행성 내부의 동위원소 데이터, 물리상수 등이 정확하지 않아 대기 관측자료에서 금성의 내부 구조와 진화의 역사에 대한 정보를 이끌어내기가 어렵다.

2.4.2 금성의 지형

금성에 관한 자세한 표면 영상(그림 2.7)과 지형 및 중력 데이터가 확보되어 있으므로 얕은 내부 구조에 대해서는 충분히 연구되어 있다. 예를 들어 지형과 중력의 상관관계를 살펴보면 금성에서는 매우 긴 파장(차수가 낮은 항)에서도 높은 상관관계를 지닌다. 이는 금성에는 지구처럼 현재도 활동적인 맨틀 대류가 있고, 장파장 맨틀 대류의 움직임도 직접 지표면까지 전해지는 것을 보여준다. 금성에는 지구의 연약권에 해당하는 저점성층이 존재하지 않는다. 또한 지각과 맨틀의 경계(모호면)에서 거의 완전히 평형관계(아이소스타시)를 이루고 있다고 여겨지는 지형이 있는 반면, 맨틀 깊이 뿌리를 내린 화산의 존재도 보인다. 후자는 현재의 금성 내부에서 플룸 구조론이 활발하다는 것을 보여준다.

앞에서 기술한 (1)~(4)의 유사점에서, 금성과 지구의 열역사와 내부 구조도 비슷할 것으로 생각했다. 하지만 레이더 영상에 보이는 표면의 지질은 매우 다르다. 첫째, 금성에는 판구조론이 없다. 하지만 암석권의 압축에 의해 형성된 것으로 생각되는 대규모 산맥과, 당겨짐(張力)에 의해 암석권의 균열이 넓어진 것으로 생각되는 지구대가 존재한다(그림 2.8). 이는 암석권이나 암석권을 변형시키는 힘의 근원인 맨틀 대류의 성질들이 현재의 금성과 지구가 크게 다르지 않다는 것을 보여준다. 그러나 이러한 구조들이 지구의 해구와 중앙 해저산맥처럼 행성 전체에 연결되어 운동하고 있는 것은 아니다(그림 2.7).

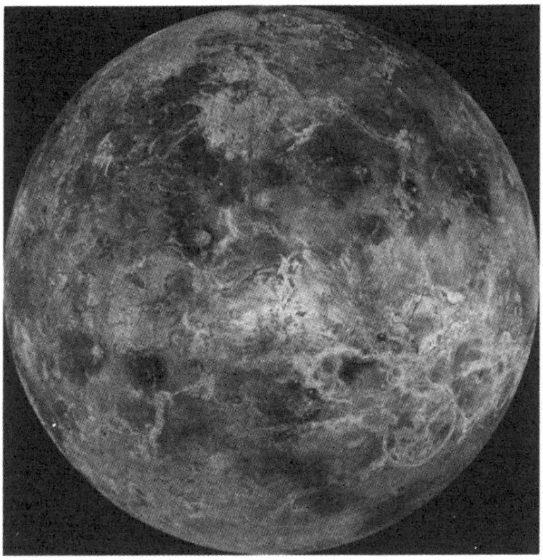

그림 2.7 마젤란 탐사선이 얻은 금성의 레이더 합성영상(화보 2 참조). 그림의 중심은 동경 90도인 적도 부분을 보여준다(NASA 제공).

둘째, 금성 표면의 60%는 평원, 24%는 고원, 16%는 산맥과 화산으로 분류된다. 평원은 매우 매끈하고 겨우 1 km 정도의 요철밖에 없다. 그림 2.7에서 어두운 지역이 평원이다. 변형이 작은 평원은 레이더를 산란시키기 어려워 영상에서 어둡게 나온다. 레이더 영상에서 대부분의 평원이 용암으로 덮여 있는 모습임이 밝혀졌고, 이는 큰 화성활동化成活動이 일어났음을 나타낸다. 이러한 해석은 베가와 베네라 탐사선의 지각 구성물질의 X선과 감마선 관측 결과와도 일치한다. 고원은 금성의 평균반지름에서 수 km 높이로 펼쳐져 있는 대지 위의 지형으로, 각각 호주 대륙만 한 크기이다. 고원 내부는 매우 복잡한 변형의 역사를 보여주며, 여러 방향으로 향한 단층과 습곡이 겹쳐져 있다. 고원은 레이더의 산란이 강해 그림 2.7에서 밝은 색으로 보인다.

지구와 비교해 산맥과 화산은, 그 높이와 크기 모두 대형인 것이 많다.

(a)

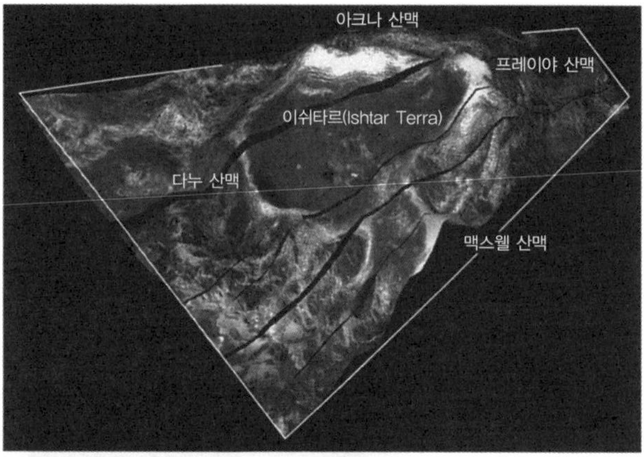

(b)

그림 2.8 (a) 금성의 습곡산맥을 남서쪽에서 내려다본 그림. NASA에서 제공한 사진 자료를 바탕으로 합성한 영상(동경 330도를 중심으로 하는 사인 곡선도법[8])을 지형 위에 붙여 넣었다. 주위의 흰 테두리는 북위 52도에서 83도, 서경 60도에서 0도의 경계를 나타낸다. 검은 선은 레이더 영상 자료가 누락된 것을 뜻한다. (b) 금성의 지구대. 베타레지오[9]는 동서방향의 장력에 따라 남북방향의 지구대가 생겨났다. 지구대로 나누어진 구덩이(북위 30도, 동경 283도)는 원래의 지름이 37km이다. 그림에서 윗부분이 북쪽이다(NASA 제공).

8 경도선에 사인 곡선을 이용한 정적의사 원통도법正積擬似圓筒圖法. 정확한 면적을 나타낸다.

9 북위 29.5도, 동경 281도를 중심으로 하는 화산고원. 알파레지오와 함께 금성의 레이더 관측 초기 단계에서 발견되었다. 북쪽의 레야 산과 남쪽의 세야 산이라는 두 개의 큰 화산을 데바나 지구대가 가로지르고 있다.

이는 지구의 판구조와 같은 것이 없기 때문으로 생각된다. 지구에서 가장 큰 화산은 하와이 화산이지만, 이동하는 태평양판에 맨틀 플룸(60쪽 참조)이 간헐적으로 마그마를 공급하고 있어 태평양판의 움직임에 따라 소형 화산 여러 개로 나누어진다. 만약 태평양판이 움직이지 않는다면 마그마의 공급이 한곳에 집중되어, 늘어선 소형 화산 여러 개가 아닌 대형 화산 하나가 형성될 것이다. 판구조가 없는 금성에서는 암석권과 맨틀 플룸의 상대운동이 작아 대형 화산이 형성되기 쉽다고 추측할 수 있다. 한편, 이러한 대형 지질구조를 떠받치려면 암석권이 지구에 비해 매우 단단하거나, 그렇지 않으면 상승하는 맨틀 플룸이 만들어내는 흐름의 점성응력에 의해 능동적으로 아래에서 들어 올리는 것이라고 생각된다.

셋째, 금성에는 앞에서 언급한 대형 화산 이외에도 다양한 화산지형이 발견된다. 다른 행성에는 없는 금성 특유의 화성활동의 특징으로 코로나corona를 들 수 있다. 코로나는 주로 평원에서 발견되는 반지름이 100~1000 km 정도의 원형 지형으로, 주위를 둘러싼 동심원의 능선과 그 바깥쪽의 원형 홈이 특징이다(그림 2.9). 내부는 오목한 모양으로 내려가 있고, 격렬한 화성활동의 흔적을 보여주는 경우가 많다. 코로나도 금성 내부에서의 플룸 구조가 표면 형태로 나타난 증거의 하나로 간주하지만, 그 형성 과정은 아직 잘 이해되지 않는다.

넷째, 금성의 구덩이 분포는 특이하며, 다른 행성처럼 특히 밀도가 높은(연대가 오래된) 또는 낮은(젊은) 곳이라는 구분이 없다. 이는 금성을 둘러싼 두꺼운 대기의 보호막으로 반지름이 작은 구덩이가 생성되지 않기 때문이다. 금성 전체에서 약 1000개 정도의 구덩이밖에 볼 수 없으므로 세세한 지질 구분에 대해 크레이터 연대학을 적용할 수 없다. 어쨌든 전체에서 약 1000개로 구덩이의 수가 매우 적고, 표면의 평균나이는 겨우 몇억 년으로 추정된다.

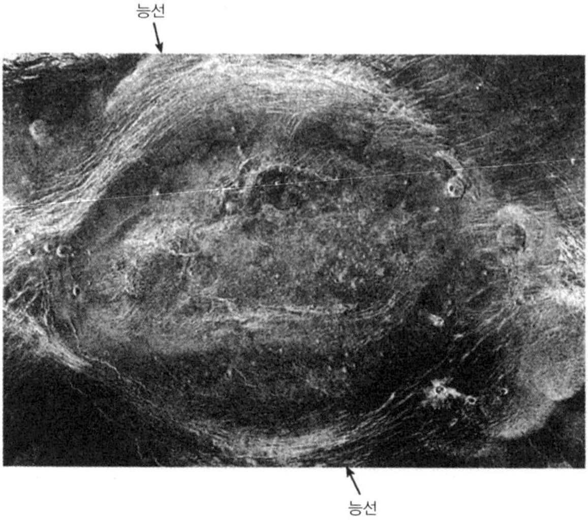

그림 2.9 니쉬티그리 코로나의 마젤란 레이더 영상. 그림에서 위가 북쪽이며 사인 곡선도법으로 그려져 있다. 그림의 중심은 남위 24.8도, 경도 72도이며, 폭은 약 360 km이다. 내부에 많은 순상 화산이 발견되었다(NASA 제공 영상을 합성).

금성 표면의 대부분을 차지하는 평원에서도 연대의 차이를 명확하게 알 수 없다. 이 구덩이의 분포는, 평원이 용암으로 덮여 있다는 관측 사실과 함께 '금성이 수억 년 전에 대규모의 화성활동을 일으키고, 행성 표면의 60% 이상이 갑자기 분출된 용암에 묻혀 버렸다. 그리고 그 후에 화성활동도, 구조론적 활동도 거의 없었다' 라는 해석을 이끌어냈다(행성 표면 갱신 가설). 이 가설에 따르면, 수억 년 전의 대규모 화성활동 이전에 존재했던 지표면은 현재 거의 남아 있지 않다. 따라서 그 이전에 금성이 어떤 상태에 있었는지를 알 수 없다. 이처럼 과거의 기록이 사라졌기 때문에 행성 표면 갱신가설에는 여러 가지 다양한 주장이 존재하고, 어느 것이 가장 그럴듯한지를 구별하는 것은 현재 상태로써는 매우 어려운 숙제이다.[10]

10 금성의 지질에 대해서는 小松吾郎 · 松井孝典, 『比較惑星學』(岩波講座, 地球惑星科學 第12卷, 1997)에 자세한 설명이 있다.

2.4.3 금성의 대기

금성에 존재하는 고온의 두꺼운 대기는 지구 대기와 비교해 크게 다르다. 지표면에서의 기압은 90기압, 온도는 740 K(460℃)에 이른다. 대기의 주성분은 CO_2(96%)이다. 고도 약 45~70 km에 있는 H_2SO_4의 두꺼운 구름층이 전체를 덮고 있으며, 이 때문에 가시광 영역에서 지표면을 볼 수 없다. H_2SO_4 입자는 이 영역의 아래쪽에서는 분해되고, 다시 구름층으로 돌아온다. 따라서 금성 대기에서는 고도 50~80 km에 모인 SO_2가 도망갈 수 없게 되어 있다.

금성에 쏟아지는 태양광의 약 80%는 구름에 반사된다. 따라서 금성 대기의 실질적인 에너지 공급은 태양에서 먼 지구보다 적다. 대기에 흡수되는 에너지는 적외선 복사로 다시 방출된다. 하지만 이 에너지 수지에서 예측되는 온도(복사평형 유효온도)에 비해 실제 금성의 대기는 500 K이나 더 높다. 이는 대기의 온실효과 때문이다. 온실효과에 기여하고 있는 대기 성분은 CO_2, 수증기, SO_2 및 H_2SO_4 구름이다. 쉽게 말해, 금성 대기는 지구와 화성 대기에 비해 질량이 큰 만큼 온실효과도 크다.

금성 하층대기의 온도구조는 거의 건조단열 온도기울기에 따라 정해진다. 지구 대기에 비해 오존이 적어 금성의 성층권은 지구만큼 뚜렷하게 나타나지 않는다. 수평 방향의 온도 차는 매우 작고, 적도지역 및 극지방의 온도 차도 겨우 몇 도이다. 이는 대량의 금성 대기가 지닌 거대한 열용량 때문이다.

금성 기상의 가장 큰 특징은 '슈퍼 로테이션'이라고 불리는 고속의 흐름이다. 금성은 지구와 반대 방향으로 243일 주기로 자전하고 있는 반면, 지구에서 관측되는 구름은 자전과 같은 방향으로 거의 4일 주기로 1회전하고 있다. 즉, 금성의 구름은 지표면의 60배에 이르는 속도로 회전하고 있는 것이다. 고도방향의 풍속분포는 지표면에서 0 m s^{-1}부터 시작해 고도 70 km의 구름 꼭대기까지 선형적으로 증가하여 최대 100 m s^{-1}까지 도달한다. 그토록 빠른 동서 흐름을 유지하는 각운동량은 도대체 어디에서 어떻게 공급되는지는 금성 대기역학에서 큰 수수께끼이다.

금성 대기의 진화 과정을 생각할 때 주목할 점은 중수소와 수소의 비율(D/H 비)이 지구보다 150배나 크다는 것이다. 대기 중의 수증기는 상층에서 광화학반응으로 수소와 산소로 분해된다. 대기의 중성입자나 이온은 태양풍과의 상호작용이나 하전교환 등의 다양한 과정을 거쳐 대기에서 행성간 공간으로 날아가버린다. 이때 중수소는 수소에 비해 무거워 상대적으로 대기에서 벗어나기가 어렵다. 즉, 금성의 높은 D/H 비율은 지구에 비해 금성에서 얼마나 물이 우주로 날아갔는지, 즉 원시금성에는 어느 정도의 물이 있었는지를 나타낸다. 어떤 계산에 따르면, 금성 대기에는 예전에 지구의 바다에 버금갈 정도의 물이 존재했다고 한다. 이 대량의 물이 수증기로 대기 중에 있었는지, 또는 금성 표면에 바다로 존재했는지는 아직 알 수 없다.

2.5 화성

2.5.1 화성의 관측과 탐사

행성 중에서도 화성은 지금까지 가장 많이 인류의 관심 대상이 되어왔으며, 다양한 탐사가 이루어지고 있는 천체이다. 크기는 지구의 절반이며 질량은 약 10분의 1에 지나지 않는 작은 행성이지만, 지구와 비슷한 표층 환경이 과거에 존재했고, 그런 까닭에 생명의 존재도 나타났던 것이 아닐까 생각되고 있다.

화성의 지형이 어떤 모습인지 알기 위해서 행성 탐사기의 탐사를 기다리는 수밖에 없었다. 처음으로 화성을 탐사하고 다양한 영상을 보낸 것은 미국의 마리너 9호였다. 예전부터 주장되어온 인공적인 운하는 존재하지 않았다. 그러나 태고의 하천 및 홍수의 흔적이 다수 발견되었고, 또한 화산이 존재하는 것으로 밝혀졌다. 이 발견의 흥분이 '바이킹'의 생명 탐사로 이어졌다고 할 수 있다. 그 후 10년 넘게 공백이 있은 뒤 화성 탐사가 속속 진행되기 시작했으며 2000년대 중반 이후로는 늘 3, 4기의 탐사선이 화성 표면을 탐사하거나 화성 주위를 돌고 있다.

2.5.2 화성의 궤도와 구조

화성의 적도 반지름은 3397 km, 질량은 6.42×10^{23} kg으로 크기는 지구의 절반, 질량은 지구의 약 10분의 1인 행성이다. 화성의 궤도 이심률(0.0934)이 크기 때문에 화성의 근일점 부근에서 지구와 회합할 때 지구와 화성의 거리가 가장 짧다. 이때를 대접근이라고 하며, 2003년 8월 대접근일 때의 거리는 5576만 km였고, 이 거리는 태양에서부터 평균거리의 약 70% 정도이다. 그러나 이 경우에도 화성의 겉보기지름은 25.13초로, 목성보다 작게 보였고 심지어 달의 75분의 1에 지나지 않았다. 그림 2.10은 2001년에 접근할 때 허블 우주망원경이 촬영한 화성이다.

화성의 내부 구조는 다른 지구형 행성과 마찬가지로 금속핵, 암석 맨틀, 상대적으로 밀도가 낮은 암석인 지각으로 이루어져 있다. 표면의 지각은 지구의 해저와 마찬가지로 현무암 성분이다. 현재 화성에는 지구에서 나타나는 판구조론적 운동은 없고 화산활동이 약하게 나타난다.

화성의 대기는 이산화탄소가 주성분으로, 표면의 평균대기압은 지구의 1000분의 6 정도이다. 대기 상층에는 이산화탄소와 얼음(물)으로 이루어진 구름이 나타난다. 특히 극 주변이나 높은 산 주변에 구름이 나타나는 경우

그림 2.10 허블 우주망원경에서 2001년 6월 26일에 촬영한 화성. 북극과 남극 주위에 물로 이루어진 얼음구름이 퍼져 있다(화보 4 참조). 오른쪽 아래 남반구 고위도지역이 약간 밝게 되어 있는 것은 헤라스 분지 주변에 모래폭풍이 발생하고 있기 때문이다(Space Telescope Science Institute 제공).

가 많다(그림 2.10). 화성 대기에는 매우 작은(수μm 정도) 모래먼지들이 떠다니고, 몇 년에 한 번씩 지표에서 날아올라간 먼지 입자가 화성 전체를 뒤덮는 '모래폭풍'이 발생한다. 그중 큰 폭풍은 지상에서 관측되기도 한다. 보통 때의 대기일 때 먼지에 따른 광학적 깊이는 0.2~0.3 정도이지만, 모래폭풍이 발생할 때에는 3 정도까지 커져 외부에서 화성의 지표면을 관찰할 수 없다.

2.5.3 남북 비대칭

화성 표면의 큰 특징은, 표고가 높고 충돌 구덩이(crater, 행성 · 위성 등의 표면에 보이는 움푹 파인 지형)로 덮여 있는 남반구와 상대적으로 표고가 낮고 구덩이 밀도가 낮은 북반구라는 두 가지 특성이 있다. 특히 북극 평원에는 과거에 바다가 존재했다고 생각된다. 그림 2.11(화보 5)은 '마스 글로벌 서베이어'의 레이더 고도계에서 얻은 데이터로 구한 화성의 고도 분포이다.

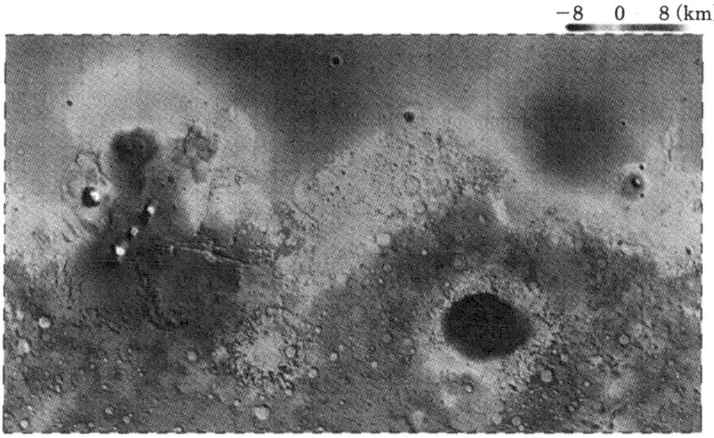

그림 2.11 마스 글로벌 서베이어의 레이더 고도계에서 얻은 화성의 지형(화보 5 참조). 남위 70도에서 북위 70도까지의 범위가 그려져 있다. 표고가 높고 구덩이가 많은 남반구와 화산 지역을 제외하고 표고가 낮고 상대적으로 구덩이가 적은 북반구로 나뉜다(NASA 제공).

남반구 쪽이 고도가 높고, 표면에 수많은 원형의 충돌 구덩이가 존재한다. 태양계의 여느 천체와 마찬가지로 표면 분화구의 밀도가 높을수록 상대적으로 오래된 지역이다.

또한 적도 부근에 '타르시스'라는 거대한 용암대지가 있고, 그 서쪽에는 일정한 간격으로 늘어선 화산 세 개가 존재한다. 타르시스 대지는 지금으로부터 35억 년도 더 전에 형성되었다고 생각된다. 타르시스 대지의 중앙에 마리네리스Marineris 협곡이라고 불리는 거대한 균열이 있고, 그 동쪽 끝에서부터 홍수지형이 북극 평원으로 이어져 있다. 홍수지형은 마리네리스 협곡 북쪽의 움푹 파인 지역에서도 북쪽으로 이어져 있다. 마리네리스 협곡 중심부는 동쪽 끝보다 낮아 흐르는 물만이 이 협곡을 만들었다고는 단정할 수 없다. 화산활동과 같은 다른 원인도 존재했을 가능성이 높다.

화산대는 주로 화성의 북반구에 집중되어 있다. 대표적으로는 올림푸스 산, 타르시스 화산열, 엘리시움 산 등의 화산이 있다. 올림푸스 산과 타르시스 대지의 세 화산의 높이는 25 km를 넘으며, 정상 부근에는 칼데라 지형이 뚜렷하게 나타나 있다. 수천만 년(구덩이 개수밀도로 추정) 정도 나이대의 용암지형이 있으므로 화성의 화산 중 일부는 현재도 활동을 계속하는 것으로 보인다. 그러나 지구나 금성과 비해 화성 전체에 걸쳐 있는 화산활동은 훨씬 약하다. 이는 천체가 작아 내부 냉각이 진행되었기 때문으로 생각된다. 천체 내부의 방사성 열원 원소의 존재도가 비슷하다 해도 (표면적/부피)비가 큰 천체일수록 냉각이 빠르기 때문이다.

2.5.4 화성의 물의 존재와 온난한 환경

현재 화성 표면은 한랭 · 저압이라서 액체의 물이 안정된 상태로 존재할 수 없다. 그러나 마리너 9호, 바이킹 궤도선의 관측으로 화성 표면에 다양한 하천 모양의 지형이 존재하고 있는 것으로 밝혀졌다. 크게 분류하면 거대한 홍수지형인 '아웃플로 채널(outflow channel, 그림 2.12)'과 나뭇가지 모양의 골짜기 지형인 '밸리 네트워크(valley network, 그림 2.13)'로 나뉜다. 아웃플로 채널은 큰 것인 경우 폭이 수십에서 100 km, 길이는 수천 km에 이른다. 특히 화성 적도지역의 마리네리스 협곡 근처에서 북극 평원을 향해 아웃플로 채널 몇 개가 흐르고 있다. 그 시작점에는 카오스 지역으로 불리는 함몰지역이 있고, 화성 지하에서 많은 양의 물이 공급된 것으로 생각된다. 아웃플로 채널이 시작되는 영역은 화성의 화산지역에 가까워 화산활동으로 지하의 얼음이 융해되어 홍수를 일으킨다는 주장이 있다. 또한 북극 평원으로 흐르는 대량의 물이 일시적으로 바다를 만들었고, 그 때문에 화성 전역이 온난했을 것이라는 주장도 있다.

한편, 화성 남반구의 구덩이로 덮인 오래된 지역에는 폭이 좁은 나뭇가지 모양의 골짜기가 넓게 분포하고 있다. 이것은 아웃플로 채널보다 오래된 약 40억 년 전의 골짜기로 생각된다. 화성의 넓은 지역에 걸쳐 분포하

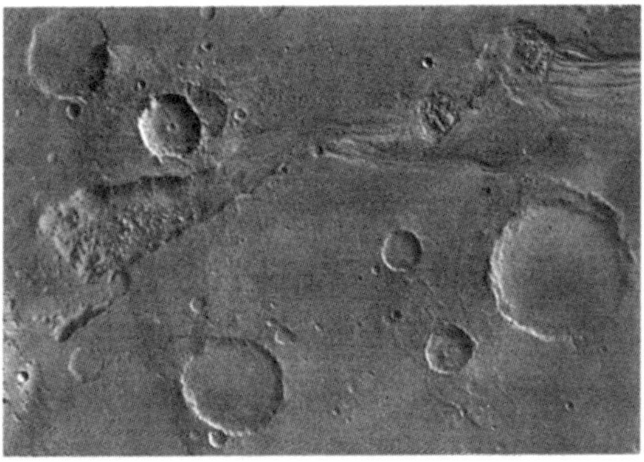

그림 2.12 화성의 홍수지형 중 하나인 라비 계곡. 계곡의 전체 길이는 300 km 정도이며, 계곡의 시작과 중간에 카오스 영역이라고 불리는 함몰지형이 존재한다. 지하의 얼음이 융해하여 유출되어 카오스 지형과 홍수지형인 아웃플로 채널 등이 형성되었다고 생각된다(NASA 제공).

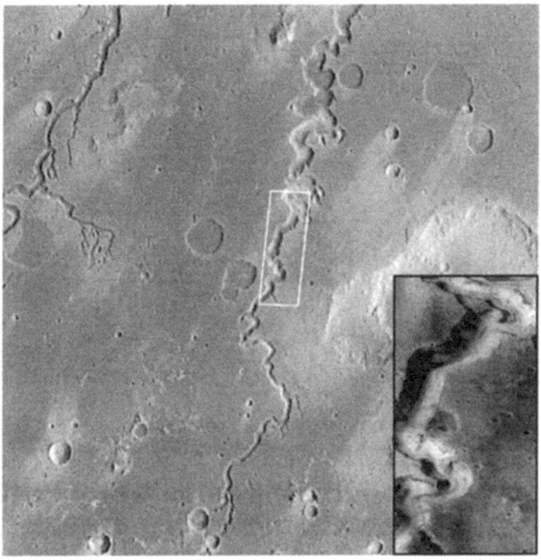

그림 2.13 화성의 밸리 네트워크 중 하나인 나네디 계곡(마스 글로벌 서베이어 영상). 흰색 사각 부분을 확대한 것이 오른쪽 그림. 계곡의 폭은 수 km. 단구 모양의 지형이 보이는 것에서 유수활동이 장기간에 걸친 것으로 생각된다(NASA 제공).

고 있는 것은, 화성 전체가 온난한 환경이었기 때문에 생성된 것으로 생각된다. 각각의 밸리 네트워크의 시작점은 지하수의 유출을 나타내는 형상을 보인다. 골짜기 가운데 하상이동이나 단구 지형도 있어 오랜 기간 동안 유수활동이 이어졌음을 보여준다.

1976년 화성에 착륙한 바이킹 착륙선의 가장 큰 목적은 생명 탐사이며, 미생물의 활동을 조사할 장비를 탑재했다. 그러나 2기 모두 착륙지점이 용암 평원이었으므로 생명의 존재는커녕 과거에 물이 존재한 증거조차 얻을 수 없었다. 1997년 화성에 착륙 한 '마스 패스파인더'는 상륙 목표로 대홍수의 흔적이 있는 곳을 택해 아레스 계곡이라 불리는 아웃플로 채널의 강바닥에 착륙했다. 이에 앞서 1996년, 화성 유래의 운석 ALH 84001에 과거의 생명(박테리아)의 흔적이 발견되었다는 발표가 있었고, 이 탐사선이 과거 화성에 물이 존재했다는 직접적인 증거를 발견할 것이라는 기대가 높았다. 착륙선에서 '소저너'라는 소형 로버를 보내 주위를 탐색했다. 착륙 지점에서 발견된 암석은 현무암과 안산암의 조성을 보였다. 표면이 마모된 암석들은 홍수와 함께 상류에서 운반되었다고 생각된다. 반면에 퇴적암의 구조를 나타내는 암석은 발견되지 않았다.

화성의 표면 탐사에 새로운 역사를 개척한 것은 2004년 1월에 착륙한 2대의 마스로버, '스피릿'과 '오퍼튜니티'이다. 마스 패스파인더의 로버인 소저너는 착륙선 본체를 통해서만 데이터를 보낼 수 있어 행동 범위가 제한적이었다. 반면 2대의 마스로버는 이동하면서 직접 지구와 또는 화성 궤도 위성과 교신할 수 있으므로 장거리 탐사가 가능하여 광범위한 지질 탐사를 기대했다. 스피릿의 착륙지점은 태고의 호수로 생각되는 지름 100 km 정도의 구세프 구덩이다. 여기에는 마딤Ma'adim 골짜기라는 오래된 밸리 네트워크로 분류되는 200 km 정도 길이의 하천 흔적이 존재한다. 오퍼튜니티의 착륙 지점은 메리디아니 평원이었으며, 마스 글로벌 서

그림 2.14 마스로버인 오퍼튜니티가 촬영한 인듀어런스 구덩이 내부의 불타는 절벽(Burns Cliff)이라는 퇴적암 지층. 사진 46장을 합성하여 만들었다(NASA 제공).

베이어의 적외선 분광분석에서 산화철 헤마타이트(hematite, 적철석Fe_2O_3)가 존재하는 것이 밝혀진 지역이다. 모두 적도 근처이며 착륙선이 장기간 활동하기에 적합한 온도 조건의 장소이다.

오퍼튜니티는 '이글 구덩이'라 불리는 지름 수십 미터의 작은 구덩이 속에 착지했다. 구덩이 내부에 층상 퇴적암 구조를 보이는 암석이 노출되어 있었다. 지금까지 화성 표면에서 관찰된 어두운 색의 화산성 암석과는 달리 주위의 흙보다 밝은색을 띠었다. 층상 암석에 대한 자세한 분석에서 퇴적암 중에 산화철로 이루어진 둥근 입자 물질이 포함되어 있는 것을 발견했고, 과거에 호수가 말라버린 증거로 생각되는 함수 황산염 광물도 검출했다. 원격탐사에 따른 지형학적 연구로만 추측하던 과거 화성의 온난한 환경의 존재가 처음으로 실제로 입증된 것이다. 오퍼튜니티는 그 후에도 인듀어런스, 빅토리아 구덩이에서도 퇴적암 지층을 발견했다(그림 2.14). 스피릿도 구세프 구덩이에서 수성水性 퇴적물의 증거를 확인했다. 오퍼튜니티와 스피릿은 각각 화성 표면의 거의 반대쪽에 착륙했는데, 이처럼 양쪽에서 퇴적암이 발견된 것으로 보아 화성 초기의 온난 환경은 화성 전체에서 광범위하게 유지되었을 가능성이 높아졌다.

2.5.5 화성의 대기와 진화

현재 화성 대기의 주성분은 이산화탄소이지만, 대기는 얇고(표면에서 1000분의 6기압) 온실효과가 없다. 한편, 밸리 네트워크 지형이나 퇴적암 등의 지질학적인 증거는 지금으로부터 40억 년 전의 화성 표면은 액체의 물이 간헐적으로 존재할 수 있는 환경이었음을 보여준다. 온실효과로 화성 표면의 온도를 273 K 이상으로 하기 위해서는 이산화탄소의 분압으로 몇 기압의 압력이 필요하다. 금성 대기와 비교하면 이 정도의 이산화탄소 대기가 화성에 존재했다고 해도 이상하지 않다. 그러나 이산화탄소만 존재한다면 상공에서 응결될 가능성이 높아 다른 온실가스나 화산성 에어로졸(aerosol, 대기 중의 미세입자)의 존재가 대기의 온도를 높였다고도 생각된다.

두꺼운 이산화탄소의 대기는 어디로 가버렸을까? 먼저, 지구처럼 석회암 등의 탄산염 광물로 지각에 고정되었을 가능성이 있다. 그러나 지금까지의 원격탐사 관측에서는 탄산염 광물이 널리 존재했던 증거는 확인되지 않는다. 한편, 화성 대기 중의 질소, 아르곤의 동위원소 조성은 지구와 비교해 무거운 동위원소가 풍부하다. 이는 화성 대기가 많이 흩어져버린 증거로 간주된다. 지금의 이산화탄소 대기의 유출도 포보스 탐사선으로 확인했다. 아마도 긴 화성 역사에서 이산화탄소 대기는 우주 공간으로 유출되었고, 그 때문에 대기가 옅어졌을 것이다.

2.5.6 극관과 과거의 기후 변화

화성 표면의 큰 특징 가운데 하나는 남북극에 극관이 존재하는 것이다. 이전에는 북극관은 물의 얼음, 남극관은 이산화탄소의 얼음(드라이아이스)으로 구성되어 있다고 생각했다. '마스 익스프레스'의 관측에서, 남극관 표면의 드라이아이스층은 얇고 남극도 극관 대부분이 물의 얼음으로 되어 있는 것으로 밝혀졌다. 따라서 극관에 포함된 이산화탄소가 모두 증발하

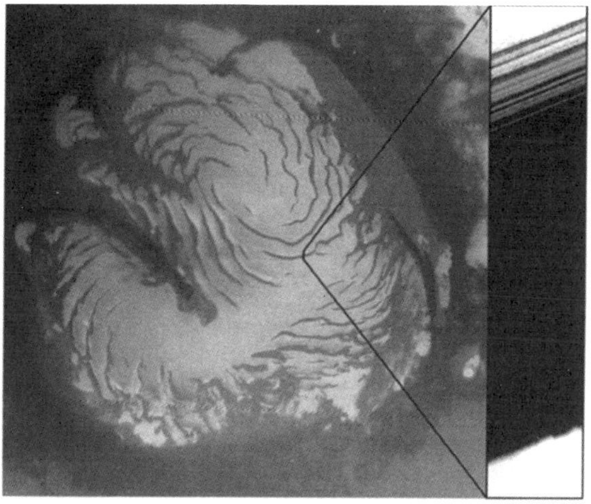

그림 2.15 화성의 북극관과 그 내부의 층상구조. 북극관의 내부 골짜기의 경사면에는 얇은 층상구조가 존재한다. 오른쪽 그림은 마스 글로벌 서베이어의 상세한 영상으로, 영상 폭은 1.66 km이다(NASA 제공).

더라도 화성의 기후는 크게 바뀌진 않을 것이다. 극관의 상세 영상에서 얇은 층상구조가 존재하는 것이 밝혀졌다(그림 2.15). 극관이 커질 때 얼음이 가라앉아 쌓이는데, 이때 대기 중의 먼지도 모여 같이 낙하한다. 이후 얼음이 증발할 때 먼지는 남는다. 그러므로 얼음의 응축과 증발이 여러 차례 반복되면 그 결과 먼지가 축적된다. 라스카Laskar는 북극관의 표면 250 m 정도의 얼음 층상구조에 과거 50만 년 동안의 기후 변화가 기록되어 있다는 것을 밝혀냈다. 화성 자전축의 기울기, 궤도 이심률은 다른 행성의 중력의 영향을 받아 변화한다. 이에 따라 여름 기간의 태양복사량과 극관의 두께에 서로 관계가 있다는 것을 밝혔다. 이것을 설명하는 한 가지 가능성은 여름 기간 동안 증발 속도가 빨라 먼지가 상대적으로 많이 축적된다는 점이며, 또 다른 가능성은 모래폭풍이 거세질 때 먼지 축적량이 많아진다는 점이다. 어느 쪽으로 생각하든 현재 극관에 보이는 층상의 줄무늬 모양은 화성의 과거 기후 변화를 반영한다고 할 수 있다.

그림 2.16 마스 글로벌 서베이어가 촬영한 화성의 구곡지형. 그림의 가로 폭은 1500 m이다(NASA 제공).

2.5.7 새로운 지형, 구곡

마스 글로벌 서베이어는 구곡(溝谷, gully)이라는 새로운 지형을 발견했다. 구곡은 밸리 네트워크의 협곡 벽면이나 구덩이 내벽의 급경사면에 존재하는 길이 수 km로 깊게 파인 지형이다(그림 2.16). 종종 같은 위치로 평행한 구곡들이 많이 존재한다. 일반적으로 부채꼴의 붕괴지형에서 시작되어 폭 수십~100 m의 협곡, 그리고 유출물이 퇴적되는 지형으로 구성된다. 이 지형에는 먼지의 침적沈積이 약하게 나타나 비교적 최근의 지형으로 생각된다.

구곡의 생성 원인에 대해서는 아직 결론이 나지 않았다. 처음에는 지하에서 유출된 물에 의해 형성된 것으로 생각했으나, 고위도대의 저온 조건에서는 지하에 액체의 물이 존재하기 힘들어 이산화탄소 방출에 따른 모형으로 생각되었다. 한편, 적도 방향보다 극 방향의 경사면에 많이 존재한다는 특징을 설명하기 위해, 겨울에 쌓인 H_2O의 눈이 따뜻해지면서 융해 · 증발함에 따라 형성되었다는 주장도 있다. 더욱이 최근에는 마스 글로벌 서베이어의 시간차 관측으로 구곡의 색이 변화하는 것이 확인되었다. 이 구곡의 색은 밝으며 길이는 전형적인 구곡과 비교해 짧다. 하지만 구곡의 생성 원인이 물의 유출에 따른 것이라면, 현재 화성에서 유수활동이 간헐적으로 이루어지고 있다는 증거가 될 것이다.

제3장
목성형 행성

태양계에서 목성형 행성은 목성, 토성, 천왕성, 해왕성의 네 행성을 가리키며,[1] 태양에서의 거리가 5.2~30 AU(천문단위)인 범위에 위치한다. 최근 '도플러 서베이'[2] 같은 외계 행성 탐사에서(7장 참조) 큰 질량을 가진 목성형 행성이 쉽게 발견되는데, 이러한 외계 행성과 비교하는 의미에서도 중요한 존재라고 할 수 있다. 이 장에서는 우리 태양계에 있는 목성형 행성 네 개에 대해 그 공통점과 차이점을 알아보고, 내부 구조, 자기장, 대기 등에 대해서도 살펴본다. 또한 목성과 토성에 대해서는 최근까지 계속해서 탐사선 등으로 중요한 연구 결과들이 늘어나고 있어 개별적으로 그 특징을 추가로 설명한다.

3.1 기본적인 양

먼저, 목성형 행성의 공통점과 차이점을 정리해보자. 표 3.1에 지구형 행성과 대비되는 형태로 목성형 행성의 공통 성질을 정리했다. 이 공통점들에 대해 목성형 행성의 각각을 살펴보면, 표 3.2 및 표 3.3과 같은 차이점이 있다.

이것으로 보아 내부 열원의 크기를 따로 생각한다면, 목성형 행성은 목성·토성과 천왕성·해왕성이라는 두 하위 그룹으로 나눌 수 있다. 그러므로 이제부터 이 두 하위 그룹의 차이점을 행성 내부 구조의 관점에서 설명하겠다.

또한 목성형 행성에는 지구형 행성이 가지는 뚜렷한 고체 지면地面은 존

1 최근 천왕성과 해왕성을 천왕성형 행성이라 부르기도 하지만, 이 장에서는 기존의 호칭을 그대로 쓰기로 한다.

2 별은 고정되어 있는 존재가 아니라 실제로는 행성과의 공통중심 주위를 공전하고 있다. 이 운동에 따라 스펙트럼에 생기는 도플러 이동을 이용해 외계 행성을 발견하는 방법이다.

그림 3.1 목성형 행성의 다양한 모습(화보 6, 8, 9 참조). (a) 목성은 줄무늬와 크고 붉은 얼룩무늬가 특징이며, 지상 망원경에서도 상세한 모습까지 잘 관측된다. (b) 토성은 아름다운 고리가 특징이지만, 그 표면 모양은 목성에 비해 단조롭다. (c) 천왕성은 자전축의 큰 경사, 얇은 고리가 특징이다. 표면 모양이 단조롭고, 그 탓에 가장 연구가 진행되지 않은 목성형 행성이라고 할 수 있다. (d) 해왕성은 태양에서 먼 곳에 있지만 대기활동이 활발한 것으로 알려졌다. 보이저 2호가 접근하여 크고 어두운 얼룩무늬와 흰구름 모양을 발견했다(NASA 제공).

재하지 않는다고 알려져 있다. 따라서 관습에 따라 '대기압 $P=1$ bar'를 표면으로 정의하는데, 예를 들어 행성 반지름의 경우에는 그 중심에서부터 표면까지의 거리를 가리키는 것으로 한다. 실제로 1 bar 부근에 구름층이 존재하며, 가시광 영역에서 관측한 경우의 시정(視程, 목표물을 명확하게 식별할 수 있는 최대 거리, 광학적 깊이가 1에 이른다)과 거의 일치한다는 의미에서 적절한 정의라고 할 수 있다. 목성에 관한 예전 문헌 중에 $P=600$ mbar를 기준면으로 한 것도 있기(구름의 고도를 기준으로 두었다) 때문에 비교할 때에는 주의가 필요하다.

표 3.1 목성형 행성과 지구형 행성의 비교

	목성형 행성	지구형 행성
밀도	작음(0.69~1.64 gcm^{-3})	큼(3.93~5.51 gcm^{-3})
자기장	모두 존재	금성 · 화성에 없음
고리	모두 존재	모두 없음
위성	8개 이상	최대 2개

표 3.2 목성형 행성과 지구형 행성의 비교

	질량*	자기장의 경사**	자기장의 벗어남(offset)***
목성	318	−9.6°	0.12
토성	95.2	−0.0°	0.04
천왕성	14.4	−59°	0.3
해왕성	17.1	−47°	0.55

* 지구 질량 $M_{\oplus}$이 기본단위.

** 마이너스 표시는 지구와 반대의 극성을 의미한다.

*** 행성 자기장을 쌍극자 자기장으로 근사했을 때, 그 쌍극자의 중심이 행성 중심에서 얼마나 떨어져 있는가를 나타내는 양. 각 행성의 반지름이 단위.

표 3.3 목성형 행성의 대기

	내부 열원*	대기 요란	적도풍	구름 종류**
목성	1.67	활발	동향	NH_3
토성	1.78	활발	동향	NH_3
천왕성	1.06	평온	서향	CH_4
해왕성	2.61	활발	서향	CH_4

* 내부 열원은 그 행성이 태양에서 받는 에너지를 기본단위로 한다.

** 구름은 최상층의 가시운可視雲.

3.2 목성형 행성의 내부 구조

행성의 내부 구조를 추정하는 첫걸음은 그 반지름과 질량, 그리고 거기에서 계산된 밀도를 기본으로 하는 것이다. 행성의 반지름은 망원경에 따른 시반경 관측으로,[3] 질량은 행성 주위를 도는 위성의 공전주기를 측정하여[4] 얻을 수 있다. 이렇게 얻은 목성형 행성의 평균 밀도는 0.69~ 1.64 g cm^{-3}의 범위로, 지구형 행성에 비해 매우 작은 것을 알 수 있는데, 이는 목성형 행성이 가벼운 원소(주로 수소 · 헬륨)로 이루어졌음을 나타낸다. 특히 토성의 경우는 그 밀도가 1보다 작아 '물에 뜬다' 고 표현하기도 한다. 여기에서는 질량 · 반지름의 관계를 좀 더 깊이 고찰해보자.

3.2.1 행성 내부 구조의 단서 : 압력 – 밀도 관계

단일 원소로 이루어지고 자체 중력으로 만들어진 구체에는 최대 반지름 R_{max}가 있다. 그 이상의 질량이 가해지면 수축해버려 반대로 반지름이 줄어들기 때문이다. 이를 고려하여 기체의 압력 P와 밀도 ρ의 관계를 폴리트로프polytrope라는 다음 식으로 나타낸다.

$$P = K\rho^{(1+1/n)} \tag{3.1}$$

여기서 K는 폴리트로프 상수, n은 폴리트로프 지수이다. 저압 극한 $P \to 0$에서는 $n \to \infty$, 반대로 고압 극한에서는 $n=3/2$가 되어 $P \propto \rho^{5/3}$이 된다. 여기에서는 이 둘의 중간인 해석해가 존재하므로 $n=1$로 근사하고, $P=K\rho^2$을 이용하기로 한다. 이 근사에서 행성 반지름은 그 질량에 관계없이 일정하다.

3 좀 더 자세히 말하면 별의 엄폐관측이 사용된다.
4 엄밀한 의미에서는 이것에서 얻을 수 있는 것은 행성과 위성의 질량 합이다.

이 압력-밀도 관계를 정역학 평형식[5]에 사용하여 적분하면 행성 중심에서부터 거리 r 에서의 밀도 ρ는

$$\rho = \rho_c \left(\frac{\sin(C_K r)}{C_K r} \right) \tag{3.2}$$

라는 관계로 표현된다. 여기서 ρ_c는 행성 중심에서의 밀도이며, 상수 C_K는 폴리트로프 상수 K와

$$C_K = \sqrt{\frac{2\pi G}{K}} \tag{3.3}$$

의 관계가 있다(G는 만유인력상수). 행성 반지름 R은 밀도 $\rho=0$이 되는 표면으로 정의하고, 그렇게 되려면 $\sin(C_K r)=0$이 되어야 한다. 행성 중심이 $r=0$이므로 표면에서는 $R=\pi/C_K$이다. 수소의 상태방정식을 근사하여 얻은 폴리트로프 상수 $K=2.7\times10^{12}\mathrm{cm^5g^{-1}s^{-2}}$을 이용하면,

$$R = 7.97 \times 10^4 \text{ km} \tag{3.4}$$

을 얻는다. 이 값과 비교하면 목성의 반지름은 7.15×10^4 km로 위에서 구한 값에 가까운 반면, 토성은 6.03×10^4 km로(부록 표 2 참조) 비교적 값이 작지만, 이 두 행성은 주로 수소로 구성되어 있다고 생각해도 좋을 것이다.

이에 비해 천왕성·해왕성의 하위 그룹은 모두 위 값의 1/3 이하의 반지름을 갖고 있어 목성·토성과는 조성이 다르다는 것을 보여준다. 아직까지 천왕성·해왕성의 내부 구조는 목성·토성에 비해 잘 알려지지 않았

5 기체(액체)의 아주 작은 부피에 주목했을 때 거기에 걸리는 중력과 부력(윗면과 아랫면의 압력 차)이 균형을 이루고 있는 상태.

다. 물론 관측 자료가 적은 이유도 있지만, 또 다른 이유는 목성 · 토성의 질량 · 반지름이 '수소가 주성분인 행성'이라는 단순한 가정에 따른 계산 결과와 잘 맞아떨어지는 반면, 천왕성 · 해왕성의 질량 · 반지름은 좀 더 폭넓은 해석의 여지가 남아 있다는 사실을 무시할 수 없기 때문이다.

3.2.2 좀 더 상세한 내부 구조 모형

행성의 질량 · 반지름(밀도)에 자전주기 · 편평률이나 내부 열원의 유무, 그리고 탐사선의 근접비행fly-by이나 선회비행에 따른 중력 모멘트 J_2, J_4, J_6과 같은 정보가 더해지면 상세한 내부 구조 모형을 구축할 수 있다. 여기에서는 이러한 모형에 대해 간단히 소개한다. 그리고 이제부터 헬륨보다 원자번호가 큰 원소(Z>2인 원소)를 '무거운 원소'라고 부르기로 한다. 또한 영어 문헌에서는 H_2O, NH_3, CH_4 같은 휘발성 물질을 (그 상태에 관계없이) 'icy materials'나 'ices'라고 표현하는 경우가 많다. 여기서도 그에 따라 부호를 붙여 '얼음'이라 부르기로 한다.

목성 · 토성 하위 그룹의 내부 구조

앞에서 설명했듯이 목성과 토성 모두 수소와 헬륨이 주성분으로, 각각의 질량은 $318M_{\oplus}$, $95M_{\oplus}$이다. 여기에는 두 행성 모두 $15\sim30M_{\oplus}$의 '무거운 원소'를 포함하고 있다고 생각할 수 있다. 이는 대기 중의 '무거운 원소' 비율이 태양 원소조성에 비해 지나치게 높다는 것을 의미한다. 실제로 목성 대기에는 탄소, 질소, 유황이 태양 조성의 2~3배 수준으로 관측되며 그 원소들은 토성에서 더욱 많아진다. 토성은 목성에 비해 반지름 · 질량 모두 작기 때문에 전체 질량에 상대적으로 '무거운 원소'의 비율이 목성보다 크다.

목성 · 토성 내부 구조 모형의 대부분은 그 중심에 작은 고밀도 핵이 있

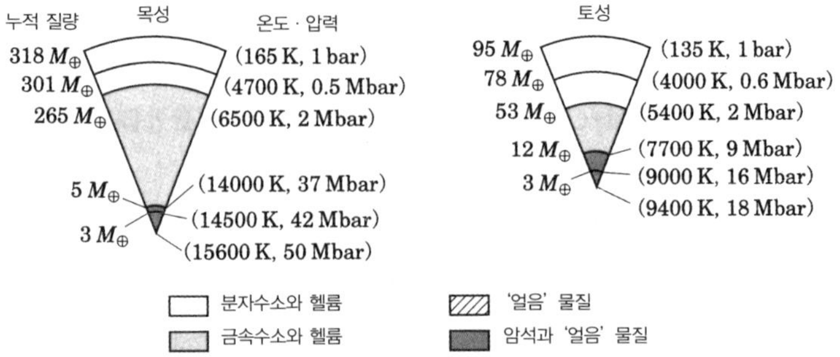

그림 3.2 목성과 토성의 내부 구조. 표면 부근은 H_2와 He의 대기, 내부는 금속수소와 He이 혼합, 더 안쪽의 중심 부근에는 무거운 물질에 핵이 존재한다고 생각된다. 내부 구조의 추정에는 불확정성이 크며 모형에 따라 그 구조가 크게 달라진다. 그림에 나타낸 것은 하나의 예이다(P. A. Bland *et al.* 2003, *An Introduction to the Solar System*, p.205).

다고 예측한다. 목성 핵의 질량은 $10M_\oplus$ 이하, 토성 핵의 질량은 10~$20M_\oplus$ 정도로 알려져 있다. 그리고 핵에는 다량의 철과 암석이 존재할 것으로 생각된다. 이는 행성이 형성될 때 미행성 충돌로 모인 것에, 행성 형성 후 중력에 따라 중심으로 침강해간 것들이 더해져서 만들어졌을 것이다. 그러나 후자의 성분은 행성 형성부터 지금까지의 시간규모로는 충분히 침강하지 못하고 여전히 껍질[6] 부분에 머물러 있다고 생각하는 연구자도 많다.

이 핵들은 암석 및 철의 내핵과 '얼음'을 다수 포함한 외핵으로 이루어졌다고 생각된다. 내핵과 외핵으로 나누어지지 않는다는 설도 이 관측 결과를 설명할 수 있다. 일반적으로 암석핵의 질량을 중력 모형으로 구하는 것이 어렵고 불확정성(모형 간의 차이)이 크다는 점을 잊지 말아야 한다. 껍질(안쪽은 금속수소와 헬륨, 바깥쪽은 수소와 헬륨) 안에는 다량의 '얼음'(H_2O, NH_3, CH_4, 그리고 S를 포함한 물질)이 존재하는 것으로 보인다.

6 목성형 행성의 핵을 둘러싼 영역. 지구형 행성에서 '맨틀' 부분에 해당한다.

이러한 내부 구조는 대류활동을 통해 행성 자기장과 표면 대기의 운동에 큰 영향을 준다.

천왕성 · 해왕성 하위 그룹의 내부 구조

천왕성과 해왕성은 목성형 행성으로 분류되고 목성 · 토성처럼 큰 행성으로 불리지만, 그 조성은 목성 · 토성과는 크게 다르다. 그 질량으로 봐도 천왕성은 $14.4M_{\oplus}$, 해왕성은 $17M_{\oplus}$에 지나지 않는다. 모형에 따르면, 천왕성 · 해왕성의 수소 · 헬륨의 총질량은 겨우 $1M_{\oplus}$이다. 따라서 나머지 질량은 '무거운 원소' 이며, 그 양은 목성 · 토성의 양에 견줄 만하다. 즉, 수소 · 헬륨에 비해 상대적으로 '무거운 원소' 의 비율이 압도적으로 크며, 이를테면 목성 · 토성의 핵에 해당하는 덩어리가 소량의 수소 · 헬륨을 갖고 있는 천왕성 · 해왕성이라고 볼 수도 있다. 이러한 물질 구성은 천왕성 · 해왕성에서 태양 원소조성의 수십 배에 이르는 C, S의 존재비가 관측되는 것과 일치한다.

해왕성은 천왕성보다 반지름이 3% 작지만 질량은 15% 더 크다. 그 결과, 해왕성의 평균밀도는 천왕성보다 24% 커진다. 이 두 행성의 내부 구조 모형은 아직 확실하게 결정되지 않았지만, 한 가지 확실한 점은 천왕성 · 해왕성에서는 목성 · 토성과 같은 두꺼운 껍질을 형성하는 데 충분한 수소 · 헬륨의 양이 존재하지 않는다는 것이다. 따라서 그 부피의 대부분을 차지하는 '얼음' 이 껍질 역할도 할 것이다. 관측 결과와 가장 잘 맞는다고 생각되는 모형에는 그 '얼음' 껍질의 안쪽에 $1M_{\oplus}$ 정도의 핵이 있다는 모형이다. 한편, 핵이 존재하지 않는 모형도 마찬가지로 이 관측 결과를 설명할 수 있다. 여기서 말하는 핵은 지구처럼 암석 · 철이 주성분인 덩어리를 가리키며, '얼음' 을 포함하여 핵이라고 말하는 목성 · 토성의 경우와는 다르다는 점에 주의해야 한다. 핵이 있다면 철은 고체로 존재하고 암석

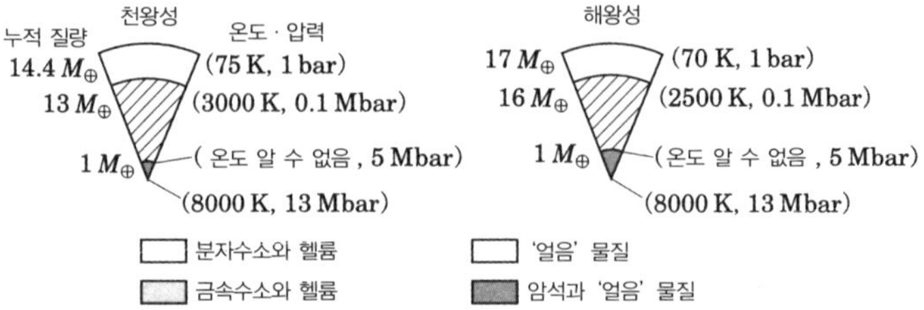

그림 3.3 천왕성과 해왕성의 내부 구조(P. A. Bland *et al.* 2003, *An Introduction to the Solar System*, p205).

물질은 액체로 되어 있을 것이다. 그러므로 핵은 내핵과 외핵으로 나누어져 있다고 생각된다.

'얼음' 껍질은 행성 질량의 80% 정도를 차지하고 있다. 행성 반지름의 5~15% 정도의 가장 바깥쪽은 수소와 헬륨이 풍부한 대기이다. 두 행성 모두 자기장을 가지고 있으므로 그 내부는 전도성 및 대류성을 띠고 있을 것이다. 그러나 천왕성 · 해왕성 내부에서는 온도 · 압력은 증가하지만 금속수소를 형성할 만큼까지는 이르지 않기 때문에 행성 내부의 전도성은 금속수소 이외의 물질이 담당하고 있을 것이다. 내부의 고온 · 고압은 '얼음' 껍질을 뜨겁고 고밀도의 이온화된 유체의 바다로 만들었다고 생각된다. 그중에는 메탄, 암모니아, 질소와 황화수소 등이 녹아 있고, NH_4^+, H_3O^+, OH^- 등의 이온이 존재할 것이다. 그곳의 전기 전도도傳導度는 관측되는 자기장을 생성 · 유지할 수 있을 만큼 충분히 높을 것이다.

3.2.3 목성형 행성의 내부 열원

표 3.3에 나타냈듯이 천왕성을 제외한 목성형 행성은 큰 내부 열원을 가진다(태양에서 받는 에너지의 약 2배를 방출한다). 여기에서는 그 발열 메커니즘에 대해 생각해보자. 반지름 R인 행성에서, 그 부피 V에 대한 표면적 S의 비율은

표 3.4 목성형 행성의 유효온도와 평형온도

행성	유효온도 T_e[K]	평형온도 T_{eq}[K]
목성	124.4	113
토성	95.0	83
천왕성	59.1	60
해왕성	59.3	48

$$\frac{S}{V} = \frac{4\pi R^2}{(4/3)\pi R^3} = \frac{3}{R} \tag{3.5}$$

이다. 즉, 큰 행성일수록 부피에 대한 표면적의 비율이 작아지고 내부의 열을 외부로 방출하는 효율이 떨어지는 것을 의미한다. 목성의 경우에 이 효과가 크고, 큰 부피와 상대적으로 작은 표면적에서부터 행성 물질의 강착 과정에서 생긴 열에 더해져, 암석과 '얼음' 이 분화했을 때 생긴 열 등이 지금도 강한 내부 열원으로 관측되는 것으로 보인다.[7] 그것을 정량적으로 추정해보자. 태양광의 반사 성분은 별도로 하고, 행성 스스로 내는 복사세기 L은 그 내부 열원에 따라 L_i와 태양광을 흡수한 후 다시 방출하는 L_{ir}로 이루어진다($L = L_i + L_{ir}$). 후자는 행성이 평형온도 T_{eq}에서 내는 복사 $4\pi R^2 \sigma T_{eq}^4$(σ는 스테판-볼츠만 상수)와 같기 때문에 내부 열원에 따른 복사세기 L_i는

$$L_i = 4\pi R^2 \sigma (T_e^4 - T_{eq}^4) \tag{3.6}$$

로 나타낼 수 있다. 여기에서 T_e는 실제 스펙트럼 관측에서 얻은 유효온도를 나타낸다. L_i의 전부가 '행성 스스로 내부에 가진 열의 누출' 이라 가정

7 $10M_\oplus$인 지구 조성의 핵이 있고 거기에 포함되어 있는 ^{40}K 등의 방사성원소 붕괴로 발열한다고 해도, 목성 열원의 1/1000 정도밖에 설명할 수 없다.

하면, 내부온도 T_i의 저하율은 다음과 같이 쓸 수 있다.

$$\frac{dT_i}{dt} = -\frac{L_i}{c_V M} \tag{3.7}$$

여기서 M은 행성 질량, c_V정적비열이다. 목성 · 토성의 금속수소에 대해서는 $c_V = 2.5k/m_{amu}$(여기서 k는 볼츠만-스테판 상수, m_{amu}은 원자 질량단위), 천왕성 · 해왕성에 대해서는 평균분자량 μ_a를 이용해 $c_V = 3k/\mu_a m_{amu}$로 나타낼 수 있다. L_i 자체는 변화하지 않고 복사가 계속된다고 가정하면 ΔTi만큼 온도가 내려가는 데 필요한 시간 Δt는

$$\Delta t \simeq \frac{\Delta T_i \, M \, c_V}{L_i} \tag{3.8}$$

로 나타낼 수 있다.

위 식을 목성에 대해 계산해보면

$$\Delta t \approx \Delta T_i \times 1.4 \times 10^{14} \tag{3.9}$$

와 같다. 45억 년은 1.4×10^{17} s이므로 목성이 형성된 후부터 일정하게 복사를 내고 있다고 한다면, 그에 따른 내부 온도 감소는 1000 K밖에 되지 않는다. 그러므로 목성의 내부에는 형성될 때의 '여열餘熱'이 아직 충분하고, 그 열이 지금도 내부 열원으로 관측되고 있다고 생각할 수 있다.

토성은 목성보다 작아 행성이 형성될 때의 '여열'이 여전히 내부 열원을 담당하고 있다고는 생각하기 어렵다. 토성의 여열은 금속수소 영역에서 수소와 헬륨의 분리로 발생하는 것으로 생각된다. 토성의 금속수소 영역은 목성만큼 온도가 높지 않은(따라서 헬륨의 용해도는 감소) 것과 대류가

활발하지 않은 것이 더해져 헬륨 방울을 만들어 침강되어버린다(분리형 드레싱의 이미지). 그때 중력에너지가 방출되어 열원이 될 것이다.

이 설이 맞다면 토성 대기에서 헬륨의 부족 현상이 나타날 것이다. 그리고 보이저 탐사선의 적외선 분광계에서 관측된 헬륨 존재비는 실제로 [He]/[H]=0.03이라는 작은 값이었다[8](태양에서는 0.26). 따라서 헬륨의 침강이 토성의 여열을 공급한다는 것이 확실해졌다. 생각해보면, 토성의 내부 온도가 목성 정도로 높지 않아 '발열하고 있다'는 의미에서 흥미로운 현상이라고 할 수 있다.

해왕성 대 천왕성: 대류의 억제와 열원의 소실

해왕성은 어두운 얼룩무늬(암반)과 흰 얼룩무늬(백반)의 출현 및 소실[9] 등으로 보아 매우 대기가 활발함을 알 수 있다. 해왕성 성층권에서 관측되는 탄화수소의 양, HCN과 CO 등도 해왕성에 격렬한 연직 방향 운반이 존재한다는 것을 보여주며, 그 구동력은 태양에서 받는 이상의 에너지를 방출하는 내부 열원이라 생각된다.

한편, 천왕성의 내부 열원은 (만약 있다 해도) 아주 약하고, 관측에서 얻은 상한값은 내부에 존재하는 방사성 물질의 붕괴에 따른 발생만으로도 설명이 가능하다. 그러면 왜 이 하위 그룹의 해왕성에는 내부 열원이 존재하고 천왕성에는 거의 없는 것일까? 현재의 행성 형성 모형에서는 천왕성이 안쪽에 위치한다는 궤도 순서로 봐도 초기에 천왕성이 '차갑고', 해왕성이 '뜨거웠다'라는 조건의 차이를 생각하기 어렵다. 어떤 행성도 초기에는 강착 과정에서 방출된 중력에너지로 가열되었다는 것이 자연스럽다.

8 그 후에 데이터 분석을 다시 한 결과, 그 정도 작은 값은 아니라는 설도 나오고 있다. 카시니 탐사선의 정확한 측정이 기대된다.

9 허블 우주망원경의 관측 결과, 보이저 2호가 촬영한 암반은 소멸되었고 반대쪽 북반구에 새로운 암반이 생기고 있는 것이 관측되었다(1994년).

아마 해왕성과 달리 천왕성은 그 내부에서 밀도 기울기의 미묘한 차이 등으로 대류가 방해받고 있었을 것이다. 천왕성 대기에 대규모의 요란 현상이 보이지 않는다는 사실에서 그러한 대류 형태의 차이가 나타난다고 할 수 있다.

천왕성에서 내부 열원이 없어져버린 이유가 대류의 억제 때문이라면, 이는 아마도 깊이에 따른 조성의 차이가 원인일 것이며, 24%의 평균밀도 차이가 그것을 나타낸다고 생각된다. 모형에 따르면, 관측 사실을 설명하려면 천왕성에서는 0.6 행성 반지름보다 바깥층에, 해왕성에서는 0.5 행성 반지름보다 바깥층에서 대류가 제한되면 가능하다. 조성의 변화에 따른 대류의 억제는 행성이 형성된 후 어느 정도 큰 미행성(예를 들어 $0.1 \sim 1M_{\oplus}$)이 충돌 · 합체되어 부분적인 물질 혼합이 일어났기 때문으로 추측한다. 이러한 충돌이 황도면과 큰 경사를 가진 상태에서 일어났다면 천왕성 자전축의 큰 경사 또한 설명할 수 있다.

3.3 목성형 행성의 자기장

위에서 소개한 내부 구조 모형을 따라가면 목성형 행성에 존재하는 자기장의 대략적인 특징을 이해할 수 있다. 목성형 행성은 모두 그 내부에서 생성된 고유 자기장을 가진다. 자기장의 존재는 행성에서 나온 비열적 전파복사[10]를 원격으로 관측하여 알 수 있지만, 그러기 위해서는 자기장(과 전파복사)이 매우 강해야 한다. 목성의 경우가 이에 해당하며, 1955년에 전파 버스트burst가 발견되어 강한 자기장의 존재가 밝혀졌다.[11]

10 행성 대기는 온도에 따른 열적 전파복사를 내고 있다.

11 목성은 연속적인 열적 전파복사 외에 불연속적인 버스트성 전파복사를 내고 있다. 특히 데카미터 파장의 복사가 잘 알려져 있으며, 후에 이 버스트 전파의 발생 빈도는 위성 이오의 공전 위상에 크게 의존하는 것으로 밝혀졌다.

토성 · 천왕성 · 해왕성의 경우는 탐사선이 접근할 때까지 그 자기장에 대해서는 전혀라고 해도 상관없을 만큼 알려지지 않았다. 토성은 그 크기가 목성과 비슷함에도 목성보다 훨씬 약한 자기장과 전파복사를 가졌기 때문이다(파이오니아 10호의 관측). 천왕성과 해왕성 모두 보이저 2호 탐사선이 각각의 자기권에 돌입하기 직전에야 비로소 그 약한 자기장에서 나오는 전파복사를 검출했다.

3.3.1 쌍극자 자기장

제1 근사로서 행성 자기장은 쌍극자 자기장으로 표현된다. 그 자기장 벡터를 극좌표로 나타내면 각 성분은 다음과 같다.

$$B_r = -\frac{2M_B}{r^3}\sin\theta \tag{3.10}$$

$$B_\theta = -\frac{2M_B}{r^3}\cos\theta \tag{3.11}$$

$$B_\phi = 0. \tag{3.12}$$

여기서 M_B는 쌍극자 모멘트, r은 자기장 중심에서의 거리, (θ, ϕ)는 극좌표에서의 위도와 경도이다. 관측되는 행성 자기장에 이 쌍극자 자기장에 '행성 중심에서의 어긋남offset'과 '행성 자전축에 대한 기울기'를 주고 근사한다(Offset Tilted Dipole 모형: 그림 3.4와 표 3.2). 이렇게 얻은 파라미터는 행성 자기장의 기본 정보라고 해도 무방하다.

각 행성을 비교할 때 먼저 눈에 띄는 것은 행성 자전축에 대한 자기축의 기울기인데, 목성과 토성이 작은(10° 이하) 반면, 천왕성과 해왕성은 그 기울기가 매우 크다(45° 이상). 천왕성과 해왕성은 쌍극자의 행성 중심에서부터 어긋난 정도도 크다. 사실 보이저가 천왕성 자기장의 큰 경사를 발견했

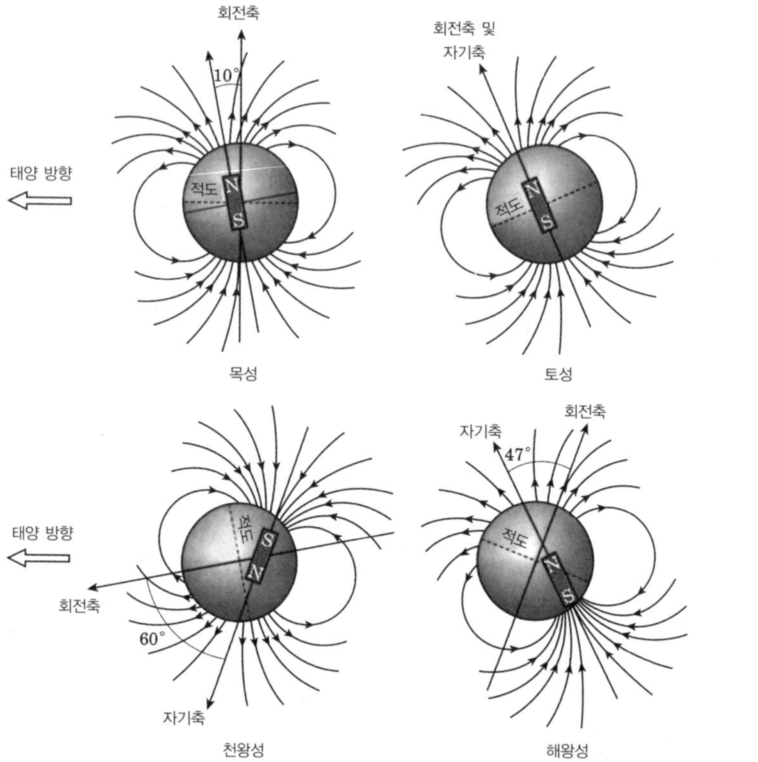

그림 3.4 목성형 행성의 자기장. 행성 중심에서의 어긋남 및 기울기를 갖는 쌍극자(Offset Tilted Dipole)로 근사된 자기장의 모습을 나타냈다. 각 행성의 자전축의 기울기(황도면에 세운 수직선에서)도 각각의 행성에 대한 값을 이용하여 나타냈다(P. A. Bland *et al.* 2003, *An Introduction to the Solar System*, p.208).

을 때 행성 자기장의 남북이 반전한 것으로 생각되었다.[12] 그러나 해왕성에서도 큰 경사가 관찰된 것에서 두 행성의 자기장 생성 메커니즘에 대해 다시 생각하는 계기가 되었다.

내부 구조의 항에서 말했듯이, 천왕성 · 해왕성에는 전도성 이온의 바다가 행성의 깊은 곳까지 넓게 펼쳐져 있다고 생각된다. 그러나 깊은 곳에서

12 대양 바닥의 암석 잔류 자기장의 줄무늬에서부터 지구 자기장이 극성을 바꾼다고 알려져 있다.

는 대류가 억제되어 중심부에서 0.5~0.6 행성 반지름인 경우에 자기장의 생성을 방해한다(자기장을 생성하고 유지하기 위해서는 전도성 유체가 대류운동을 해야 한다). 이 이론에 따르면 천왕성과 해왕성의 자기장은 각각 0.6 및 0.5 행성 반지름보다 바깥층에 그 기원이 있다. 자기장은 그 부근에 존재하는 높은 전도성을 가진 이온의 바다에서 다른 행성과 유사한 과정으로 생성될 것이다. 이러한 메커니즘은 쌍극자로 근사한 경우의 큰 어긋남이나 쌍극자 모멘트와 비슷한 정도의 매우 큰 사중극, 그리고 좀 더 고차원의 모멘트[13]를 두 행성에서 얻는다는 사실을 잘 설명할 수 있다. 고차의 자기장 성분은 그 생성 영역에서 멀어질수록 급속히 감쇠한다. 그렇기 때문에 행성의 핵 부근에서 생성된 자기장이라면 감쇠되기 어려운 쌍극자 성분이 주로 관측되는 것으로 추측한다.

목성 자기장의 기울기는 지구와 비슷하지만, 토성에서는 자전축과 거의 완벽하게 일치하기 때문에 오히려 특이하게 생각된다. 완전히 축대칭인 다이나모에서는 자기장이 생성되지 않는다는 법칙과 어긋나기 때문이다. 토성에서는 내부 열원의 경우와 마찬가지로, 여기에서도 헬륨의 침강이 관여하는 것으로 보인다. 침강하는 헬륨이 자기장 생성 영역의 바깥에서 안정된 층(전도성)을 형성하고, 그 층이 자기장 생성 영역과는 다른 회전을 함으로써 비축대칭 성분을 없애버린다는 설이 유력하다.

3.3.2 자기권 : 태양풍과의 상호작용

쌍극자 자기장은 자유공간에 놓여 있을 경우에는 완전히 축대칭이지만, 실제로 행성간 공간은 자기장의 자유공간이 아니다. 태양에서 항상 고속 플라스마 입자가 방출되고(태양풍), 이것이 행성 자기장과 부딪힘으로써

13 자세한 행성 자기장 모형은 중력의 경우와 마찬가지로 고차항을 가진 구면조화 함수를 이용하여 근사된다.

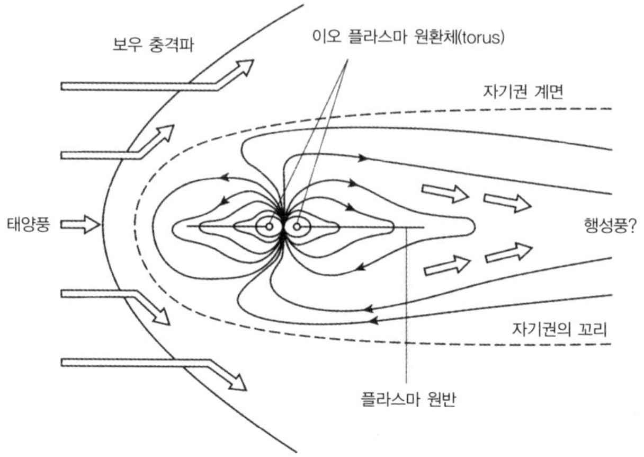

그림 3.5 목성 자기권의 모습. 거대한 자기권의 적도면에는 위성 이오가 기원인 플라스마 원반이 발달한다. 위성 이오의 궤도 부근에는 플라스마 원환체가 형성되어 있다. 목성에서 자기권 계면까지의 거리는 앞쪽에서는 태양풍과의 상호작용으로 변동(약 50~100 목성 반지름)되고, 뒤쪽에서는 토성 궤도보다 더 먼 곳까지 크게 늘어나 있다(I. de Pater & J. Lissauer 2001, *Planetary Sciences*, p.283).

행성 자기권이 형성된다. 자기권은 행성의 태양 방향에서 압축되고 반대쪽에서 크게 늘어난 형태를 이룬다. 하전입자는 자력선을 가로질러 자기권에 침입할 수 없으며, 자기권을 우회하여 뒤쪽으로 흘러 나간다. 자기권 계면의 바로 앞에 보우 충격파bow shock[14]가 생긴다.

목성형 행성의 자기권 중에서도 특별히 주목해야 할 것은 역시 목성이다. 지구의 2만 배나 되는 강한 자기장과 그 궤도상에서는 태양풍이 약해지기 때문에 지구의 자기권에 비해 약 1000배 이상 큰 크기로 나타난다. 만약 그것을 시각화할 수 있다면 밤하늘의 보름달보다 몇 배나 크게 보일 것이다. 목성 자기권의 꼬리 부분은 토성의 궤도를 넘어서까지 늘어나 있으며, 토성 자체도 때로는 목성 자기권 안에 들어갈 때도 있다.

14 초음속의 태양풍이 행성 자기권이라는 장애물에 부딪쳐 감속될 때에 생기는 충격파. 뱃머리 충격파라고도 한다.

오로라

목성의 오로라는 태양계 행성 중에서 가장 세기(~10^{13}W)가 강하며, X선에서 적외선까지의 다양한 파장 영역에서 관측된다. 특히 자외선과 적외선(H_3^+ 이온의 방출선 파장)에서는 극을 둘러싼 오로라대,[15] 위성 이오에서부터 플럭스 튜브flux tube[16]가 도달하여 발광하는 점, 자기권 꼬리로 이어진다고 생각되는 고위도의 발광 등 다양한 현상이 포착되고 있다(그림 3.6).

위성 이오에서의 플럭스 튜브는 1950년대 목성 버스트 전파 발견 이후에 그 존재가 예측되었다. 목성 전파는 위성 이오의 공전 위상에 강한 영향을 받기 때문이다. 보이저 탐사선이 이오 부근을 통과할 때 이 플럭스 튜브의 전류가 존재하는 것 같은 관측 결과를 보내왔다. 그 플럭스 튜브가 목성 대기에 도달하는 장소에서 발광하는 점이 영상으로 처음 포착된 것은 1992년으로, 적외선 H_3^+의 방출선 파장(3.4 μm)의 관측이었다. 그 후 허블 우주망원경(HST)의 자외선에서도 관측에 성공했고, 현재 그 방출선에서 연장된 트레일trail[17]이나 다른 위성(유로파, 가니메데)에 기원을 가진 유사한 발광점도 알려져 있다.

오로라의 주대main oval는 약 20 목성 반지름 부근의 자기권에 그 기원이 있다고 생각된다. 현재 널리 받아들이는 이론에서는, 그 정도 먼 곳에서는 자기권 플라스마[18]가 자기장과 같은 속도로 회전을 계속하지 못하고 느려진다.[19] 그 지연현상으로 기전력이 발생하고, 자력선을 통해 목성 이

15 오로라는 일반적으로 자극을 둘러싼 고리 모양으로 발생하며, 그 형태는 행성 자기장의 성질이나 태양풍 등에 따라 완전한 원 모양은 아니다. 따라서 타원을 의미하는 오로라대aurora oval라는 이름을 자주 사용한다.

16 강한 자력선으로 만들어진 '관' 모양의 영역으로, 위성 이오에서부터 목성까지의 공간을 관 형태로 연결하고 있다. 태양의 흑점도 플럭스 튜브의 뿌리가 나타나는 것이다.

17 위성 이오에서부터 플럭스 튜브로 흐르는 전류의 발광점뿐만 아니라 거기서부터 경도 방향으로 '꼬리를 뻗은 것처럼 보이는' 발광 현상. 이오의 경도에 따라서 수십 도 이상의 길이를 가진다(그림 3.6에도 이를 확인할 수 있다).

18 목성 자기권은 위성 이오 기원의 플라스마(S, O, Na 등)로 채워져 있다.

19 이 지연은 갈릴레오 인공위성으로 정밀하게 관측되었다.

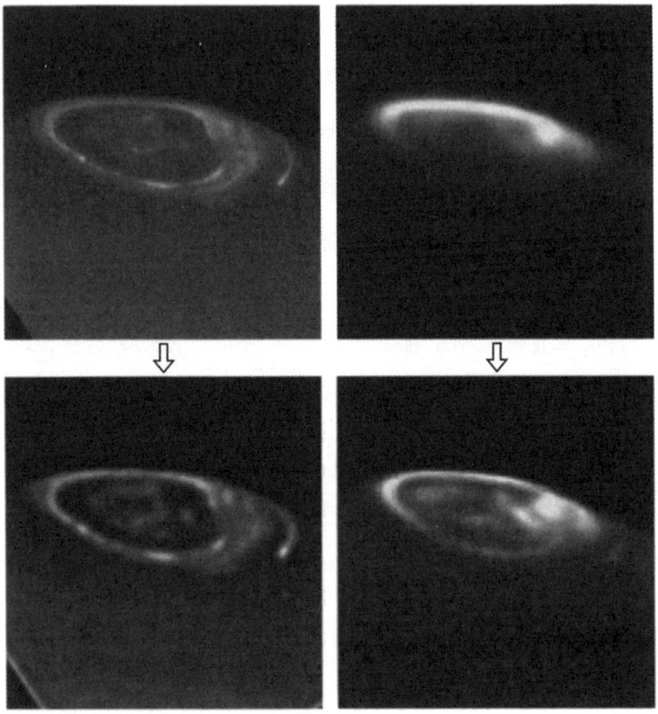

그림 3.6 목성 자외선 오로라와 적외선 오로라의 비교. 2000년 12월 16일 동시에 관측한 것으로, 자외선 오로라는 허블 우주망원경의 STIS 장치, 적외선 오로라는 지상에서 IRTF 망원경의 NSFCAM 장치로 관측했다. 적외선 오로라(오른쪽)는 화상 처리로 선명하게 했고, 자외선 오로라(왼쪽)는 적외선과 같은 분해능을 낮춰 비교했다. 주대main oval, 이오에서의 전류 발광점과 트레일 등 공통적인 특징을 볼 수 있다. 주대보다 고위도 쪽에서는 차이점이 많아 자외선과 적외선은 각각 다른 에너지 입자에 따른 발광이라는 것을 보여준다(F. Bagenal *et al.* eds. 2004, *Jupiter: The Planet, Satellites and Magnetosphere*, p.644).

온층에서 닫힌 경로를 흐르는 전류가 발생한다는 것이다. 이 이론에 따르면, 태양풍 동압動壓이 높아지고 목성 자기권이 압축되면, 각운동량 보존법칙에 따라 자기권 플라스마의 지연이 줄어들고 오로라를 일으키는 전류가 약해진다. 반대로 태양풍 동압이 작아지는 경우에는 자기권이 팽창하여 오로라도 밝아진다.

그러나 실제 관측에서는 이런 단순한 역逆 상관관계는 보이지 않는다(아마도 아직 모형이 너무 단순하기 때문일 것이다). 적외선 H_3^+ 오로라의 모니터 관측에서는 오히려 태양풍 동압과의 정正 상관관계를 얻었다. 그러나 이런 결과만으로 오로라대의 밝기와 태양풍 동압과의 역 상관관계를 부정할 수는 없다. 적외선에서 큰 비중을 차지하는 고위도대의 발광이 자기권 꼬리로 이어지고 있고, 이것이 태양풍 동압과 정 상관관계를 나타내기 때문에 오로라대 자체의 밝기 변화를 포착하지 못했다는 해석도 있기 때문이다. 그러나 허블 우주망원경의 자외선 관측에서도 태양풍 동압이 높은 기간에 주대가 밝아진 것[20]이 관측되었고, 목성 자기권에 급격한 충격이 생긴 경우에 전파복사의 증가도 보고되고 있으므로, 이 거대한 자기권에서 일어나는 현상의 해명은 앞으로도 계속될 것으로 보인다.

토성의 오로라는 허블 우주망원경의 자외선 관측에서 그 모습을 드러냈다. 오로라는 특히 '새벽녘'에 뚜렷하게 나타나며, 그 변화 유형은 지구와 목성의 중간적인 자기권의 성질을 나타내는 것으로 보인다. 카시니 탐사선의 정밀 관측에서 자세한 모습이 밝혀질 것이다.

천왕성과 해왕성의 오로라는 탐사선에서의 자외선 관측이나 지상에서의 H_3^+ 방출선 관측으로 자극 부근의 증광현상이 발견되었지만, 목성이나

20 자기권의 압축 · 신장에 따른 주대의 위도 변화(그 양은 지구의 경우보다 작다)가 허블 우주망원경 영상으로 포착되었고, 압축할 때 오로라가 밝게 빛나는 것으로 나타났다.

그림 3.7 토성 자외선 오로라. 허블 우주망원경의 STIS에서 관측된 자외선 영상. 목성과 달리 토성에서는 H_3^+ 이온의 발광에 따른 적외선 오로라가 매우 약해 영상으로는 포착되지 않는다. 토성의 고리를 구성하는 얼음에서 H_2O가 자력선을 통해 토성 대기에 지속적으로 공급되고, 이것이 H_3^+ 이온을 크게 감소시킨다는 설이 있다(NASA 제공).

토성처럼 완전한 오로라대의 모습은 아직 포착되지 않는다. 자기축의 큰 경사로 천왕성에서는 (자전의) 적도 부근에 오로라 영역이 생긴다. 따라서 행성의 자전으로 보이는 위치가 크게 바뀌고, 그것이 정말로 자극 부근의 증광인지는 판단이 어렵다. 천왕성에서는 그곳에서 발생하는 전파를 지상에서 포착할 수 없고, 자기장의 자전주기를 충분히 높은 정밀도로 결정할 수 없기 때문이다.

3.4 목성형 행성의 대기

목성형 행성에는 단단한 지면이 존재하지 않으므로 대기운동을 관측할 때 어디까지가 행성의 자전이고, 그리고 거기에서 플러스(마이너스)된 바람인지를 구별할 필요가 있다. 이 행성들에 대해서는 행성 내부에서 발생하는 자기장의 자전을 행성의 자전으로 정의하고, 그것에 상대적인 유체의 흐름을 바람이나 제트라고 한다.

3.4.1 동서 제트와 대규모 대류

그 유형은 그림 3.8에 나타냈으며, 목성과 토성에서는 적도 부근에서 플러스(동쪽 방향)의 풍속, 천왕성과 해왕성에서는 마이너스(서쪽 방향)의 풍속을 보인다. 목성에서 자기장의 자전주기는 9시간 55분 30초 정도이다. 그에 비해, 적도 제트 영역에서는 자전주기가 9시간 50분 30초 정도로 관측된다. 자기장의 자전주기에 대한 제트 영역의 상대운동을 풍속으로 환산하면 약 100 m s^{-1}에 이른다. 적도 이외 중 · 고위도의 자전주기는 9시간 55분 40초로 자기장의 자전주기와 비슷하다.

토성의 적도 가속은 목성보다 강해 그 풍속은 최대 ~500 m s^{-1}(토성 대기 음속의 2/3)에 이른다. 목성 · 토성이 적도에서 플러스의 풍속을 가지고 있는 반면, 천왕성 · 해왕성에서는 방향이 역전되어 있다. 특히 해왕성의 적도풍은 ~−400 m s^{-1} 정도로 고속이고, 토성과는 반대이지만 거의 비슷한 정도의 강풍이 분다고 할 수 있다. 천왕성 · 해왕성의 동서 제트 유형(그림 3.8)은 지금까지 알려진 범위에서는 목성 · 토성보다 훨씬 간단하다.

이러한 동서 제트는 매우 안정적으로 존재한다. 목성에 관해 말하면, 1970년대의 파이오니아와 보이저, 1990년대 이후의 갈릴레오, 카시니 등의 탐사선, 그리고 허블 우주망원경과 지상 망원경으로 장기간에 걸쳐 관측한 결과를 비교해도 이 제트 구조는 매우 안정적이다. 예를 들어 목성은 줄무늬의 밝기가 크게 변화할 때[21]가 있고, 토성에서도 대규모 요란이 발생할 수 있다. 그런 경우에도 동서풍의 기본 구조는 보존되는 듯하다.

21 단, 개별 구름입자에서 보면 그 가시광 영역에서의 반사율이 0.97에서 0.998정도로 매우 한정된 범위에서 변화하는 것에 지나지 않는다.

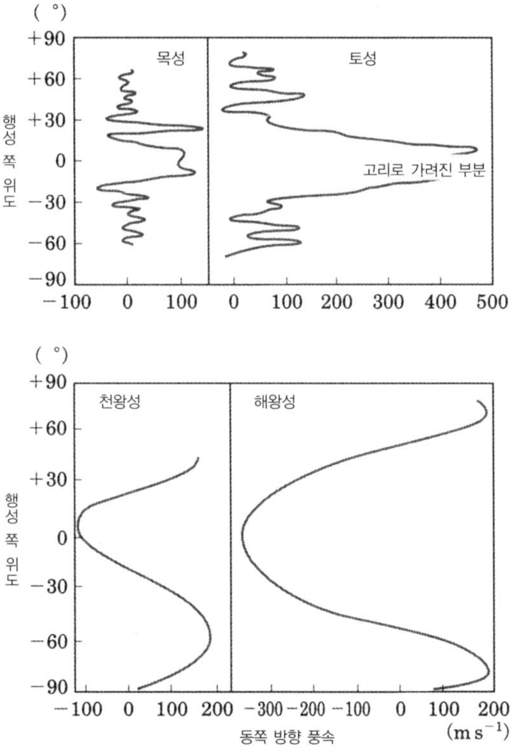

그림 3.8 목성형 행성의 동서풍 유형. 세로축이 위도, 가로축이 동쪽 방향의 풍속으로 각 행성의 바람을 나타낸다. 목성과 토성의 복잡한 동서풍 유형에 비해 천왕성과 해왕성은 단순한 모습을 보인다. 적도의 바람도 목성과 토성은 동쪽 방향인 반면, 천왕성과 해왕성은 서쪽 방향으로 역전되어 있다(I. de Pater & J. Lissauer 2001, *Planetary Sciences*, p.107).

목성형 행성의 대기운동을 생각할 때 그것을 구동하는 열원으로는 내부 열원이 가장 중요하다(천왕성을 제외하고). 행성 내부에서부터 이 열을 운반하는 메커니즘으로는 대류가 가장 효율적이다. 표면 부근 대기의 대류권을 관측하면 그 연직 온도분포는 단열감률(adiabatic lapse rate, 공기의 단열 변화에 따른 온도 감소율)에 매우 가깝고, 이는 대류가 발달해 있는(적어도 표면 부근에서는) 것을 나타낸다. 이 대류가 어느 깊이까지 도달했는지에 대한 직접적인 관측 결과는 없지만, 갈릴레오에 따른 목성 대기 관측에서는

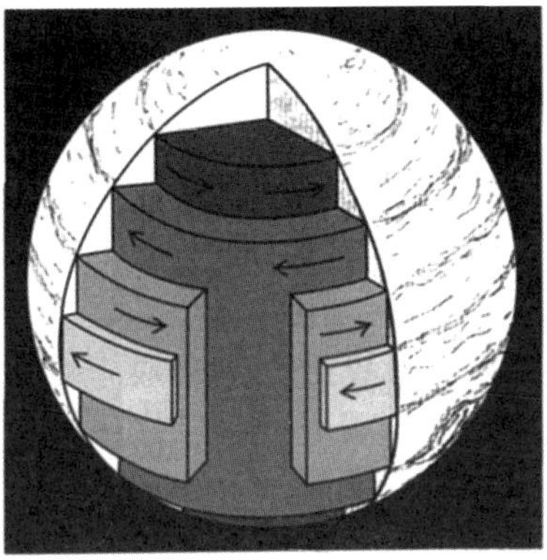

그림 3.9 목성의 동서풍을 설명하는 '깊은 대류' 모형. 내부 열원을 갖는 회전 유체는 자선축과 평행한 원통 모양의 층상 대류가 발달한다고 주장한다. 그림 3.8에 나타낸 동서풍 양상은 이 원통이 행성 표면에 드러난 것이다(I. de Pater & J. Lissauer 2001, *Planetary Sciences*, p.108).

대기의 깊은 곳까지 동서풍이 계속되고 있어 깊은 대류의 존재가 예측된다.

목성의 경우, 동서 제트 유형은 표면의 줄무늬와 잘 일치하며, 대체로 적도를 중심으로 남북 대칭인 모습을 보인다. 이 관측 사실과 고속회전 유체의 이론 및 실험을 바탕으로 목성 내부에 원통 모양의 대류 구조를 예측하는 연구가 있다. 그 원통이 표면에 도달한 것이 줄무늬에 해당하는 셈이다. 하지만 이 설에 따르면 고위도에서의 동서 제트를 설명하기가 어려워진다.[22] 원통 모양의 대류 유형은 핵을 관통하여 연장될 수 없기 때문이다. 토성에서는 표면의 줄무늬와 동서 제트 유형 사이에 강한 상관관계가 보이지 않는다. 목성은 고위도에서 줄무늬가 보이지 않아도 제트가 관측된다. 이 근처에 줄무늬의 생성 원인을 풀 힌트가 있을지도 모른다.

목성과 마찬가지로 토성과 해왕성도 그 표면 모양이 활발하게 변화하는 것에서 대류가 발달한다고 생각된다. 한편, 표면 모양이 단순하고 내부 열

22 카시니 탐사선의 목성 관측에서는, 남북 모두 위도 70도 부근까지 동서 제트의 존재가 확인되었다.

원도 작은 천왕성은 어떻게 된 것일까? 천왕성의 자전축은 크게 기울어져 있고, 그 극지역은 태양을 향해 있다. 이러한 상태에서는 태양에 의한 가열은 극지역에 집중되고, 계산에 따르면 극지역은 적도지역보다 ~6 K 정도 따뜻하다. 그런데 보이저 탐사선의 적외선 관측에서는 천왕성의 온도가 모든 위도에서 매우 균일했고, 이는 어떤 열 분배 메커니즘의 존재를 나타낸다. 강한 내부 열원이 없는 천왕성의 경우에는 대규모 내부 대류는 생각하기 어렵다. 그러나 적외선 및 전파영역에서의 관측에 따르면, 남반구 위도 20°~40°에서 상승한 대기가 다른 위도에서 하강하는 것 같은 큰 대기의 흐름이 있고, 이 흐름이 기압 50 bar인 깊이까지 미치고 있는 듯하다. 비슷한 대기의 흐름이 해왕성에도 존재한다고 생각된다.

3.4.2 상층대기와 구름

목성형 행성의 대기 중에는 응결하여 구름을 만드는 기체 CH_4, NH_3, H_2S, H_2O가 존재하므로, 행성 대기권의 다양한 깊이에서의 온도와 압력에 따라 여러 가지 구름층이 생길 것으로 예측된다.

열화학평형 모형에 따른 예측과 관측

멀리 있는 행성의 구름을 대상으로 조성을 측정하는 것은 간단하지 않다. 적절한 대기 조성을 이용한 열화학평형 모형에 따른 예측에서는 다음과 같은 구름층이 생길 것으로 생각한다.

(1) 대기 심부(온도 $T > 273$ K)에서는 NH_3 및 H_2S가 용해되어 있는 물의 구름을 만든다. 물 구름은 온도 $T < 273$ K에서는 얼음 구름이 된다. 물이나 얼음 구름에 대한 직접적인 증거는 아직 없다.

(2) $T \sim 230$ K에서는 $NH_3 + H_2S \rightarrow NH_4SH$이라는 반응으로 NH_4SH 구름이 만들어진다. 이 반응에 따라 NH_3 또는 H_2S 중 '적은 쪽'이 완전

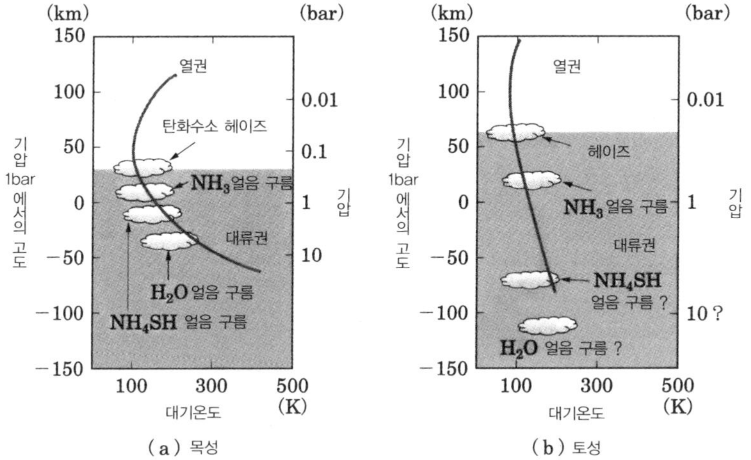

그림 3.10 목성 · 토성의 구름층 구조 모형. 열화학평형 모형에 따르면, 기압 1bar를 기준으로 여러 구름층의 존재가 예상된다. 최상층의 헤이즈haze와 NH_3 얼음으로 보이는 가시구름층은 원격으로도 관측할 수 있다. 그보다 하층은 갈릴레오에서의 데이터, 전파 및 적외선 등 다양한 방법으로 그 성질이 조사되고 있다(P. A. Bland *et al.* 2003, *An Introduction to the Solar System*, p. 219).

히 소비되어버린다. 이것은 목성과 토성의 원격관측에서 H_2S가 전혀 관측되지 않는 사실[23]과 맞아떨어진다.

(3) $T \sim 140$ K이면 NH_3와 H_2S가 (있는 경우) 각각 독립된 얼음 구름을 만든다. 목성과 토성에서는 NH_3의 얼음이 가시구름으로 나타난다. 목성에 대한 ISO 위성 관측과 갈릴레오 궤도선의 관측에서 그 구름이 NH_3인 증거를 얻을 수 있었다. 천왕성과 해왕성에서 H_2S 얼음의 구름이 존재한다고 생각된다.

(4) 천왕성과 해왕성의 최상층은 CH_4 얼음 구름($T \sim 80$ K)인 것으로 생각된다.

23 갈릴레오 탐사선의 현장 관측에서는 대기의 깊은 부분일수록 H_2S가 증가하는 것을 발견했다.

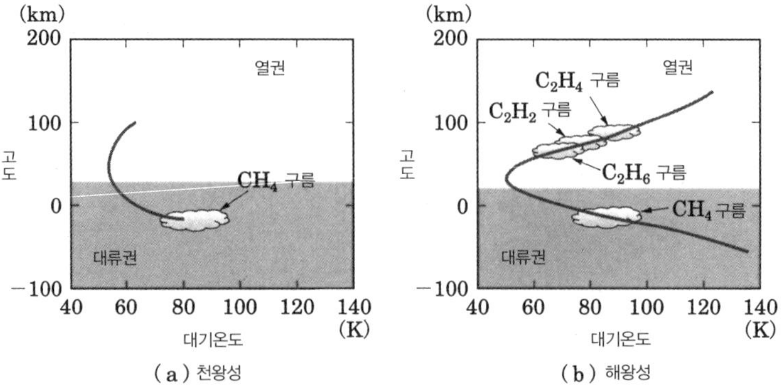

그림 3.11 천왕성 및 해왕성의 구름층 구조 모형. 위 두 행성에 대해서는 아직 정확한 구름층 구조 모형이 확립되어 있지 않다(P. A. Bland *et al.* 2003, *An Introduction to the Solar System*, p.236).

대기의 스펙트럼: 가시광선 · 근적외선 · 전파선

가시~근적외선 영역에서 목성형 행성의 스펙트럼을 살펴보면, 천왕성 · 해왕성에서는 목성 · 토성보다 CH_4 흡수가 강하다. 이러한 스펙트럼에서 알아낼 수 있는 것은 상층대기뿐이지만, 이 행성들에서 대기 중에 C가 과잉으로 존재하는 것을 알 수 있다(그림 3.12).

한편, 마이크로파 영역의 전파로 목성형 행성을 관측하면 이상한 결과를 얻는다. 이 파장 영역에서의 대기 불투명도는 NH_3 가스가 주로 담당하고 있는데, 그 존재비는 목성 · 토성에서 태양 조성을 웃돌고, 천왕성 · 해왕성에서는 거의 태양 조성비와 동일한 값을 가지는 모형이 관측 결과를 잘 설명하고 있다(그림 3.13). 이 두 행성에서는 H_2S와 H_2O가 눈에 띄게 많다고 알려져 있지만, 이와는 대조적이다. 이는 천왕성과 해왕성에서 NH_4SH 구름의 형성으로 NH_3가 완전히 고갈되었기 때문으로 보인다.[24]

목성형 행성의 흥미로운 공통점으로, 태양에서 받는 에너지로 따지면

24 H_2O가 과잉으로 존재하기 때문에 물 구름에 NH_3가 녹아 있다고 하는 설도 있다.

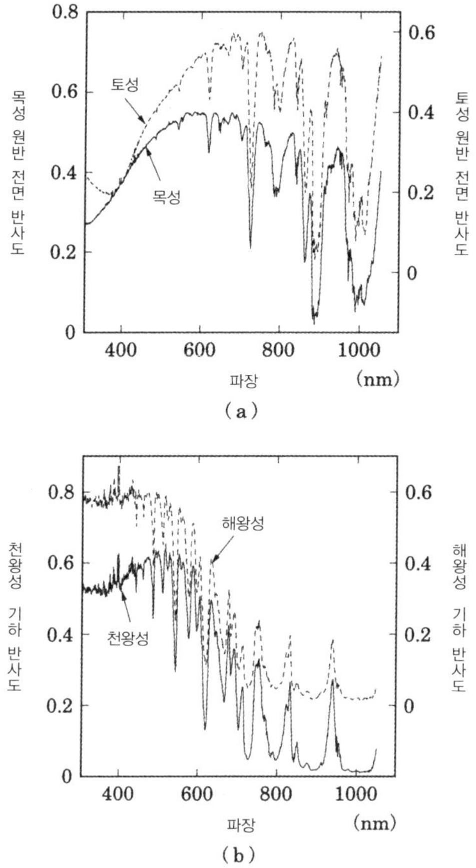

그림 3.12 목성형 행성의 가시 · 근적외선 스펙트럼. (a) 목성 · 토성, (b) 천왕성 · 해왕성에 대한 결과(I. de Pater & J. Lissauer 2001, *Planetary Sciences*, p.88).

30배의 차이가 있음에도 모든 행성이 거의 같은 중간권 온도를 가지고 있다는 것을 들 수 있다. 성층권의 CH_4나 광화학반응으로 생성된 대기 미립자는 자외선과 적외선(파장 3.3μm)을 흡수해 대기를 데운다. 한편, 성층권에서 중간권에 걸쳐 CH_4, C_2H_6, C_2H_2가 중간적외선 영역 8~14μm에서 복사를 내어 효율적으로 대기를 냉각하는 작용을 한다. 대기온도 150 K에

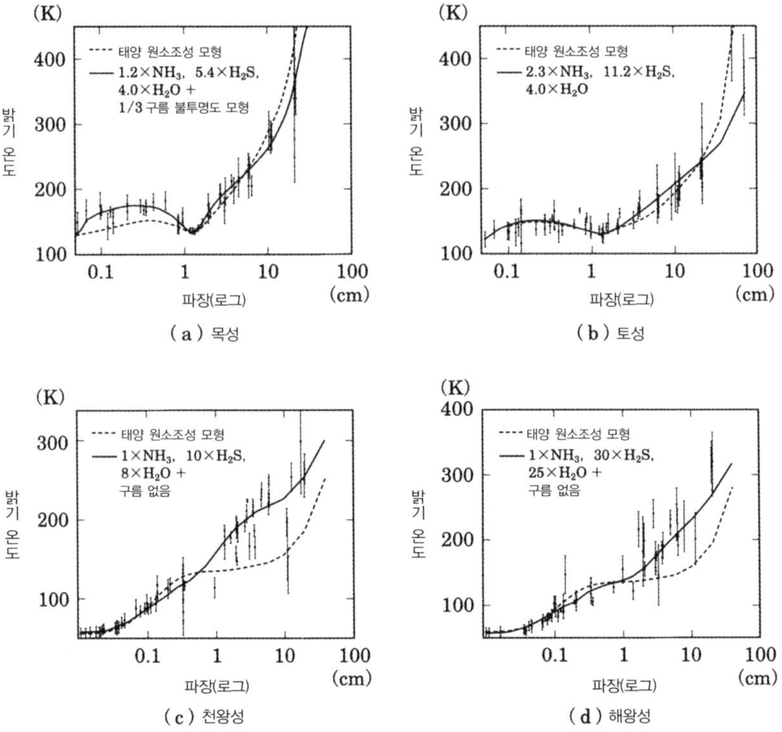

그림 3.13 목성형 행성의 전파 스펙트럼. 대기 심부에서의 열복사가 대기 중에 포함된 NH_3에 흡수되어 이러한 스펙트럼 변화를 나타낸다. 파장 1cm 부근의 파인 모양은 목성과 토성에서 크고 천왕성과 해왕성에서 작은 것으로 보아, 전자에서 NH3가 많고(태양 조성을 웃돎) 후자에서 적은(거의 태양 조성 수준) 것을 알 수 있다(I. de Pater & J. Lissauer 2001, *Planetary Sciences*, p.91).

서는 플랑크 함수[25]에 따른 열복사의 최대 파장이 약 19μm이며, C_2H_6의 12.2μm 범위에 열복사 곡선의 영역이 겹친다. 겹치는 영역에서의 복사가 대기의 냉각에 큰 기여를 하지만, 대기온도가 더 낮으면 겹치는 부분이 작아지고, 따라서 대기의 냉각효율이 떨어져 가열 효과가 더 커진다. 한편, 대기가 150 K보다 더 따뜻하면 12.2μm 영역과 열복사의 최대 파장이 비

25 물체는 모두 그 온도에 대응하는 열복사를 낸다. 그 스펙트럼을 결정하는 함수이다. 가장 강한 복사를 내는 파장 λ[cm]는 온도 T[K]에 반비례하고 $\lambda = 0.28979/T$로 주어진다(빈의 변위법칙).

슷해진다. 12.2μm 범위에 강한 열복사가 겹치면 냉각효율이 높아지고 대기는 차가워진다. 즉, 목성형 행성의 중간권에서는 이러한 천연의 온도 조절기가 작동하고 있으며, 온도를 150 K 전후로 유지하고 있는 셈이다.

3.4.3 활발한 대기권 활동

목성: 대적반과 소백반

대적반great red spot은 줄무늬를 제외하면 가장 눈에 띄는 대기의 특징이며 작은 망원경으로도 잘 보인다. 크기는 동서 2만 6천 km, 남북 1만 4천 km이며 어떤 지구형 행성보다도 큰 거대한 대기 소용돌이다. 남반구에 있고 시계 반대방향의 회전을 보이는 것에서 고기압성 소용돌이로 생각된다. CH_4 흡수대에서 촬영하면 밝게 찍히고 적외선에서 측정된 온도가 낮은 것으로 보아, 대적반의 구름이 높은 곳에 도달해 있고 고기압 소용돌이인 것을 합치면 대기 하층에서부터 상승하는 기류의 존재를 예측할 수 있다. 그러나 탐사선이 접근해 관측한 대기운동의 상세한 추적에서는, 바깥쪽은 시계 반대방향의 회전이지만 소용돌이 안쪽에서는 흐름이 확실하게 보이지 않는다. 또한 상승기류에서 생기는 수평 방향 발산도 명확하게 관측되지 않고, 그 유지 메커니즘(과 색조의 생성 원인)은 아직 밝혀지지 않았다.

대적반의 생성 원인을 푸는 열쇠로 그 수명의 길이가 있다. 확실한 기록은 1830년으로 거슬러 올라가, 같은 것인지에 대한 논쟁은 있지만 카시니가 1665년에 목성에서 거대한 반점을 관측한 기록이 남아 있다. 따라서 적어도 170년 이상, 또는 300년 이상 존속하고 있다는 가능성이 있다. 수치계산에 따르면, 동서 제트가 갑자기 변화하는 영역에서는 흐름이 불안정하고 작은 소용돌이가 여러 개 생겨난다. 이 소용돌이는 곧 합체되고 최종적으로는 커다란 소용돌이 하나가 되어 장기간에 걸쳐 안정적으로 존재한다.

대적반의 바로 남쪽, 남온대 줄무늬라는 영역은 반세기 이상에 걸쳐 백반faculae이 세 개 관측되었다(보이저의 관측에서 대적반과 같은 회전 방향을 가진 고기압 소용돌이로 판명). 1998년에 이것들이 합체되었고, 이는 위에서 말한 모형과 같은 경과를 보였다. 그러나 합체에 따라 큰 소용돌이로 성장한 것은 아니었다.[26]

목성 대기 소용돌이의 수치계산은 점점 발전하여 관측과 상당히 일치하게 되었다. 하지만 소용돌이 생성에 필요한 것은 동서 제트이며, 제트를 유지하게 하는 대류가 얕거나 깊어도 같은 결과를 얻는다. 그런 의미에서 보면, 목성의 줄무늬가 왜 발생하는지에 대한 가장 기본적인 문제는 아직 해명되지 않았다고 할 수 있다.

토성: 돌발적인 요란

토성 표면에는 목성처럼 적도와 평행한 명암의 줄무늬가 존재한다. 그러나 그 대비는 목성의 경우보다 훨씬 낮아 뚜렷하지는 않으며, 평소에는 눈에 띄는 소용돌이(백반이나 암반)가 보이지 않는다. 드물게는 활발한 요란(그림 3.14는 1990년 영상)이 발생하기도 하며, 그 발생 주기는 대략 30년으로 알려졌다. 1990년 이전에는 1933년과 1960년에 요란이 발생했다는 보고가 있다. 이 주기는 토성의 공전주기와 비슷하므로 토성 기후의 계절 변화를 나타낸다고 생각할 수 있다. 즉, 목성에서는 자전축의 기울기가 겨우 3°에 지나지 않고 내부 열원이 강해 계절 변화가 거의 생기지 않지만, 토성의 경우는 자전축의 기울기가 27°이고 내부 열원도 약하다. 이 때문에 목성보다 계절 변화가 큰 대기활동으로 나타난다는 것이다. 실제로 태양에서 자외선을 받아 광화학반응으로 CH_4에서 만들어지는 C_2H_6은 토성의 '여름' 쪽 반구에 많이 존재한다는 관측 결과도 있다.

26 2006년에 이르러 합체 후의 백반이 대적반과 같은 붉은색을 띤 것이 관측되었다.

그림 3.14 토성의 적도대에 출현한 요란. 1990년에 갑자기 흰 구름이 나타나 그림과 같은 흐트러진 구조를 보였다. 이것은 허블 우주망원경에서 관측한 영상으로, 요란 구조를 강조하는 대비 처리를 추가했다 (NASA 제공).

천왕성과 해왕성

천왕성에는 눈에 띄는 대기 모양이 거의 존재하지 않는다. 한편, 해왕성에서는 활발하며, 1989년에 보이저 2호가 접근하여 거대한 암반과 흰 구름의 모양을 포착했다. 1996년에 허블 우주망원경으로 해왕성을 관측했을 때, 보이저가 발견한 것과는 또 다른 반점이 보였다. 허블 우주망원경의 관측은 구름의 대비를 높이기 위해 CH_4 흡수대에서 이루어졌다. 그 때문에 높은 곳의 구름이 밝게 찍혀 가시광에서 '하얗게 빛나는 구름인지 또는 어두운 색의 구름인지' 알 수 없다. 어느 쪽이든 1990년대에도 해왕성의 활발한 대기활동이 계속되고 있으며, 이 행성이 큰 내부 열원을 그 원동력으로 하고 있음을 추측할 수 있다.

3.5 목성의 최신 화제

목성에 지금까지 8대의 탐사선이 근접비행 또는 선회비행을 했고, 그 겉보기지름이 크기 때문에 지상에서도 정밀한 측정과 연구가 활발하게 이루어지고 있다. 게다가 1994년에는 혜성이 대기에 돌입하는 충돌 현상이 발생했는데, 갈릴레오와 카시니 탐사선으로 많은 정보를 얻을 수 있었다. 여기에서는 그 결과를 간단히 소개한다.

3.5.1 SL9 혜성의 충돌

목성에 충돌한 천체는 1993년에 발견된 슈메이커–레비Shoemaker-Levy 제9 혜성 (이하에서는 SL9 혜성으로 한다)이다. 이 SL9 혜성의 분열 파편이 1994년 7월 16일부터 22일까지 차례차례로 목성에 충돌했다. SL9 혜성은 발견 당시부터 많은 파편들이 줄을 짓고 있는 이상한 모습으로 눈길을 끌었다(그림 3.15). 궤도를 거슬러 올라가면, 이전의 목성 접근 때 목성 표면에서부터 0.3 목성 반지름(1992년 7월 7일의 근목점近木點)을 통과했으므로 그때의 강한 조석력을 견디지 못하고 분열된 것으로 보인다. 더 예전으로 거슬러 올라가면, 목성은 SL9 혜성을 1929년 전후에 포획한 것 같고, 1992년의 분열로 다량의 먼지가 혜성을 둘러싸면서 발견된 것으로 보인다.

충돌 자료에서 추측하면, 개개의 파편은 지름이 1 km 이하, 밀도는 ~0.5 g cm^{-3} 정도로 보인다. 따라서 충돌할 때의 운동에너지는 10^{27}erg 단위의 크기이며, 이것은 TNT 화약 1억 메가톤에 해당할 정도로 강력하다. 목성 정도의 질량, 즉 큰 중력권을 가지면 몇 세기에 한 번꼴의 비율로 이 정도의 충돌이 일어날 것으로 생각된다. SL9의 10만 분의 1 정도의 에너지를 가지는 충돌이라면 지구에서도 거의 매년 일어나고 있다.

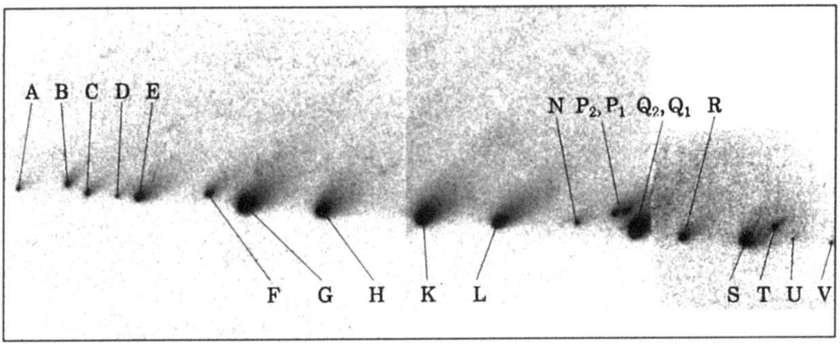

그림 3.15 슈메이커-레비 제9 혜성. 분열된 핵의 하나하나가 그 주위에 코마를 가지고 있으며 짧은 꼬리를 방출하는 모습이 포착된다(NASA 제공).

SL9 혜성의 '핵'

SL9 혜성의 개별 파편에 동쪽에서부터 순서(즉, 충돌 순서)대로 알파벳 한 글자씩 A~W를 배정했다. 문자 I와 O는 혼란을 피하기 위해 아예 처음부터 사용하지 않았으며, J와 M은 발견된 후에 잠시 동안만 보이고 곧 소멸해 버렸다.[27] 영어 표현에서는 'fragment'(파편)와 'nucleus'(핵)를 섞어서 사용한다. 그림 3.15에서 보이는 것처럼 하나하나가 코마(coma, 혜성 주위의 성운星雲 모양의 물질)와 꼬리를 가진 혜성의 모양으로 나타나기 때문에 여기에서는 주로 핵이라는 표현이 적당하여 A핵이나 B핵이라고 부르는 방식을 사용하기로 한다.

이 핵들은 목성의 남위 43°~45°, 그리고 지구에서 봤을 때 목성의 뒤쪽(가장자리에서 3°~9° 반대편)에 충돌했다. 처음에는 지구에서 직접 보이지 않는 쪽에 충돌했으므로 중요한 정보를 얻지 못한다고 생각했다. 하지만 다음에서 설명하듯이, 가장자리에서 약간 벗어난 곳에서 일어난 현상이었으므로 얻을 수 있는 정보도 많았다.

27 M 핵에 관해서는 충돌에 따른 발광이 관측되었다.

충돌 섬광의 광도곡선

R핵은 중간 정도의 크기이지만 많은 관측이 이루어졌고, 그 광도곡선은 다른 핵이 충돌할 때에 나타난 거의 모든 특징을 보여주는 대표적인 표본이다. 켁Keck 망원경(파장 2.3μm)과 팔로마Palomar 망원경(파장 3.2μm와 4.5μm)으로 관측된 광도곡선(그림 3.16)에는 기본적으로 세 가지 증광 모습이 기록되어 있다.

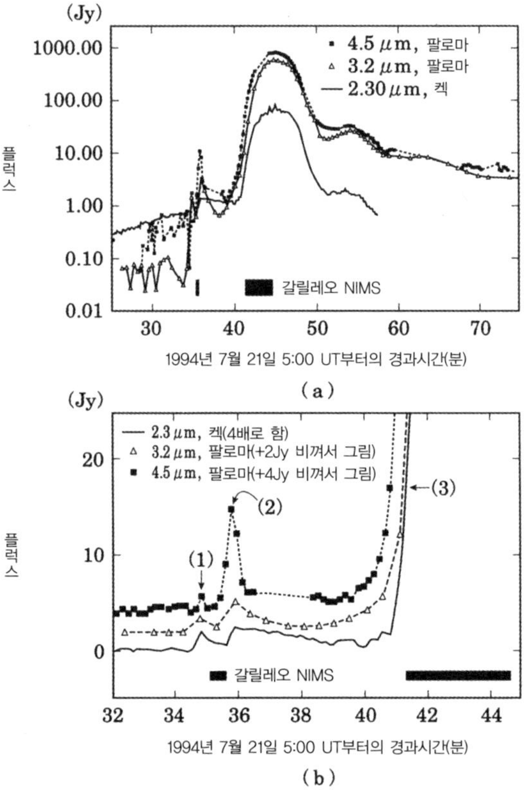

그림 3.16 SL9 혜성 R핵 충돌할 때에 관측된 광도곡선. 적외선 파장 영역으로 켁 망원경과 팔로마 망원경으로 관측했다(I. de Pater & J. Lissauer 2001, *Planetary Sciences*, P.174).

(1) **돌입핵의 유성流星 발광에 따른 증광**은 세 개의 파장으로 동시에 관측되었다. 즉, 혜성 핵이 목성의 뒤쪽으로 숨기(대기 흡수와 구름에 따른 차폐를 받기) 전에 상층대기와의 마찰로 지구의 유성처럼 발광했을 것이다.

(2) **고열의 불덩어리에 따른 증광**은 파장마다 관측되는 시기에 차이가 있다. 즉, 4.5μm에서 가장 빠르고 2.3μm에서 가장 늦게 증광이 관측되었다. 발광 시작 시간의 지연은 대기 흡수의 강도 차이로 설명할 수 있다. 즉, 파장 2.3μm은 CH_4 흡수가 강한 파장이라 목성 뒤쪽에서 타오르는 불덩어리가 충분한 높이까지 상승하지 않으면 관측되지 않는다.

반면, 감광에 걸리는 시간time constant은 2.3μm에서 3분이고 4.5μm에서는 겨우 30초이다. 이는 불덩어리의 온도가 급격히 내려가기 때문으로 해석된다.

(3) **분출된 물질의 낙하에 의한 주증광**은 유성 발광 약 6분 후에 시작되고, 이것도 파장별 관측 시간의 차이를 보인다. 대기의 깊은 부분에 도달한 혜성 핵이 대폭발을 일으키고 그에 따른 물질의 분출이 증광의 원인이다. 분출속도는 ~12 km s^{-1}, 최대 고도는 약 3200 km에 달했다. 이렇게 고공으로 분출된 물질이 낙하하고, 대기를 충격 가열(적어도 500~1000 K로 추정)했을 때의 열복사로 이 주증광이 발생한다.

광도곡선에는 주증광이 감쇠해가는 과정에서도 몇 군데 증광하는 모습이 기록되어 있다. 이는 분출된 물질이 목성 표면에 낙하하여 부딪힐 때 생긴 것으로 보인다. 일본에서는 오카야마 천체물리관측소의 188 cm 망원경과 적외선 카메라 OASIS를 이용해 K핵의 광도곡선을 얻었다(그림 3.17).

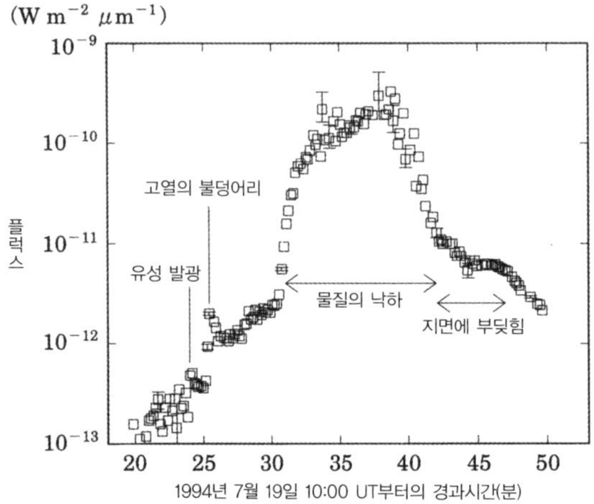

그림 3.17 SL9 혜성 K핵 충돌할 때 일본에서 관측한 광도곡선. 국립천문대 오카야마 천체물리관측소의 188cm 망원경과 적외선 카메라 OASIS를 이용하여 얻은 결과. 그림 3.16에 나타난 특징과 비슷하다(다케우치 제공).

목성 대기의 화학 변화

SL9 혜성의 충돌로 목성에는 평소 보이지 않는 원자 · 분자와 먼지가 관측되었고, 그 일부(중성의 Na, Fe, Ca, Mg, Mn, Cr)는 혜성 기원으로 생각되었다.

한편, 혜성 기원 또는 충돌 과정에서 생성된 CO, CO_2, H_2O 등의 분자가 성층권에서의 존재량에 어떤 영향을 미칠지가 주목되었다. 그 이유는 성층권에서 이 분자들의 수명이 매우 길고, SL9 충돌현상이 희소한 사건임에도 그 영향이 오래 지속되어 대기 조성에 큰 영향을 주기 때문이다. 특히 목성 상층대기에서 H_2O가 10년 단위로 없어지는 반면, CO가 소용돌이 혼합으로 사라지는 시간단위는 약 300년으로 매우 길다. CO는 C와 O가 포함된 고온의 충격화학으로 생기고, C 또는 O가 완전히 소비될 때까지 그 반응이 계속된다. 이러한 반응에 따라 SL9 충돌로 목성 성층권에 공급한 CO의 양은 10^{15} g으로 추정된다.

충돌에 따라 생성된 분자 등은 목성 성층권에 오래 머물러 1997년에는 적도에까지 도달했다. 2000~2001년 카시니 탐사선이 지나갈 때에도 CO_2는 남반구 중위도와 남극 지역의 소용돌이 속에서 관측되었다. CO_2는 CO와 H_2O의 광화학반응으로도 공급된다. 위에서 설명했듯이, CO의 수명은 매우 길고 목성의 성층권에는 10^{15} g의 CO가 항상 존재하는 것으로 보인다. 그리고 SL9 정도 크기의 충돌은 CO의 수명인 300년 정도 간격으로, 그리고 km 크기의 혜성 충돌이라면 100년에 한 번 정도 일어나는 것으로 생각되므로 상당한 양의 CO 및 CO_2의 공급이 혜성 충돌로 이루어지고 있다.

물론 더 큰 규모의 충돌은 예측을 뛰어넘어 다른 변화가 일어날 수도 있음을 잊어서는 안 된다. SL9 혜성의 충돌은 태양계의 역동적인 모습을 인류에게 보여준 의미에서 둘도 없는 사건이라 할 수 있다.

3.5.2 갈릴레오 프로브의 성과

1995년 12월 7일 갈릴레오 탐사선에서 투하한 프로브(대기 돌입 탐사기)는 목성 북위 7°에서의 대기로 하강했고, 거기에서 얻은 관측자료를 우리에

표 3.5 갈릴레오 프로브의 탑재 기기

명칭(약칭)	관측 목표
Atmosphere Structure Instrument(ASI)	온도, 압력, 밀도, 분자량 구조
Galileo Probe Mass Spectrometer(GPMS)	대기의 화학조성
Helium Abundance Detector(HAD)	헬륨/수소 비의 측정
Nephelometer(NEP)	구름 입자(고체, 액체)의 성질 측정
Nex Flux Radiometer(NFR)	온도구조 및 열 수지의 측정
Lightning and Radio Emission Detector(LRD)	전파 버스트와 에너지 하전입자의 측정

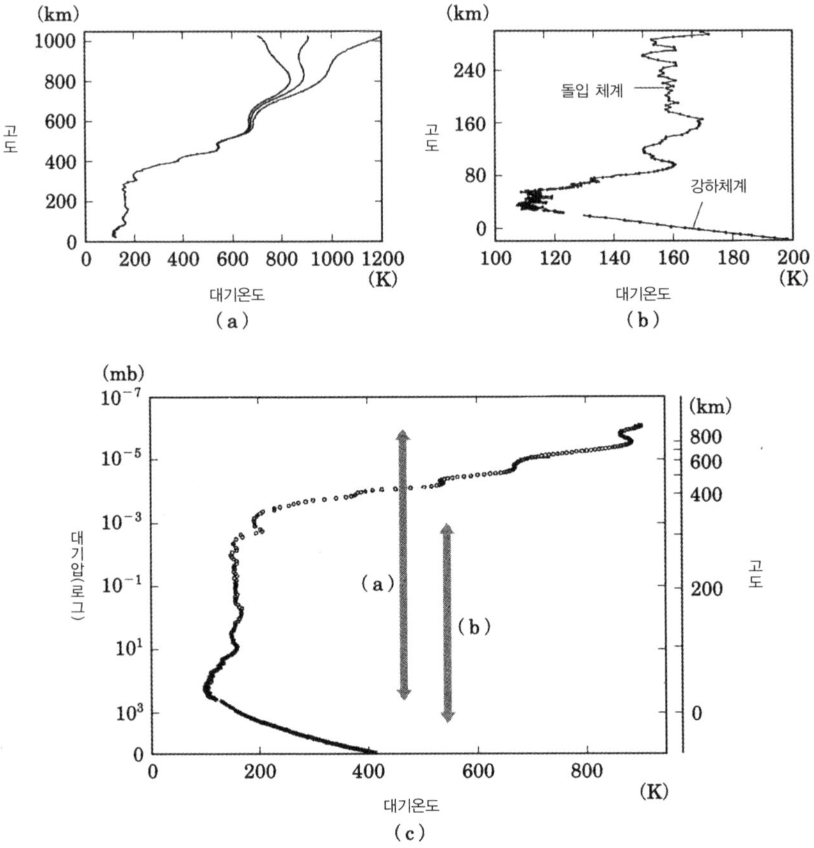

그림 3.18 갈릴레오 프로브가 관측한 목성 대기의 온도구조. 성층권보다 상부에서는 자유낙하 가속도를 측정하여 이를 바탕으로 기압과 온도를 구했다. 그보다 하부에서는 낙하산을 펼쳐 강하하면서 기압과 온도를 실측했다. 하층대기(대류권)에서는 직선적(거의 단열적) 온도 변화, 상층대기는 복잡한 온도 변화를 보이는 구조를 보인다(A. Seiff *et al.* 1998, *J. Geophys. Res.*, 103, 205).

게 전해주었다(그림 3.18).

대기의 구조

대기의 구조는 ASI로 측정되었다. 대기에 고속으로 돌입하는 동안에는 마찰에 따른 감속도를 측정했고, 그 자료를 바탕으로 대기권의 밀도와 온도를 계산했다. 낙하산을 펼쳐 강하 체계로 들어선 후에는 하층대기의 압력과 온도를 직접 측정했다(가속도 데이터도 얻었다). 따라서 상층대기의 온도구조는 모형을 이용해 간접적으로 구한 것이다. 초기 고도의 가정이 다르면 다른 온도구조를 얻을 수도 있지만, 고도 750 km 이하에서는 빠르게 곡선 하나로 수렴하고 값의 신뢰도도 높다.

상층대기 350~750 km에서는 매우 큰 온도기울기(dT/dz=2.9 K km^{-1}의 기울기로, 위로 갈수록 고온)를 보이는데, 이는 높은 효율의 대기 가열 메커니즘이 있음을 시사한다. 또한 이 고도에서의 온도는 단조롭게 증가하는 것이 아닌 '물결무늬'를 보이는데, 큰 온도기울기처럼 생각하면 중력파에 따른 에너지 운반이 이러한 구조를 만들고 있다고 추측할 수 있다.

하층대기에서는 $dT/dz \simeq -2.0$ K km^{-1}정도이며, 건조단열감률dry adiabatic lapse rate에 가깝다. 고도에 따라 건조단열감률보다 낮기도 하여 대기가 안정되어 있음을 나타내기도 하지만, ASI 센서끼리 또는 다른 기기와의 불일치도 있으므로 정말로 안정되어 있다고 하기에는 아직 미해결의 문제라고 할 수 있다.

대기 조성

대기 조성 중 NH_3, H_2S, H_2O의 혼합비는 GPMS로 측정되었다(NH_3에 대해서는 프로브에서 송신된 전파의 감쇠도로 추측하기도 했다). 프로브의 직접 관측 이전에는 대기가 충분히 혼합되어 있고, 대기에서 만든 구름층보다 깊은 곳에서의 기체들의 혼합비가 일정하다[28]고 생각했다. 예측에서 NH_3는 0.7bar, H_2S는 2bar, H_2O는 6bar에서 일정한 혼합비를 가진다고 생각되었다. 그러나 실제로는 NH_3가 10bar, H_2S는 16bar에서 겨우 일정해지고, H_2O에 이르러서는 20bar까지 내려가도 여전히 혼합비가 계속 증가하는 관측 결과를 얻었다.

프로브가 하강한 지점은 5μm 열점hot spot[29]이라는 곳이다. 대기 중에 구름이 희박하고 하층에서의 열복사가 외부로 누출되는 이 영역은, 목성 대기 중에서도 특히 건조한 '특이한 곳'으로 인식된다. 그러므로 구름이 희박한 것뿐만 아니라, NH_3, H_2S, H_2O의 혼합비 연직 분포도 예측과 달랐던 것이 정상이라고 본다.

열점의 생성 원인을 설명하는 가장 간단한 모형은, 상층에서부터 '밀도가 큰 기체 덩어리'가 침강한다는 것이다. 하지만 이 간단한 모형에서는 10bar 깊이에 이르기까지 주변의 안정된 대기로 기체 덩어리의 하강이 멈춘다는 데 문제가 있다. 좀 더 현실적인 모형은 열점이 적도 부근에 속박된 대기 파동 중의 '하강 대기' 부분이라는 것이다. 열점에 기체 덩어리가 서쪽에서 진입한 뒤 거기서 아래쪽으로 방향을 바꾸어 하강하고, 며칠 후 열점의 동쪽으로 빠져나갈 때 원래의 고도로 돌아간다. 이 모형은 NH_3, H_2S, H_2O가 층상으로 존재한다는 프로브의 관측 결과와 모순되지 않는다.

풍속의 연직 구조

동서 풍속의 연직 구조는 도플러 효과를 이용하여 측정하는데 1~4bar

28 응결에 따라 구름을 만드는 것으로, 그보다 상층대기에서는 고갈된다는 쪽이 더 생각하기 쉽다.
29 목성 대기는 파장 5μm 부근에서 투명도가 높다(기체의 흡수가 적다). 따라서 구름이 얇은 영역에서는 대기 깊은 부분에서 적외선을 관측할 수 있으며, 특히 구름이 적고 밝게 관측되는 영역을 열점이라고 한다.

에서는 풍속이 빨라지고 그보다 깊은 곳에서는 일정하다는 결과를 얻었다. 온도풍의 이론에 따르면, 축축한 대기에서는 습윤 대류로 고도에 따른 온위potential temperature 차가 발생하여 경압(傾壓, barocline, 등밀도면과 등압면이 일치하지 않은 상태)이 되고, 이에 높이에 따른 풍속 차가 나타난다. 반대로 건조한 대기에서는 온위 변화가 없으므로 대기는 순압(順壓, barotropy. 등밀도면과 등압면이 일치한 상태)이 되고, 풍속은 높이에 관계없이 일정하다. 프로브가 관측한 풍속의 연직 구조는, 구름을 생성하는 습윤 영역(1~4bar)에서 풍속이 증가하고, 구름층 아래의 건조한 영역에서는 풍속이 일정했기에 이 이론을 지지하고 있는 것처럼 보인다. 문제는 관측된 대기 온도의 연직 구조가 건조단열감률에 아주 가까워, 1~4bar에 습윤 대류가 있는 것처럼 보이지 않는다는 점이다. 이 모순에 대한 해답의 하나로, '프로브가 떨어진 곳은 습윤 대류가 없는 열점이다' 라는 것이지만, 실제의 제트 구조는 그 위도대 전체에서 만들어졌고, 열점 이외의 장소에서는 습윤 대류가 활발하다.

열점을 대기 파동의 일부로 해석하는 모형에서는, 이 풍속의 증가가 '열점 남쪽 가장자리 부근에서 국소적으로 일어난 것'으로 설명하며, 목성 대기(그 위도대)의 일반적 특징이 아닐 수도 있다고 한다. 그러나 그 생각은 카시니 탐사선이 목성 근처를 통과하면서 측정한 풍속에서 잘못된 것임이 밝혀졌다. 근적외선을 이용해 가시구름층보다도 아래의 풍속을 측정한 결과, 상층보다 60% 큰 값을 북적도 전체 영역에서 얻었다.

구름의 고도분포

구름의 분포는 NEP와 NFR 두 기기로 조사가 이루어졌고, 0.46bar에서 12bar의 범위까지 매우 얇은 구름이 관측되었다. 특히 중요한 연구결과는 0.5bar에 있는 광학적 깊이 ~0.06의 구름, 그리고 1.34bar에서 가

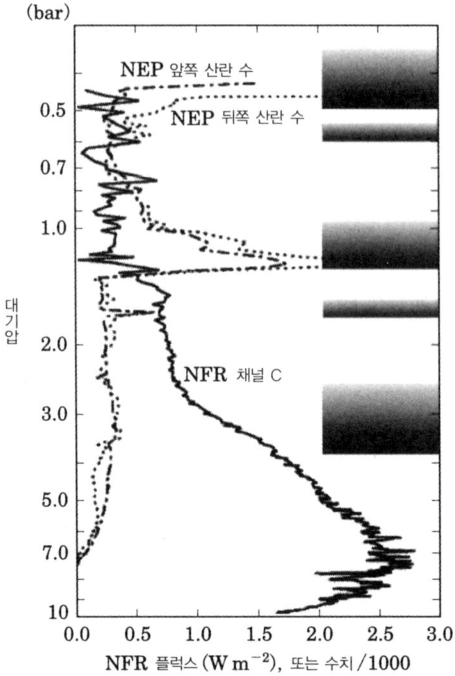

그림 3.19 갈릴레오 프로브 NEP 및 NFR이 포착한 목성 구름층의 신호. 구름층이 관측된 위치를 회색으로 나타냈다(F. Bagenal *et al.* eds. 2004, *Jupiter: The Planet, Satellites and Magnetosphere*, p.85).

장 짙은 광학적 깊이 ~1.7의 구름, 그리고 2.4~3.6bar에 있는 광학적 깊이 ~0.1의 구름을 들 수 있다. 이 세 구름층은 하층에 있는 구름일수록 입자의 크기가 크다(최상층에서 각각 0.5~0.9μm, 0.8~1.1μm, 1.0~4.0μm). 그 밖에도 1.6bar 부근에 있는 것처럼 얇은 구름도 몇 개 존재한다(그림 3.19). 좀 더 깊은 곳에 물의 구름이 존재한다는 증거는 NEP나 NFR에서 얻을 수 없었다. 이러한 연구결과는 미묘한 차이를 제외하면, 기존에 생각해온 열점 모형과 정성적으로는 일치한다(그림 3.20).

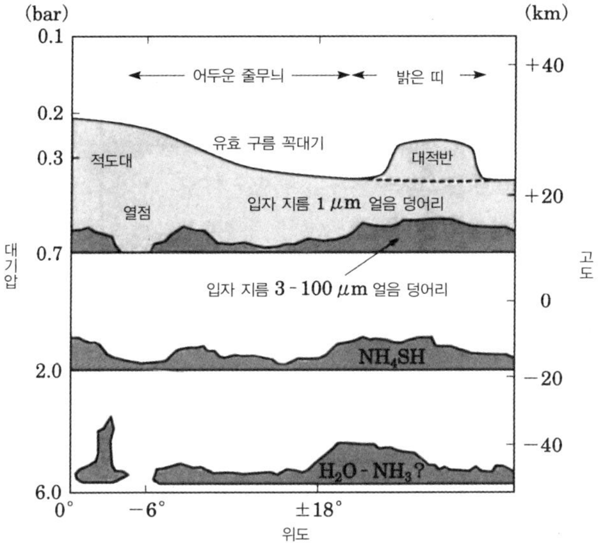

그림 3.20 목성의 상부 구름층 모형. 다양한 관측을 조합하여 얻은 '줄무늬(밝은 띠, 어두운 줄무늬)', '열점'에 대한 구름층 구조 모형. (진한 회색 부분) 위에서부터 성층권 헤이즈(CH_4의 광화학으로 생성되는 탄화수소 화합물), 소립자의 NH_3 헤이즈와 NH_3 구름층(외부에서 보이는 주구름층), NH_4SH로 생각되는 중간 구름층, H_2O로 생각되는 하부 구름층으로 구성된다. 열점에 돌입한 갈릴레오 프로브가 본 것은 정성적으로 이 그림과 잘 맞아떨어진다(F. Bagenal *et al.* eds 2004, *Jupiter: The Planet, Satellites and Magnetosphere*, p.84).

3.5.3 갈릴레오 궤도선과 카시니 탐사선

갈릴레오 탐사선은 8년 동안 목성 주위를 34번 돌았고, 한 번 돌 때마다 목성의 위성에 접근하여 각각의 모습을 관찰했다. 목성 본체에 대해서도 많은 성과를 올렸는데 여기에 그 일부를 소개한다.

(1) 색을 띠지 않는 NH_3 구름을 관측했다. 목성의 가시구름이 NH_3인 것은 열화학평형 모형으로 예측되었지만, NIMS(Near-Infrared Mapping Spectrometer)을 이용해 이를 확인했다. 단, 목성 전체에 걸쳐 관측한 것이 아닌, 대적반의 서쪽에 있는 활동영역에서 '하층에서 크게 돌출된 흰 구름

기둥' 을 관측했다. 그 외의 영역에서 NH_3 구름이 어떤 시간 변화를 겪어 줄무늬의 색을 띠는지는 아직 해명되지 않은 상태이다.

(2) 번개 발광이 대규모 물 구름의 습윤 대류와 관련 있는 것을 확인했다. SSI(Solid State Imager)로 총 26개의 번개 발광 무리(긴 노출시간 동안 번개 섬광을 여러 번 포착)를 관측했다. 발광 무리는 동서 제트의 저기압성 영역에서 보였고, 남 · 북반구 모두 40°~50°의 중고위도 지역에 많이 집중되어 있었다. 대적반 서쪽의 활동영역에서도 번개 발광 무리가 포착되었다. 목성의 밤과 낮의 영상을 비교하면, 이러한 번개 발광은 '하층에서 습윤 대류에 따라 상승했다' 고 생각하는 구름의 위치와 잘 일치한다.

(3) 오로라대를 가시광 영역에서 관측했다. 이것도 SSI에서 목성의 밤 쪽에서의 관측이다. 가시광에 따른 목성 오로라의 관측은 과거에 보이저 탐사선이 '극 가장자리의 희미한 불빛' 으로 포착했지만, SSI가 선명한 타원형의 모습으로 처음 포착했다. 그리고 목성 밤 쪽에서 오로라의 변화가 관측된 것도 처음이었다. 현지 시간에 따라 오로라가 변화하는 모습은 적외선 H_3^+ 파장과 자외선에서 '낮 쪽의 오후 영역에서 난류' 로 포착되었다. 갈릴레오 SSI의 영상은 그 난류가 한밤중까지 이어지고, 그 이후에 정적이고 매끈한 타원형으로 돌아가는 것을 밝혔다. 이것과 자기권의 활동을 결합한 연구가 진행되고 있다.

(4) 목성 자기권의 활동을 8년에 걸쳐 장기적이고 광범위하게 기록했다. 지구 이외의 행성의 자기권이 이토록 오랜 기간 연속으로 관찰된 것은 물론 처음이다. 2001년 1월에는 토성으로 향하던 카시니 탐사선과 함께 '최초 다점 측정' 을 실시했다. 목성 자기권이 태양풍 동압의 변화에 민감하게 반응하고 크기가 변하는(스펀지 성질이라 한다) 것은 이미 알려져 있었다. 하지만 이는 탐사선 한 대가 비행하면서 얻은 정보이며, 탐사선 두 대로 이른바 '스테레오 측정'에 따라 자기권의 행동에 대한 정보[30]가 크게

늘어났다.

갈릴레오 탐사선은 동력부에 플루토늄을 싣고 있어 특히 생명체의 가능성이 있는 유로파 등의 환경을 오염시키지 않도록 2003년 9월 21일에 목성 대기권으로 돌입하게 해 그 임무를 종료했다. 한편, 카시니 탐사선은 목성을 떠나 순조롭게 토성으로의 비행을 계속했다.

3.6 토성의 최신 화제

3.6.1 카시니 탐사선의 성과

2004년 7월에 카시니 탐사선이 토성계에 도착했다. 그리고 대기가 두꺼운 것으로 알려진 위성 타이탄에 호이겐스 프로브를 투하(2005년 1월)하는 데에 성공했고, 비로소 이 태양계 최대 위성의 본 모습이 밝혀질 예정이다. 이 책의 집필 시점에서는 아직 과학적 성과가 자세하게 정리되지는 않았지만, 일부를 소개하기로 한다. 또한 타이탄 등의 위성 및 고리에 대해 4장에서 설명하고, 여기에서는 토성 본체만을 다루기로 한다.

(1) 남극지역의 성층권 대기온도가 예상보다 훨씬 높은 것으로 관측되었다(CIRS: Composite Infrared Spectrometer). 또한 남반구 전체에서 C_2H_2 및 C_2H_6의 공간분포를 얻었고, 이미 언급했듯이 계절 변화와의 관련성이 연구되고 있다.

(2) 저위도 지역에서의 동서 제트는 성층권에서 그 풍속이 급속히 줄어드는 것이 관측되었다(CIRS). 이것으로 보이저가 관측한 풍속, 그리고 허

30 오로라의 설명에서 언급한 목성 전파복사의 행성 간 충격에 대한 반응은 탐사선 두 대에서 얻은 정보의 한 예이다.

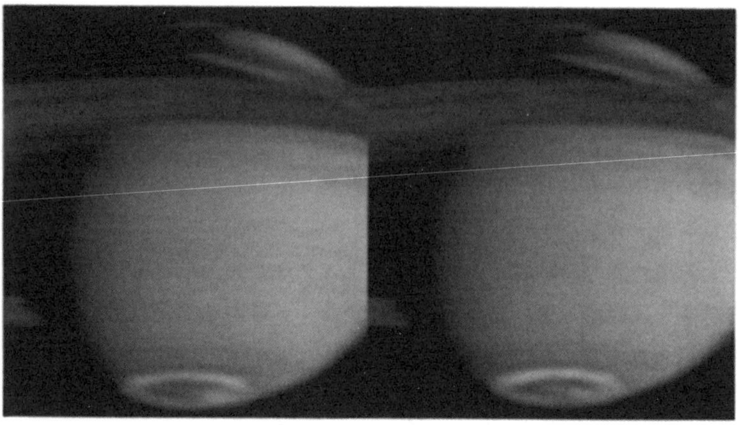

그림 3.21 카시니의 UVIS에서 포착한 토성의 자외선 오로라(NASA 제공).

블 우주망원경이나 카시니 탐사선 ISS(Imaging Science Subsystem)으로 얻은 적도지역 풍속의 모순(후자가 작다)을 설명할 수 있을지도 모른다. 그러나 고공에서의 감속으로만 이를 설명하려면 허블 우주망원경과 카시니가 추적한 구름의 존재 고도는 130 km로 되어버린다.

(3) 좀 더 깊은 부분에서의 동서 제트 역시 VIMS(Visual and Infrared Mapping Spectrometer)로 관측된다. 기본적으로는 보이저로 관측한 값과 비슷하다. 적도지역에 대해 카시니 ISS 데이터와 조합하면, 2bar 부근까지 '깊은 부분에서 풍속이 증가한다'는 결과를 얻는다. 이 경향은 갈릴레오 프로브가 목성 대기에서 측정한 것과 유사하다.

(4) 자외선 오로라의 완전한 모습이 UVIS(Ultraviolet Imaging Spectrograph)에 포착되었다(그림 3.21). 토성 오로라 영역의 적외선 H_3^+ 발광은 지상에서 분광관측으로 그 존재를 발견했고, 어둡기가 목성의 1/100 이하라는 사실도 알려졌다. 카시니 탐사선의 VIMS는 남극지역에서 파장 3.5μm의 약한 발광 분포를 관측했다.

칼럼

갈릴레오가 본 해왕성

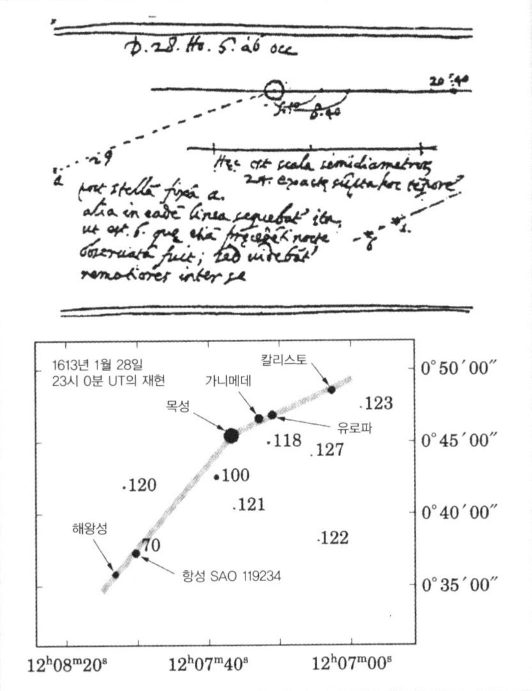

그림 3.22 갈릴레오가 본 해왕성. (위) 1613년 1월 28일에 갈릴레오가 망원경으로 관찰하고 남긴 목성과 그 위성군의 스케치. (아래) 같은 시각의 밤하늘을 모의실험 소프트웨어로 재현하면 그 시야 안에 해왕성이 존재하고, 갈릴레오의 스케치에도 그려져 있는 것을 알 수 있다(D. Morrison & T. Owen 1996, *The Planetary System* (*Second Edition*), p.399).

해왕성은 1846년에 르베리에(Urbain Le Verrier, 프랑스 천문학자)와 갈레(Johann G. Galle, 독일 천문학자)가 프랑스와 독일 천문학의 협력으로 발견되었지만, 시간을 거슬러 올라가면 과거에도 관측기록이 몇 가지 있는 것으로 나타났다. 그중에서도 주목해야 할 것은, 갈릴레오가 1612년 12월과 1613년 1월에 스케치한 목성 근처의 별로 해왕성이 그려져 있다. 해왕성은 갈릴레오의 망원경으로도 보일 정도로 밝았지만, 별자리가 정리되지 않았던 당시에는 '움직이는 행성'으로 파악할 수 없었던 것이다.

제4장
위성과 고리

4.1 여러 가지 위성

위성이란 행성 주위를 돌고 있는 천체를 말하며, 지구는 한 개, 화성은 작지만 두 개의 위성이 있으며 수성과 금성에는 위성이 없다. 즉, 지구형 행성에는 위성이 존재하지 않거나 존재하더라도 극소수라는 특징이 있다. 대조적으로, 목성형 행성은 모두 아주 많은 위성을 거느리고 있다. 최근까지의 지상 관측으로 목성형 행성에서 작은 위성이 여러 개 발견되었으며, 지금까지 확인된 태양계 행성들의 전체 위성 수는 150개를 넘어섰다. 목성형 행성에는 위성과 더불어 고리도 존재한다. 고리는 무수히 많은 입자로 구성되며, 이 입자들은 서로 충돌을 반복하면서 행성을 돌고 있다. 고리의 역학에는 근처에 위치한 위성의 중력이 중요한 역할을 한다. 명왕성에는 위성이 한 개 존재하는 것으로 알려졌지만, 최근에 작은 위성 두 개가 새로 발견되었다.

위성이 행성의 자전과 같은 방향으로 운동하는 것[1]을 순행이라고 하며, 그 반대 방향으로 운동하는 것을 역행이라고 한다. 20세기 초까지 발견된 위성, 즉 그만큼 크기가 커서 발견하기 쉬웠던 위성들은 약간의 예외를 제외하고 모두 순행 궤도이다. 하지만 최근 들어 발견된 작은 위성들에는 역행 궤도인 것이 다수 포함되어 있다.

순행하는 위성 중에서도 궤도면이 행성의 적도면에 거의 평행이며 궤도 이심률이 작은 위성을 규칙 위성Regular satellites이라 하고, 그 외는 불규칙 위성Irregular satellites이라고 한다. 오래전부터 알려진 위성의 대부분은 규칙 위성에 속하며, 대표적으로 목성의 4대 위성(갈릴레오 위성)인 이오, 유로파, 가니메데, 칼리스토가 있다. 한편, 해왕성 최대의 위성 트리톤은 역

1 엄밀히 말하면 행성의 자전 각운동량 벡터와 위성의 공전 각운동량 벡터가 이루는 각이 90도 미만인 경우이다.

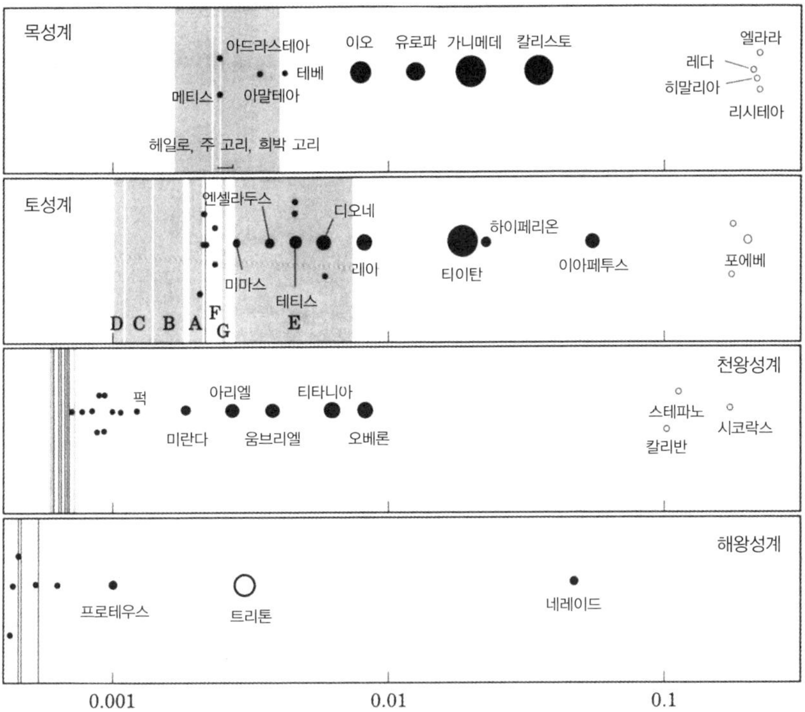

그림 4.1 목성형 행성의 주요 위성의 궤도 반지름. 궤도 반지름은 각 행성의 중력권 반지름으로 규격화했다. 원의 크기는 위성들의 상대적인 크기를 나타낸다. 하얀 원은 불규칙 위성을 나타내며, 회색 영역은 고리의 위치를 나타낸다.

행 궤도를 가진 불규칙 위성의 대표적인 예이다.

지구의 달은 항상 같은 면이 지구로 향해 있는데, 이러한 공전주기와 자전주기의 일치는 다른 규칙 위성에서도 일반적으로 관찰된다. 이는 행성에 미치는 조석력의 작용에 따른 것인데, 만약 옆의 다른 위성의 중력 등으로 원궤도圓軌道가 일그러진 경우에는 위성에 작용하는 조석력이 시간 변화하고 이에 따라 위성 본체가 신축된다. 이 신축운동이 일어날 때 마찰로 열이 발생하는데 이를 '조석가열'이라고 한다. 조석가열은 위성의 지질활동을 일으키는 에너지원으로 중요한 역할을 한다. 이오, 트리톤, 엔셀라두스에서 분화활동[2]이 관찰되었으며, 이 활동은 조석가열에 따른 것으로 생각된다.

1979년부터 1989년까지 목성형 행성을 차례로 방문한 보이저 탐사선은, 목성형 행성의 소위성 가운데 고리를 좁은 궤도 영역에 가두는 역할을 하는 것이 있음을 발견했다. 이것들을 양떼가 도망가지 않게 하는 양치기 개에 비유해서 양치기 위성Shepherd satellites이라고도 한다. 또한 엔셀라두스처럼 고리입자의 공급원인 위성도 존재한다.

달과 이오의 밀도는 $3\,g\,m^{-3}$인 데 반해, 목성형 행성의 대부분의 위성은 $2\,g\,m^{-3}$ 이하로 밀도가 작다. 달과 이오는 주로 규산염이 주성분인 반면, 다른 위성들은 규산염 이외에 얼음도 중요한 구성물질이기 때문이다. 얼음이 중요한 구성물질인 위성을 얼음위성Icy satellites라고도 한다. 얼음위성 간의 밀도 차이는 조성에 얼음이 차지하는 비율의 차이와 자체 중력에 따른 내부 물질의 압축 효과에서 비롯된다. 지름 수백 km 이하의 작은 위성에서는 공극pore이 밀도 값에 기여하고 있을지도 모른다.

가니메데는 크기와 질량 모두 태양계에서 가장 큰 위성이며 수성보다 더 크다. 또한 목성계의 칼리스토와 토성계의 타이탄은 크기와 질량이 가니메데와 비슷하다. 이 위성들은 종종 거대 얼음위성Giant icy satellites으로 불린다.

위성의 형성에는 다음과 같은 다양한 메커니즘이 있으리라 생각된다.

(1) 행성 주위를 도는 성운subnebula에서의 위성 형성

(2) 태양중심 궤도를 가지고 있는 천체의 포획

(3) 거대충돌에 따른 위성 형성

2 트리톤과 엔셀라두스에서는 얼음이 기화되어 분출한다고 생각되며, 이러한 활동을 저온 화산활동Cryro-volcanism이라 한다(그림 4.11 참조).

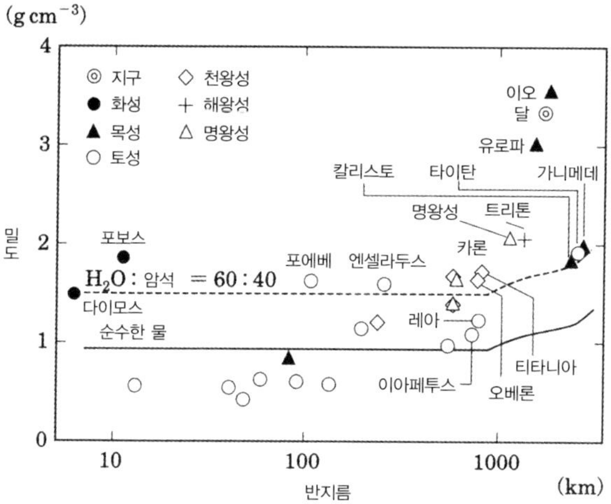

그림 4.2 각 행성의 위성의 밀도-반지름 관계(데이터는 Jacobson *et al.* 2005, *BAAS*, 37 등에 따름). 명왕성의 경우는 명왕성 자체도 함께 그렸다. 실선과 점선은 순수한 물의 얼음 또는 물의 얼음과 암석 성분이 60 : 40(질량비)으로 혼합된 경우의 반지름과 질량의 관계(Lupo & Lewis 1979, ICARUS, 40)를 나타낸다.

위성 유형의 차이는 이러한 형성 메커니즘의 차이와 밀접하게 연관되어 있다. 행성 주위를 도는 성운에서 위성이 형성되는 이론은 목성형 행성에 있는 규칙 위성의 기원을 잘 설명할 수 있다. 여기서 말하는 성운은 목성형 행성이 태어났을 때 그 주위를 둘러싸던 가스와 먼지로 이루어진 원반을 말한다. 생성 초기의 목성형 행성은 바깥층이 두꺼운 수소-헬륨 가스로 둘러싸였는데, 이는 주위의 원시태양계 성운 가스를 중력으로 끌어모음으로써 형성된다. 모인 가스는 행성에 대해 회전운동 성분을 가지고 있어 직접 행성으로 떨어지지는 않고, 행성 주위에 가스 원반을 형성한다. 목성형 행성의 대기에 산소와 같은 무거운 원소가 관측되는 것에서 이 가스 원반에 얼음이나 규산염 등의 고체 성분이 포함되었을 것으로 보인다. 이 고체 성분에서부터, 원시태양계 성운에 따라 지구형 행성이 만들어지는 것과 같은 과정을 거쳐 위성이 형성되었을 것이다.

이 메커니즘의 장점은 규칙 위성의 궤도 특징을 자연스럽게 이끌어내는 것 외에도 위성의 조성 특징도 잘 설명할 수 있다. 목성의 4대 위성은 목성 위성계의 질량 중 대부분을 차지하지만, 이들은 모행성에서의 거리와 함께 전체 조성에서 차지하는 얼음 성분의 비율도 높아진다는 뚜렷한 특징이 있다. 이는 주위 성운의 안쪽(모행성에서 가까운 쪽)일수록 고온이며, 그곳에서는 얼음이 응축될 수 없기 때문이라고 설명할 수 있다. 또한 토성계나 천왕성계의 규칙 위성은 태양중심 궤도를 가진 명왕성보다도 얼음이 풍부한 조성을 가지고 있으며, 이는 행성 주위 성운의 화학 과정을 고려하여 설명할 수 있다. 행성 주위 성운은 좁은 공간에 가스가 집중되는 만큼, 원시태양계 성운보다 밀도가 높다. 따라서 $CO+3H_2 \rightarrow CH_4+H_2O$(얼음)의 반응이 일어나고, 얼음 성분의 비율이 상승할 것으로 생각된다. 하지만 행성 주위 성운의 형성과 진화 과정에 관해서는 관측에 어려운 점이 많아서 원시태양계 성운에 비해 아직 밝혀지지 않은 부분이 많다.

한편, 불규칙 위성의 대부분은 태양중심 궤도를 가진 천체가 포획된 것으로 생각된다. 포획이 일어나려면 역학적 에너지의 소실이나 제3 천체의 중력작용이 필요하다. 그렇지 않으면 행성의 중력권에 들어왔던 천체가 다시 권외로 떠나버린다. 역학적 에너지 소실의 구체적인 메커니즘으로 행성 대기나 행성 주위 성운과의 마찰, 또는 행성으로 접근할 때의 조석변형 등이 제안된다. 역행위성 트리톤(해왕성계)과 포에베(토성계)는 얼음위성으로는 밀도가 높고, 명왕성과 비슷한 조성을 가진 것으로 알려져 있다. 이는 위성이 포획되었음을 지지하는 증거라고 할 수 있다.

수치실험에 근거한 행성 형성 이론에 따르면, 행성 형성의 말기에는 원시행성끼리의 충돌이 반복되는 것이 확실한 듯하다. 이러한 거대충돌에서는 충돌 각도에 따라 원시행성 주위에 충돌 방출물로 이루어진 원반이 형성된다. 거기서 충돌 방출물이 다시 모이면 위성이 된다. 지구의 달은 모행성에 대한 질량비가 큰 것, 모행성에 비해 금속철 성분이 눈에 띄게 낮은 것 등 성질이 뚜렷하다. 이러한 성질은 거대충돌에 따른 달 형성 시나리오로 가장 잘 설명된다. 명왕성의 위성인 카론도 모행성 대비 질량비가 매우 큰 위성이며, 같은 메커니즘으로 탄생한 것일지도 모른다. 또한 천왕성은 자전축이 공전면에 거의 평행으로 기울어져 있는데, 이것도 거대충돌에서 비롯되었을 가능성이 높다. 천왕성계 규칙 위성의 근원인 행성 주위 성운의 형성에는 원시태양계 성운 가스의 포획뿐만 아니라, 거대충돌이 크게 기여했을지도 모른다.

4.2 달

달은 태양과 함께 천구에서 가장 겉보기지름이 큰 천체이다. 달의 실제 크기(평균지름 3474 km)는 지구의 약 1/4 또는 태양의 약 1/400이다. 한편, 지구에서 달까지의 거리는 약 38만 km로 이는 지구에서 태양까지 거리의 약 1/400이다. 달과 태양의 겉보기크기가 거의 같은 것은 이러한 거리 차이 때문이며, 개기일식과 금환일식이 일어나는 이유이기도 하다.

지구에서 본 달의 모양이(초승달, 보름달 같은 변화와는 별도로) 거의 변하지 않는 것에서도 알 수 있듯이 달은 항상 거의 같은 면이 지구를 향해 있다. 이는 지구가 달에 미치는 조석력 작용에 따른 것으로, 자전주기와 공전주기가 위치에너지의 측면에서 안정된 상태에 놓여 있기 때문이다. 이러한 공전과 자전의 동기화는 갈릴레오 위성 등 다른 많은 위성에서도 발견되고 있다. 달에서 지구 쪽을 보고 있는 반구를 앞면near side, 그 반대쪽의 반구를 뒷면far side이라고 한다.

달의 궤도 장반경은 불변이 아니라 현재도 연간 약 3 cm의 비율로 조금씩 지구에서 멀어지고 있다. 이는 조석마찰 효과에 따른 것이다. 구체적으로 말하면, 달은 약 28일 주기로 지구 자전방향의 반대쪽으로 공전하고 있으며, 이 때문에 지구에는 조석팽창이 지구-달을 잇는 축보다 약간 앞쪽에 생긴다. 이 차이의 크기는 지구의 비탄성적 성질에 따른 것이다. 조석팽창은 달에 공전운동을 가속시키는 방향으로 만유인력을 미쳐 달이 서서히 지구에서 멀어진다. 이 반작용으로 지구의 자전속도는 점점 줄어든다. 지구의 하루 길이가 현재보다 옛날이 짧았던 것은 퇴적암의 기록에서도 나타난다. 또한 형성 초기의 달은 지금보다 훨씬 가까운 궤도로 운동했을 가능성이 높다.

달의 질량은 지구의 약 1/80이고, 다른 위성의 모행성에 대한 질량비와 비교해 매우 크다.[3] 질량의 절대값으로 비교해도 달은 태양계에서 다섯 번째로 무거운 위성이다. 평균밀도는 3.34 g cm^{-3}로 자기중력에 따른 압축효과를 제거한 지구 밀도(제로 기압밀도)의 추정값 4.0 g cm^{-3}보다 훨씬 작다. 이는 달을 구성하는 원소에 Fe이 상대적으로 부족하다는 것을 나타낸다. 중력장의 측정에서 얻은 관성능률은 밀도가 균일하다고 가정하여 계산된 값에 가깝고, 이것도 지구와 달리 달에는 금속철이 주성분인 핵이 존재하지 않거나 존재하더라도 극히 작다는 것을 나타낸다.

달은 행성 탐사의 첫 번째 목표가 된 천체이며, 특히 1969년부터 1972년에 걸쳐 실시된 유인 달 탐사 아폴로 계획으로, 모두 약 400 kg에 이르는 달 시료를 지구로 보냈다. 지금까지도 이 시료들에서 달의 역사와 구조에 대해 많은 정보들을 꾸준히 얻고 있다. 아폴로 계획에서 달 표면에 지진계 등의 지구물리적 관측기기를 설치했고, 이후 궤도위성에 의한 중력장 · 지형 탐사와 함께 달의 내부 구조에 대한 유용한 정보를 얻고 있다. 최근에는 원격탐사 기술을 이용해 표면물질의 분포를 상세하게 밝히는 탐사가 이루어지고 있으며, 이 탐사 자료들은 달의 기원과 진화를 해명하는

3 예외로는 명왕성의 위성 카론이 있다.

연구뿐만 아니라, 미래에 달의 공학적인 이용 가능성을 검토하기 위해 활용되고 있다.

달에는 대기와 물이 존재하지 않는다. 또한 지구에 비해 암석에 Na이나 K과 같은 고휘발성 원소의 농도가 낮다. 달은 레골리스Regolith라는 크고 작은 암석이나 암석 파편들로 덮여 있다. 매우 작은 알갱이의 암석 파편들이 모인 것을 특히 토양이라고 한다. 이 토양은 거듭되는 소천체들의 충돌로 달 표면의 물질이 부서지고 다시 퇴적되어 형성된 것이다.

지구에서 본 달 표면은 밝게 보이는 고원 지역과 어둡게 보이는 바다 지역으로 크게 나뉜다. 이것은 달의 대표적인 지질 구분에도 이용된다. 고원은 주로 Al과 Ca이 풍부한 무색광물인 사장석을 많이 함유한 사장암으로 이루어진 반면, 바다는 Mg과 Fe이 풍부한 유색광물인 휘석을 많이 포함한 현무암으로 이루어진다. 고원은 평균표고가 높고, 크고 작은 수많은 충돌 구덩이(crater)로 덮여 있다. 충돌 구덩이가 많다는 것은, 이 지역이 옛날에 형성되었음을 말해준다. 고원에는 사장암 이외에, 'Mg 스위트suite'라는 사장석 외에도 Mg이 풍부한 휘석과 감람석을 50% 정도 함유한 암석, 그리고 크리프kreep암岩이라는 희토류 원소나 P 등의 함유량이 높은 현무암이 혼합되어 있다.

바다는 달 내부에서 분출된 현무암질 용암이 거대 충돌분지를 메워서 형성된 지형이다. 바다 내부에는 충돌 구덩이의 밀도가 낮고, 용암의 유출은 달이 형성된 지 꽤 오랜 시간이 지난 뒤에 일어난 것임을 알 수 있다.[4] 바다는 달 표면의 20% 정도를 차지하며, 그 대부분은 앞쪽에 분포한다. 바다에 생긴 충돌 구덩이의 분석에서 바다에 있는 현무암의 전형적인 두

4 달 암석의 결정화 연대측정으로 달 표면의 일부 지역에 대해 그 형성 연대와 충돌 구덩이 밀도의 상관관계가 밝혀졌다. 이는 달 이외의 행성이나 위성의 표면에 대해서도 적용되며, 각 천체에서 충돌 구덩이 밀도에서 그 지역의 연대를 추정하는 '크레이터 연대학'의 기초가 된다.

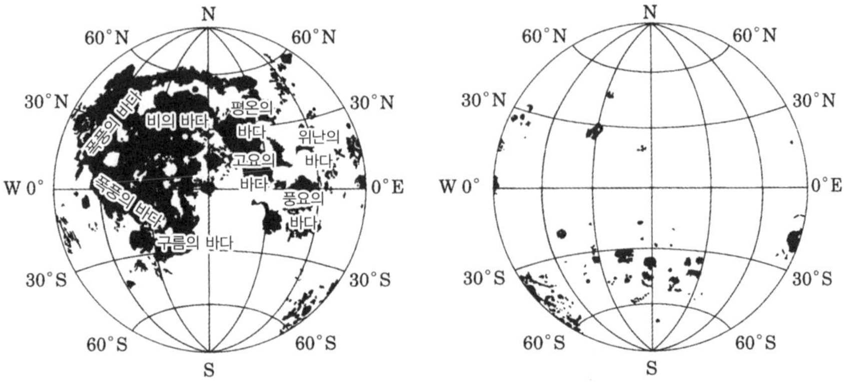

그림 4.3 달의 바다 분포. 바다는 앞쪽(왼쪽)에 집중되어 있고, 뒤쪽(오른쪽)에는 적다.

께는 1~2 km이며, 이보다 깊은 곳의 암석은 고원과 비슷한 조성으로 되어 있다. 즉, 달의 지각을 이루는 주성분은 고원의 암석이라고 생각된다. 달에서 일어나는 지진과 중력의 분석에서 달의 고원지각의 평균두께는 60 km 정도로 밝혀졌다. 또한 지각 아래에는 감람석과 휘석이 주성분인 염기성암으로 이루어진 맨틀이 존재하는 것으로 추정된다. 암석학적 추정에 따르면, 바다 현무암의 기원이 되는 영역은 달 맨틀의 깊이 약 100 km에서 400 km의 범위에 있다.

이러한 달의 내부 구조는 달이 한 차례 대규모로 녹았다는 것을 보여준다. 두꺼운 사장암 지각이 형성되려면 Al과 Ca을 효율적으로 모을 필요가 있다. 이를 설명하는 데 널리 받아들이는 이론이 '마그마 바다Magma Ocean' 가설이다. 이 가설은 달이 표층에서부터 깊이 수백 km 이상까지 일단 완전히 융해되어 마그마의 바다가 형성되었다고 추정한다. 이것이 점차 식으면서 결정화가 일어나는데, 먼저 응고점이 높은 감람석과 휘석이 마그마 바다의 바닥에 침전된다. 이 광물들은 Al과 Ca을 포함하지 않으며, 따라서 응결하지 않은 마그마 속에 점차 두 원소가 풍부하게 된다.

Al과 Ca의 농도가 충분히 높아지면 사장석의 결정화가 시작된다. 사장석은 마그마보다 밀도가 낮기 때문에 달 표면에 떠오르고, 두께가 수십 km 이상이나 되는 사장암 지각을 형성한다. 이 가설은 달에서 발견된 다른 암석 종류의 기원도 함께 설명할 수 있다.

소멸 핵종 ^{182}Hf(반감기 900만 년)의 ^{182}W로의 붕괴를 이용한 달 시료의 연대측정에서, 달은 태양계에서 가장 오래된 연대를 나타내는 운석 내의 난휘발성 포유물의 형성(45억 6천700만 년 전)으로 3~5천만 년 이내에 탄생했다고 추정된다. 이 연대는 엄격하게 달이 분화된, 즉 달이 한 번 융해되어 내부의 원소조성이 다른 어떤 물질로 변화한 연대를 가리킨다. 마그마 바다 가설 이외에 달 형성 메커니즘으로 가장 유력한 거대충돌설도 달이 초기에 융해되었다는 것을 예측하며, 이러한 분화의 연대는 달 탄생의 연대와 거의 비슷하다고 생각할 수 있다.

달 암석의 결정화 연대를 분석해, 달 탄생에서부터 44억 년 전까지 사장암 조성의 원시달 지각이 형성되었고, 이후 새로운 화성활동을 통해 38억 년 전까지 Mg 스위트와 크리프암이 만들어진 것을 알 수 있다. 달 탄생에서부터 38억 년 전까지 고원지각은 거듭되는 소천체들의 충돌에 따라 충돌 구덩이로 덮여갔다. 이후 10억 년 이상의 긴 기간에 걸쳐 거대 충돌분지의 내부에서 다양한 조성의 현무암이 간헐적으로 분출되었다. '크레이터 연대학' 에 따른 추정에서는, 마지막으로 바다에 현무암이 분출된 것은 약 10억 년 전이라고 한다.

달의 기원은 오래전부터 과학적 연구의 대상이었다. 지금까지 제안된 달의 기원설에는 포획설, 형제설, 분열설 그리고 거대충돌설이 있다. 포획설은 태양 주위를 공전하던 천체가 지구의 중력권에 포획되었다는 가설이다. 그러나 달 정도의 질량이 큰 천체의 포획이 일어날 확률은 매우 낮고, 달이 초기에 융해되었음을 설명할 수 없는 것이 이 가설의 난점이다. 형제

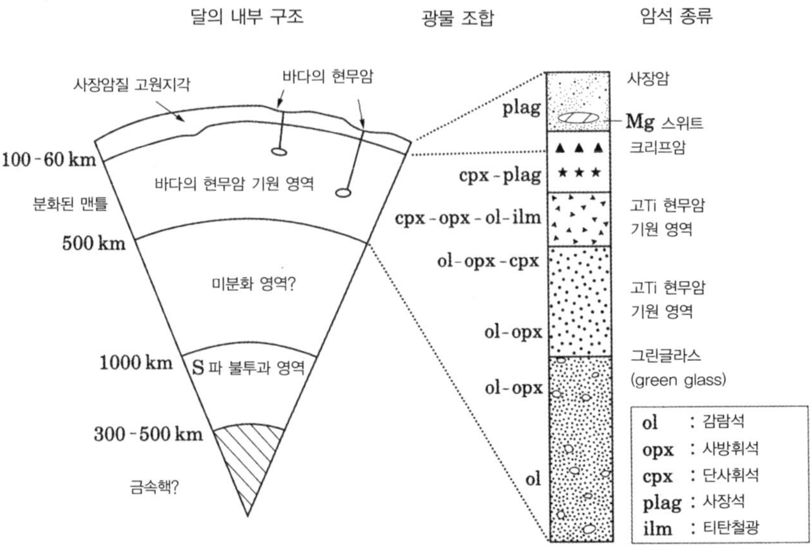

그림 4.4 마그마 바다 가설에 근거한 달의 내부 구조.

설은 달이 아직 작은 단계에서 원시지구를 공전하면서부터 지구와 함께 성장했는 가설이다. 이 가설의 가장 큰 단점은 달이 지구와는 뚜렷하게 조성이 다르다는 것을 설명할 수 없다는 점이다. 한편, 분열설에서는 원시지구의 빠른 자전으로 지구 표면의 물질이 튀어나와 달이 되었다고 한다. 이 가설은 달에서 철이 부족한 것을 잘 설명한다. 그러나 분열이 일어나려면 현재의 지구–달 계의 약 2배의 각운동량이 필요한데, 이 정도의 각운동량을 먼저 획득하고 달 형성 이후 그에 해당하는 부분을 어디론가 버리지 않으면 안 된다는 점이 이 가설의 최대 난점이다.

현재 가장 널리 받아들이고 있는 달의 기원설은 거대충돌설이다. 수치실험에 근거한 이론의 발전에 따라 행성 형성의 말기에는 원시행성끼리의 충돌이 종종 일어나는 것으로 받아들였다. 행성끼리의 충돌 수치실험에서, 거의 현재의 크기에 이른 지구에 화성 크기(질량은 지구의 약 1/10)의 원

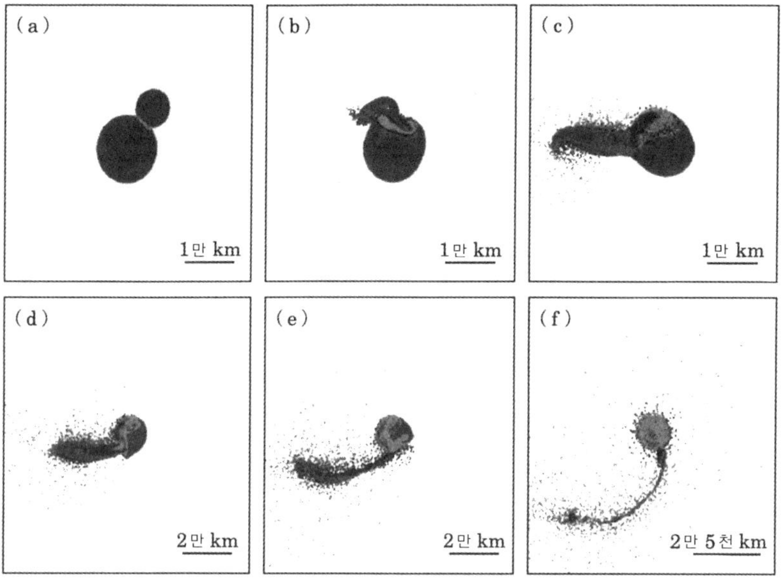

그림 4.5 계산기 모의실험으로 재현한 거대충돌. (a)~(f) 쪽으로 시간이 진행(Canup 2004, *Icarus*, 168, 433을 보완).

시행성이 비스듬하게 충돌하면 달의 형성이 재현된다는 것이 밝혀졌다. 이러한 충돌에서는 원시행성의 전부와 원시지구의 일부가 부서지고 한 차례 궤도에서 방출된다. 그러나 방출물끼리의 중력작용으로 충돌할 때 원시지구에서 근거리에 위치한 물질의 대부분은 지구로 다시 통합되어버린다. 이러한 기하학적 선별효과에 따라 주로 원시행성의 맨틀에서 유래된 물질로 이루어진 지구 둘레의 원반이 형성된다. 충돌에너지의 방출로 원반이 처음에는 그 일부가 증발할 정도로 고온이 된다. 그리고 한 달 정도의 매우 짧은 기간 동안에 원반물질이 합체되어 달이 탄생한다. 이처럼 거대충돌설은 달에 휘발성 물질과 철이 부족한 것, 달이 초기에는 대규모로 녹았다는 것을 잘 설명한다.

4.3 주목할 만한 위성

타이탄

토성의 위성이며 특이하게도 대기가 짙은 타이탄은 평균반지름 2575 km로, 목성계의 가니메데에 이어 태양계의 위성으로는 두 번째의 크기를 자랑한다. 평균밀도(1.88 g cm^{-3})에서 타이탄은 얼음과 암석이 거의 1 : 1의 질량비로 이루어진 것으로 추측된다. 지표면 기압은 1.5기압에 이르며 지구의 대기압을 능가한다. 대기를 가진 위성은 그 밖에도 이오와 트리톤 등이 알려졌지만, 그 대기압은 1만 분의 1기압에도 못 미친다. 타이탄은 네덜란드의 물리학자 하위헌스C. Huygens가 1655년에 발견했다. 그 후 1944년 카이퍼G. Kuiper가 타이탄에 메탄을 포함한 대기가 있음을 밝혀냈다. 1980년에는 행성 탐사선 보이저 1호의 관측으로 대기의 기본적인 구조와 조성이 밝혀졌다.

타이탄의 대기는 질소분자가 주성분이며, 지표 근처에 수 %의 메탄이 포함되어 있다. 표면온도는 약 94 K으로 대기에 따른 온실효과가 10 K 정도 기여하고 있다. 타이탄은 전체적으로 주황색 연무로 덮여 있어 그 지표면은 대기권 밖에서 가시광선으로 볼 수 없다. 연무는 태양 자외선에 따른 광화학반응으로 메탄과 질소에서 파생된 고분자 유기화합물로 이루어져 있다. 자외선 조사 실험에서 재현된 연무입자는 타이탄-톨린Tholin으로 그 광학 특성이 관측 결과와 잘 일치한다. 타이탄 대기에서는 수소가 우주로 조금씩 흩어지는데, 이는 메탄의 광분해에서 비롯된다. 질소가 주성분인 대기 조성은 지구 대기와 매우 비슷하며, 특히 산소가 축적되기 이전의 지구 대기에는 타이탄과 마찬가지로 고분자 유기화합물의 합성이 일어났을 가능성이 있다. 따라서 타이탄은 원시지구 대기나 생명의 기원을 이해하는 데 중요한 단서를 제공하는 천체의 하나로 자리매김하고 있다.

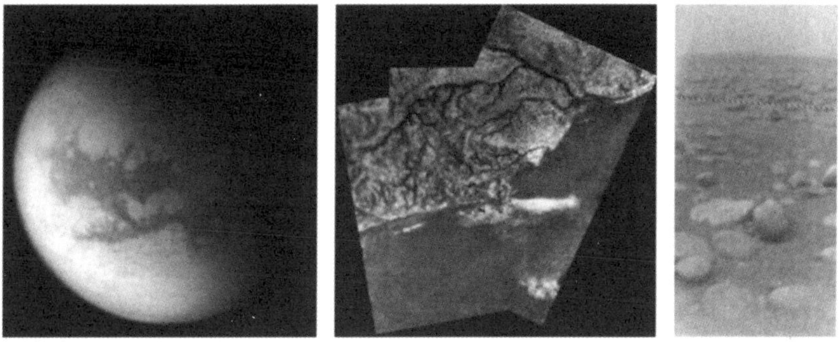

그림 4.6 타이탄의 대기를 투과하는 938nm의 파장에서 토성 탐사선 카시니가 촬영한 타이탄의 전경(왼쪽)에는 구덩이가 보이지 않고, 지표면의 갱신이 활발히 일어났다는 것을 보여준다. 또한 호이겐스 탐사선은 하천 모양의 지형을 발견했다(가운데: 영상 범위는 약 10km). 또한 영상에서 어두운 영역은 저지대를 나타내고 있음을 알 수 있다. 아마 대기에서 쌓인 유기물이 저지대로 흘러감에 따라 명암이 생긴 듯하다. 탐사선 착륙지점 주위(오른쪽)에는 크기 10cm가량의 둥근 얼음 덩어리가 곳곳에 흩어져 있다.

2004년 토성계에 도착한 토성 탐사선 카시니는 타이탄 대기 탐사장비인 호이겐스와 함께, 대기뿐만 아니라 지금까지 베일에 싸여 있던 표면 상태에 대한 관측을 실시했다. 호이겐스의 주목할 만한 성과로는 하천 모양의 지형을 발견한 것을 들 수 있다. 이 지형은 표면에 액체가 흘렀음을 보여준다. 타이탄 표면에서 액체 상태로 대량 존재할 수 있는 물질은 메탄이다. 타이탄에서는 지구에서의 물처럼 메탄이 대기와 지표 사이를 증발·강우의 과정으로 순환했던 듯하다. 실제로 탐사선 카시니는 강우를 동반한다고 생각되는 메탄 구름의 활동을 발견했다. 타이탄의 표면은 침식작용과 지각변동의 흔적이 많이 존재하는 데 비해 충돌 구덩이는 거의 존재하지 않는다. 타이탄은 토성에서 비교적 먼 궤도(궤도 반지름은 대략 20 토성 반지름)를 공전하며, 이에 따라 위성 지각변동의 원동력으로 중요한 역할을 하는 조석력의 효과가 작다. 그럼에도 타이탄이 매우 활동적인 천체로 보이는 이유는 아직 밝혀지지 않았다.

타이탄의 질소 대기의 기원에 대해서는 크게 두 가지 설이 있다. 하나는 타이탄에 질소분자를 포함한 얼음이 쌓이고, 거기서 가스가 빠져나왔다는 설이다. 다른 하나는 질소는 먼저 암모니아 형태로 타이탄에 쌓였고, 그 후 어떤 화학 과정을 거쳐 질소분자로 변화했다는 암모니아 기원설이다.

호이겐스의 대기 미량성분 측정 결과, 첫 번째 설로는 타이탄의 대기 조성을 설명하기 어렵다고 밝혀졌다. 이 설은 대기에 비활성기체 성분이 다량 함유되었다는 것을 예상하는데, 응축온도가 낮은 질소분자가 얼음에 포함된다면 아르곤 등의 비활성기체도 마찬가지로 상당한 비율로 혼합되기 때문이다. 그러나 실제 타이탄 대기에는 극히 미량의 비활성기체만 포함되어 있는 것으로 밝혀졌다.

한편, 암모니아를 질소로 변환하는 화학 과정으로는, 소천체가 충돌할 때 발생하는 고온 증기의 구름이나 과거의 온난 또는 고온 원시대기 속에서의 열 변성이나 광화학반응이 제안되고 있다. 호이겐스는 타이탄 대기에서 칼륨 40의 방사선 붕괴에서 생긴 아르곤 40을 발견했다. 이는 내부에서 지속적으로 가스가 빠져나가는 과정도 대기의 형성에 기여하고 있음을 보여준다. 대기 중의 메탄은 광화학반응으로 서서히 분해되기 때문에, 보급원이 없으면 천만 년 정도의 시간 동안이면 전부 없어진다. 기존에는 표면에 메탄의 바다가 있고, 여기에서 광화학반응으로 잃은 대기 메탄이 보충된다는 가설이 유력했다. 그러나 카시니-호이겐스의 탐사에서 타이탄 표면에는 바다가 존재하지 않는 것으로 밝혀졌다. 타이탄에는 지하에서 물질이 분출되어 생긴 것으로 보이는 지형이 발견되어 메탄이 타이탄 내부에서 간헐적으로 보급되고 있다고 생각할 수 있다.

이오

고체 표면인 태양계 천체 중에서 이오만큼 격렬한 화산활동을 보이는 천체는 없다. 1690년 갈릴레오G. Galilei는 다른 갈릴레오 위성과 함께 이오

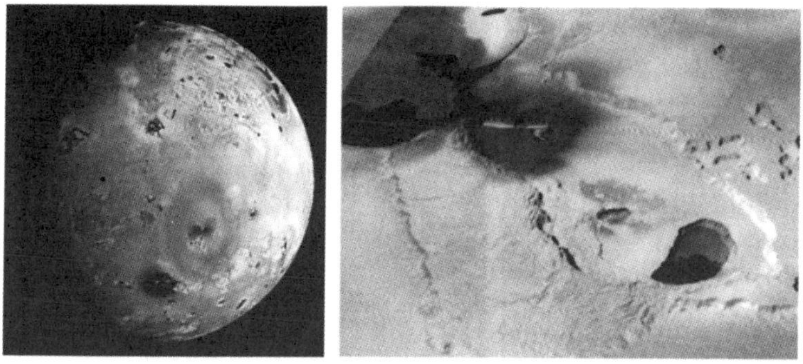

그림 4.7 이오의 표면(왼쪽)에 무수한 화산을 확인할 수 있다. 이오에는 다양한 종류의 화산활동이 존재한다. 트바쉬타 파테라Tvashtar Paterae에서는 균열 분화가 일어났다(오른쪽: 영상의 폭은 약 300 km). 모두 목성 탐사선 갈릴레오의 영상.

를 발견했다. 1979년 보이저 1호가 접근했을 때, 이오에서 고도 수백 km까지 이르는 분출활동이 확인되었다. 이것은 지구 이외의 천체에서 처음 발견된 활화산이었다.[5]

이오의 크기(평균반지름 1815 km)는 지구의 달과 거의 같다. 이오에서는 여러 화산이 활동하고 있으며, 달이 10억 년 이상 전에 화성활동을 종료한 것과는 대조적이다. 이오 위성 궤도의 바깥쪽에서 운동하는 유로파와 가니메데의 중력 영향으로 이오의 궤도는 원궤도에서 약간 비뚤어져 있다. 따라서 목성과 이오의 거리가 주기적으로 변하며, 이에 따라 목성에서부터 아주 가까운 곳을 공전하는 이오에 미치는 강한 조석력도 주기 변화한다. 용수철을 늘이고 줄이기를 계속하면 발열하는 것과 마찬가지로 조석력의 변화로 이오도 신축하여 내부에 열이 발생한다. 이 조석가열이 이오의 화산활동을 구동하고 있다. 이오 내부에서 방출되는 열량은 약 2 Wm^{-2}로 지구의 약 30배에 달한다. 또한 열복사 스펙트럼에서 구한 용

5 이후 해왕성의 위성 트리톤과 토성의 위성 엔셀라두스에서 저온 화산활동이 확인되었다.

암의 온도도 지구에서 현재 볼 수 있는 용암의 최고 온도를 넘어선 사례로 알려졌다.

이오의 화산활동의 형태로는 분출 기둥, 용암 유출, 용암 호수, 지반 함몰 등이 알려져 있다. 화산은 이오 표면에 거의 무작위로 흩어져 있고, 지구 화산의 많은 수가 섬과 중앙 해저산맥 등을 만들어 띠 모양으로 분포하고 있는 것과는 대조적이다. 분포 형태로 볼 때, 이오의 화산은 모두 열점 형태라고 할 수 있다. 또한 지구의 화산은(예를 들어 후지산과 마우나케아 산 등) 완만하게 경사진 산등성이가 발달되어 있는 것이 보통인 데 비해, 이오의 화산에서는 거의 발달하지 않는다.

이오의 화산에서는 유황화합물(주로 이산화황과 단체황單體黃)이 대량으로 분출되고 있다. 이오의 독특한 붉은색은 이러한 퇴적물에 따른 것이다. 분출된 이산화황의 일부는 다른 성분과 함께 이오의 중력권에서 탈출하여 목성을 둘러싼 중성분자와 이온의 구름을 만들어낸다. 이것을 '이오 플라스마 원환체IO plasma torus'라고 하며, 목성 자기권의 물리적 과정에 영향을 준다. 또한 이산화황은 이오에 극히 얇은 대기권을 만든다. 목성 자기권 자기장과의 상호작용으로 발생하는 기전력에 따라 이오 대기와 목성의 극지역을 연결하는 전류계가 구성되고, 이것이 목성에서 발생하는 오로라의 한 요인이 된다.

유로파

갈릴레오 위성 중 안쪽에서 두 번째로 가까운 궤도를 공전하는 유로파에는 얼음 지각 아래에 액체의 물로 이루어진 바다가 있을 가능성이 높다. 유로파는 평균반지름이 1569 km로 지구의 달보다 약간 작은 위성이다. 표면은 얼음으로 덮여 있지만 평균밀도는 3 g m^{-3}로 암석의 값에 가깝다. 목성 탐사선 갈릴레오에서 얻은 중력장 데이터에 따라 유로파는 암석의 핵이 약 100 km 두께의 얼음층으로 덮여 있는 구조인 것으로 추정되고 있다. 그러나 중력장 데이터로는 얼음층의 내부가 녹아 있는지의 여부는 알 수 없다.

유로파에 대한 본격적인 최초의 탐사는 1979년 보이저 1호와 2호가 수행했지만 각각 한 차례의 근접비행flyby이라 유로파 내부 구조를 이해할 단서로는 제한이 있었다. 그 후 1995년부터 수년 동안 목성 탐사선 갈릴레오가 더욱 다각적인 탐사를 실시했다. 그 결과, 내부 바다의 존재를 지지하는 증거를 얻었고, 그 증거는 다음과 같다.

(1) 유로파 표면에 지하에서 분출하는 액체에 따라 형성된 것으로 보이는 지형이 풍부하게 존재한다.

(2) 스펙트럼 관측에서, 유로파 표면에 수용성 염류가 불균일하게 퇴적되어 있고 이 염류는 지하에서 염분을 포함한 물이 분출되어 생긴 것으로 생각된다.

(3) 염류가 녹아든 물로 이루어져 높은 전기전도성을 가진 층이 존재하는 경우에 예상되는 자기장의 이상이 발견된다.

(4) 표면의 균열구조의 분포 양상과 목성의 조석력이 만드는 응력분포의 대응관계에서, 얼음 지각과 암석핵 사이에 약간의 자전속도 차이가 존재하는 것으로 추정된다.

얼음층이 일부 녹아서 내부 바다가 생기는 현상의 원인은 이오와 마찬가지로 조석가열이 유력하다. 그러나 표면을 덮고 있는 얼음의 열전도율이 낮아, 가령 조석가열이 없다 해도 초기의 수축열과 이후의 방사성 열원에 따른 발열만으로 내부 바다가 유지될 수 있다는 설도 있다. 한편, 유로파 표면은 충돌 구덩이가 거의 존재하지 않으며 지역에 따른 편차도 거의 없다. 이는 지표면이 활발하게 변하고 있음을 보여준다. 이러한 현상을 함

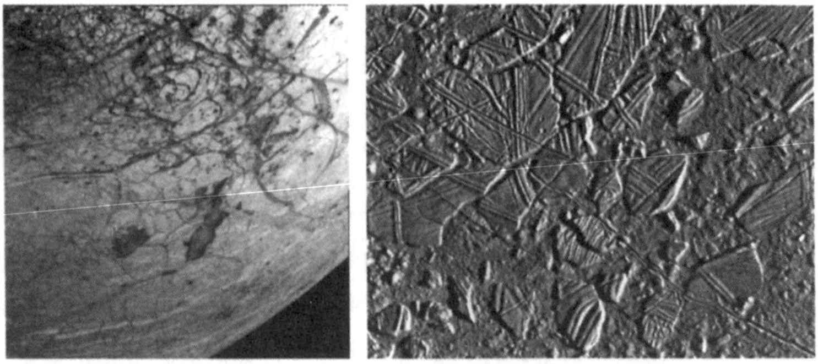

그림 4.8 유로파의 표면(왼쪽)에는 무수한 균열이 보인다. 얼음이 떠 있는 지형(오른쪽: 영상은 약 34km×42km)은 이 지역의 지하가 표면 부근까지 한 차례 융해되었음을 보여준다. 모두 목성 탐사선 갈릴레오의 영상.

께 설명하려면 조석가열이 필요할지도 모른다.

액체의 물은 지구형 생명에서 필수적이며, 유로파는 화성에 이어 미래의 외계 생명체 탐사의 유력한 대상으로 자리매김하고 있다. 지금까지 유로파 외에 지하에 액체의 물로 이루어진 층이 존재하는 증거를 얻은 위성으로는 가니메데(목성계)와 엔셀라두스(토성계)가 있다(그림 4.11 참조).

4.4 고리

토성의 고리를 처음으로 관측한 것은 갈릴레오였다(1610년). 그러나 망원경의 정밀도가 좋지 않아 토성 양쪽에 위성이 한 개씩 있다고 생각했다. 그는 그 위성이 전혀 움직이지 않는 것과 몇 년 후 사라진(사실 그때 고리를 바로 옆에서 관측한 것이며, 두께가 얇아 보이지 않았다) 것에 당황했다. 고리가 얇은 원반 모양인 것을 발견한 사람은 하위헌스(1659년)이며, 고리가 무수히 작은 입자로 구성되어 있다는 것을 이론적으로 밝힌 사람은 약 2세기 후 맥스웰(J. C. Maxwell, 1857년)이었다. 그 후로 오랫동안 '고리를 가진 행성은 토성뿐이다' 라고 생각했다. 그러나 1977년 천왕성의 배후를 항성이 통과하는 엄폐현상의 전후에 거의 대칭인 감광이 여러 번 관측되었고, 이에 따라 천왕성의 고리를 발견하는 계기가 되었다. 그 2년 후인 1979년에는 목성의 고리를 보이저 1호가 발견했다. 또한 해왕성 고리의 존재도 1980년대 중반에 지상에서의 엄폐관측으로 밝혀졌으며, 1989년 보이저 2호가 그 모습을 직접 밝혀냈다.

그림 4.9는 네 개의 거대행성 고리와 그 근방에 있는 위성의 궤도를 행성의 반지름으로 규격화하여 나타낸 것이다. 토성과 천왕성에는 행성 근방에 고리가 있고, 행성에서 먼 궤도에는 위성 및 위성 기원으로 생각되는 먼지의 고리가 있다. 한편, 목성에는 먼지 고리뿐이며 해왕성의 경우에는 위성과 고리가 복잡하게 공존하고 있다.

행성 근방에는 고리, 먼 곳에는 위성이 존재한다는 대략적인 모습은, 행성 근방에서는 행성에서의 조석력 때문에 상호중력에 따른 입자의 합체가 방해받는다고 설명할 수 있다.

지금부터 질량 M_c인 행성 주위를 공전하는 두 입자(질량 m_1, m_2 ; 반지름 R_1, R_2 ; 밀도 ρ_p ; 궤도 장반경 a)를 생각해보자. 충돌하는 두 입자의 상호중력이 지배적인 거리를 나타내는 힐 반지름Hill radius은 $R_H \equiv a\{(m_1+m_2)/(3M_c)\}^{1/3}$로 표기한다. 그리고 두 입자의 반지름의 합과 힐 반지름의 비를 $s \equiv (R_1+R_2)/R_H$로 한다. 두 입자가 충돌할 때 $s>1$이라면 반지름의 합이 더 크므로 중력에 따른 합체는 이루어지지 않고, $s \ll 1$에서는 충돌할 때 상대 운동에너지를 충분히 잃으면 합체가 가능하다. 먼저, 위성 각각의 강도를 생각하지 않는 경우에 위성이 행성에서의 조석력에 파괴되지 않기 위한 궤도 반지름의 임계값은 로시 반지름(또는 로시 한계Roche limit)이라고 하며,

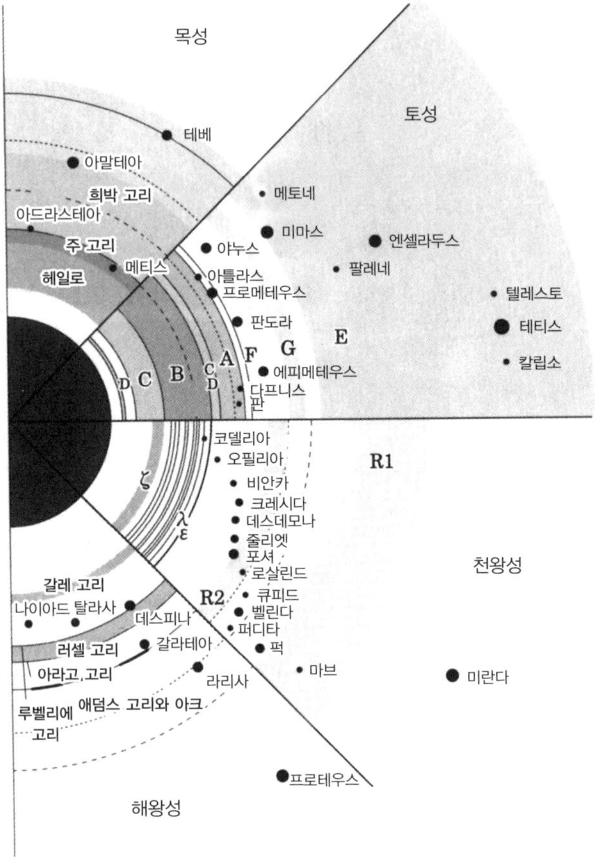

그림 4.9 네 개의 거대행성 고리 및 근방의 위성 궤도의 모식도. 행성 반지름을 공통단위로 규격화했다. 점선은 입자 밀도를 1 g cm^{-3}으로 한 경우의 로시 반지름(a_R)을 나타내고, 약간 긴 점선은 입자의 공전 각속도가 행성의 자전 각속도와 같아지는 동기궤도Synchronous orbit의 위치를 나타낸다. 토성 고리의 'CD'는 카시니의 간극Cassini division을 나타낸다(J. A. Burns & D. P. Hamilton 제공).

$$a_{\mathrm{R}} = 2.456(\rho_{\mathrm{c}}/\rho_{\mathrm{p}})^{1/3} R_{\mathrm{c}} \tag{4.1}$$

과 같이 쓸 수 있다(R_c, ρ_c는 행성의 반지름 및 밀도). s는 a_R을 이용하여

$$s = 0.587\frac{a_{\mathrm{R}}}{a}\frac{1+(m_1/m_2)^{1/3}}{\{1+(m_1/m_2)\}^{1/3}} \tag{4.2}$$

로 나타낼 수 있다. 그림 4.9에는 $\rho_p = 1\ \mathrm{g\ cm^{-3}}$인 경우의 로시 반지름 위치가 점선으로 표시되어 있다. $a \leq a_R$ 또는 $s \gtrsim 1$이라는 조건이 고리의 존재 영역을 근사적으로 나타내는 것을 확인할 수 있다.

목성 고리

목성 고리는 크게 주 고리main ring, 헤일로halo, 희박 고리gossamer rings 등 세 부분으로 나눌 수 있다. 주요 성분은 규산염 또는 탄소질 화합물로 이루어진 미크론 크기의 입자이다. 이러한 작은 먼지입자들은 태양복사의 흡수와 방출에 따른 궤도감쇠(포인팅-로버트슨 효과)로 수천 년 이내에 목성으로 떨어질 것이다. 따라서 관측되는 고리를 설명하려면 관련된 생성 메커니즘이 필요하며, 다음에 설명하는 것처럼 목성 근처의 작은 위성에 운석이 충돌하여 먼지가 흩어져 나오는 것이 고리의 생성 원인으로 생각된다.

주 고리는 폭이 약 6000 km, 두께가 수십 km까지 이르는 가장 진한 부분이다. 그러나 광학적 깊이는 2×10^{-6} 정도에 지나지 않으며 다른 행성의 고리에 비해 엷은 편이다. 주 고리의 외연부는 위성 아드라스테아의 궤도 위치와 거의 일치하고, 주 고리의 안쪽에 또 다른 작은 위성 메티스도 있다. 주 고리는 목성계 밖에서 날아온 운석이 위의 두 행성과, 아직 발견되지 않았지만 고리 근처에 있으리라 여기는 작은 위성에 충돌할 때 방

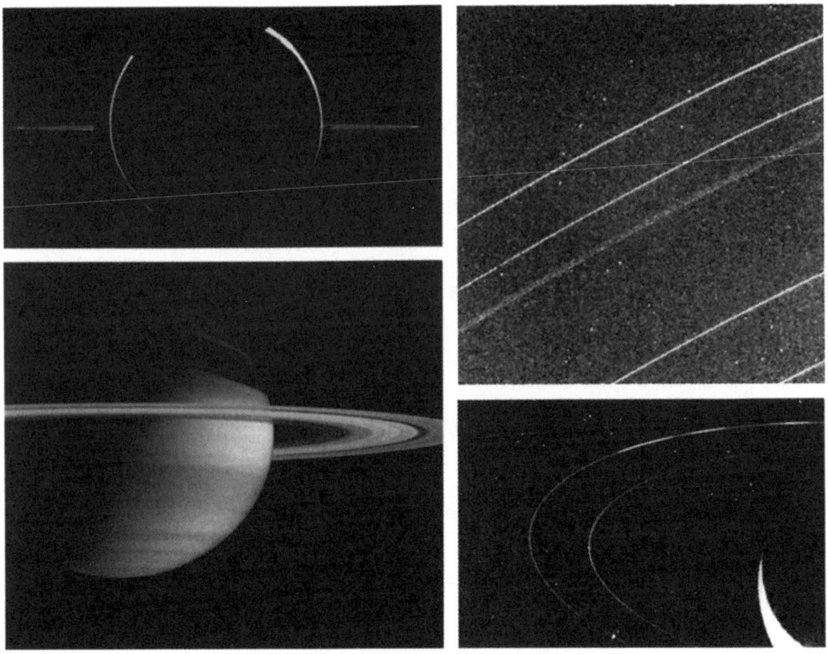

그림 4.10 (왼쪽 위) 목성과 목성의 고리. 이 사진에서는 주 고리만 보인다. 탐사선 갈릴레오가 1996년 11월 9일에 촬영(NASA 제공). (왼쪽 아래) 토성과 그 고리. 탐사선 카시니가 2005년 1월 23일에 촬영(NASA 제공). (오른쪽 위) 천왕성 고리. 위에서부터 차례로 δ, γ, η, β, α 고리. 탐사선 보이저 2호가 1986년 1월 23일에 촬영(NASA 제공). (오른쪽 아래) 해왕성 고리. 애덤스 고리와 루벨리에 고리가 보인다. 애덤스 고리에서 밝게 보이는 부분(오른쪽 윗부분)은 '아크'라고 한다. 탐사선 보이저 2호가 1989년 8월 1일 촬영(NASA 제공).

출된 먼지가 기원이라고 생각된다. 이 운석은 목성의 중력으로 가속되고 있어 위성에 고속으로 충돌한다. 충돌할 때 생성된 먼지입자의 대부분은 위성 중력을 뿌리치고 위성 밖으로 방출되는데 중력이 약한 작은 위성 쪽이 먼지를 방출하기 쉽다. 뒤에서 설명하는 희박 고리의 기원으로 생각되는 아말테아와 테베보다 작은 위성인 아드라스테아와 메티스가 희박 고리보다 진한 주 고리를 생성하는 것은 이 때문이라고 생각된다.

헤일로는 주 고리 바로 안쪽의 영역에 있으며 광학적 깊이가 10^{-6} 정도인 엷은 고리이다. 행성의 적도면 근처에 모여 있는 일반적인 고리와는 달리 두께가 2만 km 이상에 달하며 도넛 모양이다. 목성 자전에 따른 자기장의 회전주기와 먼지입자의 공전주기가 공명관계에 있으면 먼지는 자기장의 영향을 강하게 받는다(로렌츠 공명). 헤일로 내부 및 외부의 경계는 각각 2 : 1과 3 : 2의 로렌츠 공명의 위치와 일치하고, 헤일로에서는 이 공명이 중요한 역할을 하는 것으로 생각된다. 연직 방향으로 두껍게 분포하는 것도 이 공명이 원인으로 보인다.

주 고리 외부에 있고 광학적 깊이가 10^{-7} 정도인 희박 고리는 탐사선 갈릴레오의 정밀 관측으로 두 성분으로 이루어진 것이 밝혀졌다. 하나는 위성 테베의 궤도 부근에서부터 주 고리 근처까지 뻗어 있는 테베 고리, 다른 하나는 아말테아의 궤도에서 주 고리 부근까지 뻗어 있는 아말테아 고리이다. 각 성분의 두께가 각 위성의 연직 방향의 운동범위와 잘 일치하고 있어 희박 고리는 이 두 위성에 운석이 충돌하여 생성한 것으로 생각된다.

토성 고리

토성 고리 중에서 A 고리(광학적 깊이는 약 0.5)와 더 안쪽의 B 고리(광학적 깊이 1~3), 그리고 그 사이의 카시니 간극(광학적 깊이 약 0.1)은 지상에서도 쉽게 관측된다. B 고리의 안쪽에 엷은 C 고리가 있는데, 이 세 고리를 주요 고리라고 한다. C 고리의 안쪽에 더욱 엷은 D 고리가 있다. 또 A 고리의 바로 바깥쪽에는 엷은 F 고리, 또 그 바깥에 엷은 먼지 고리인 G 고리와 E 고리가 있다. 토성의 고리는 얼음이 주성분인 입자로 이루어져 있다. 입자 크기는 주요 고리에서 1 cm~10 m 정도, F 고리에서 μm~ cm 크기, 다른 고리에서는 미크론 크기의 먼지가 주성분이다.

토성의 고리에 다양한 미세구조가 존재하는 것이 보이저나 카시니 탐사선 등으로 밝혀졌다. 이러한 구조의 대부분은 위성과의 상호작용에 따른 것임을 설명할 수 있다. 예를 들어 A 고리 안에 있는 엔케의 간극은, 간극 안에 있는 작은 위성 '판' 으로 유지된다〔그림 4.11(왼쪽 아래)〕. 또한 A 고리 안에 있는 더 좁은 킬러의 간극에서도 유사한 메커니즘이 작용한다고 생각되었는데, 실제로 탐사선 카시니로 킬러의 간극 속에서 작은 위성 다프니스가 발견되었다. 또한 위성과의 공명도 고리의 구조 형성에 중요한 역할을 한다. 예를 들어 A 고리와 B 고리의 외연부는 각각 위성 야누스와 7 : 6 공명, 미마스와 2 : 1 공명으로 유지한다고 생각된다. 위성의 고리면 방향의 운동과 고리입자 궤도운동의 공명으로 발생하는 밀도파density wave, 그리고 위성의 고리면에 대한 연직 방향 운동과의 공명이 원인인 굴곡파bending wave도 고리 내에서 많이 관측되고 있다. 또한 F 고리의 얇고 부분적으로 꼬인 것 같은 복잡한 형상은 F 고리를 중간에 끼운 것 같은 궤도를 가진 프로메테우스와 판도라의 중력작용에 따라 만들어진다〔그림 4.11(오른쪽 위)〕.

로시 반지름을 포함한 영역에 있는 A 고리에서는 입자 간의 상호중력이 더 중요하다. 중력에 따라 모인 입자가 밀도의 차이를 만들어내는 것으로 생각되고, 이를 간접적으로 나타내는 관측 결과도 많이 얻었다. 한편, 입자의 공간밀도가 높은 B 고리에서는 광학적 깊이가 토성에서의 거리와 상관없이 불규칙하게 변하는 구조가 관측되지만, 그 원인은 밝혀지지 않았다. 입자의 공간밀도가 높은 계에 존재하는 특유한 점성 과안정viscous overstability이 원인이라고 주장하는 설이 유력하다. 이 밖에 B 고리에는 스포크spokes라 불리는 시간 변화하는 구조가 관측된다〔그림 4.11(왼쪽 위)〕. 스포크 내에는 미크론 크기의 먼지가 많이 포함되어 있다. 스포크는 토성 자기장과 동기화하여 회전하고, 입자의 케플러 차동회전에 따라 원주방향으로 뻗어나간 뒤에 소멸한다. 따라서 스포크의 생성은 먼지입자와 자기장의 상호작용에 따른 것으로 생각된다.

그림 4.11 토성 고리의 다양한 구조 및 위성과의 관계. (왼쪽 위) B 고리에 나타난 검은 얼룩무늬(spoke). 탐사선 보이저 1호가 1981년 8월 22일에 촬영(NASA 제공). (오른쪽 위) F 고리와 위성 프로메테우스(고리의 왼쪽 아래에 보이는 타원형 모양의 천체). 탐사선 카시니가 2004년 10월 29일에 촬영(NASA 제공). (왼쪽 아래) A 고리 안에 만들어진 엔케의 간극과 위성 '판'. 카시니가 2006년 10월 27일에 촬영(NASA 제공). (오른쪽 아래) 위성 엔셀라두스에서 분출되는 얼음입자의 제트. E 고리의 생성 원인으로 생각된다. 카시니가 2005년 11월 27일에 촬영(NASA 제공).

토성 고리의 기원에 대해서는 아직 모르는 것이 많다. 위성이 만들어지는 과정에서 남은 흔적이라는 설이나 토성 주위를 돌고 있던 위성이 운석의 고속 충돌로 파괴되어 그 파편이 고리가 되었다는 설, 또는 토성에 접근한 혜성이 토성에서의 조석력으로 파괴되어 생긴 설 등이 있지만 아직 명확한 결론은 없다. 그러나 적어도 고리의 일부는 지금도 만들어지는 듯하다는 것이 지금까지의 탐사 등으로 밝혀졌다. 예를 들어 카시니 탐사선이 작은 위성 주위에 엷은 고리를 여럿 발견했고, 목성 고리와 마찬가지로 작은 위성에서의 운석 충돌에 따른 먼지 고리의 형성이 토성에서도 일어나고 있음을 보여준다. 또한 카시니는 위성 엔셀라두스의 표면에서 얼음 입자가 분출되고 있음을 발견했다〔그림 4.11(오른쪽 아래)〕. 이는 엔셀라두스 내부에서의 어떤 지질활동에 따른 것이며, E 고리의 생성 원인으로 생각된다.

천왕성 고리

천왕성 근처에 있는 가느다란 아홉 개 고리는 안쪽에서부터 6, 5, 4, α, β, η, γ, δ, ε라는 이름을 붙였다. 1977년 엄폐관측으로 먼저 밝혀진 다섯 개의 고리에 α, β, η, γ, δ, ε라는 이름을 붙였고, 이후 추가 분석과 새로운 관측으로 확인된 것에 나머지 이름을 붙였다. 이 고리들의 광학적 깊이는 0.5~4 정도이다.

1986년 탐사선 보이저 2호는 δ 고리와 ε 고리 사이의 먼지 고리(λ 고리)와 6 고리 안쪽에 엷은 ξ 고리를 발견했고, 위에서 말한 아홉 개의 가느다란 고리 사이에 무수히 많은 엷은 먼지 고리가 있는 것을 발견했다. 또한 최근 허블 우주망원경의 관측으로, 더 먼 곳에 있는 엷은 고리 두 개(R1, R2)도 발견되었다. 가느다란 아홉 개 고리 대부분은 폭이 1~10 km 정도, 이심률은 10^{-3} 정도이다. 이 고리들을 구성하는 입자의 크기는 몇 센티미터에서 수 미터까지이며, 반사율albedo[6]이 0.03 정도로 어두운 것이 특징이다. 따라서 입자는 탄소질 물질로 덮여 있다고 생각할 수 있다. 입자가 탄소질 콘드라이트와 같은 원시적인 물질로 이루어졌을 가능성도 있지만, 메탄 등의 탄화수소가 천왕성 자기장 내에 있는 고에너지 입자들의 충돌로 생성되었다는 설이 유력하다.

천왕성 고리의 가느다란 모양은, 토성의 F 고리와 마찬가지로 위성과의 상호작용으로 유지되고 있다고 생각된다. 실제로 보이저 2호는 ε 고리를 가운데에 끼운 것과 같은 궤도상에 있는 두개의 작은 위성, 오필리아와 코델리아를 발견했다. 이 두 위성은 λ, δ 및 γ 고리와도 공명관계의 위치에 있어 이 고리들의 형태 유지에 기여하고 있을 가능성도 있다. 이 위성 외에도 작은 위성이 다른 고리들의 형태에 영향을 주고 있을 가능성도 있지만, 아직 그러한 관측 증거들은 발견되지 않았다.

가장 폭이 넓은 ε 고리는 이심률 8×10^{-3}의 타원고리이며, 폭은 천왕성에 가장 가까운 부분에서 약 20 km, 가장 먼 부분에서 약 100 km이다. 편평한 형상의 천왕성이 미치는 중력작용은 타원고리의 근점近點 방향을 서서히 회전시키는 효과가 있다. 이때 근점의 방향이 어긋나는 속도는 타원고리의 내연부가 외연부보다 빠르기 때문에, 예를 들어 ε 고리의 경우 근점의 회전으로 200년 정도 지나면 현재의 타원 모양을 잃게 될 것이다. 따라서 천왕성의 타원고리의 경우에는 내연과 외연의 근점을 일치시키는 어떤 메커니즘이 작용하고 있는 듯하다. 고리의 자체 중력이나 위성의 중력작용이 원인이라는 설이 있지만, 관측 결과를 완전히 설명하지 못하므로 아직 자세한 메커니즘은 밝히지 못했다.

6 외부에서부터 천체로 들어오는 에너지(태양계 내 천체의 경우, 일반적으로 태양에서의 입사에너지)에 대한 반사광 에너지의 비율을 말한다.

해왕성 고리

해왕성에는 지금까지 고리 다섯 개가 확인되었고, 해왕성의 발견에 관련된 천문학자들의 이름을 붙였다. 천왕성 고리와 마찬가지로 모두 어두운 것이 특징인데, 그 가운데 애덤스 고리에 있는 '아크' 라는 부분이 가장 밝다. 아크는 부분적으로 밀도가 높은 곳으로 광학적 깊이는 0.1 정도이다. 보이저 2호에 따른 해왕성 탐사 이전의 지상 엄폐관측에서 어떤 경우에는 해왕성의 한쪽만 감광되었고, 또 다른 경우에는 양쪽 모두 감광되지 않는 일이 벌어져 관측자들의 흥미를 불러일으켰다. 이 원인은 아크 부분을 보았기 때문일 것이다. 애덤스 고리의 아크 이외의 부분, 또는 비교적 밝은 고리인 루벨리에 고리에서도 광학적 깊이는 10^{-3} 정도에 지나지 않는다. 다른 가느다란 고리(아라고)와 먼지 고리(갈레 및 러셀)가 있지만, 모두 광학적 깊이는 10^{-4} 정도이다.

애덤스 고리의 가느다란 형태와 아크형의 부분적 고밀도 고리와 같은 입자 분포는 바로 안쪽에 있는 위성 갈라테아의 중력작용이 원인이라고 생각된다. 최근의 관측에 따르면, 아크의 상대적인 위치와 밝기가 변하고 있는 것으로 밝혀졌다. 따라서 아크는 고정된 분포가 아니라 위성과의 상호작용 및 고리입자 간의 충돌 등에 따라 역학적으로 변화하고 있는 구조라고 생각된다.

제5장
태양계 소천체

5.1 소행성

태양계에는 행성 8개와 왜소행성 3개, 그리고 그 부근에 있는 위성 외에도 많은 천체가 존재하고 있다. 그것들을 모두 일컬어 소천체라고 한다.

지금까지 발견된 소천체를 크게 구분해보면 먼저 소행성과 혜성으로 나뉜다. 소행성으로 분류되는 천체는 태양계에 속한 행성 · 위성 이외에 코마나 꼬리를 갖고 있지 않은 소천체를 뜻한다. 따라서 지구 근방뿐 아니라 명왕성 부근의 먼 곳에 있는 모든 소천체는 혜성을 제외하고 모두 소행성으로 구분된다. 또한 소행성은 주로 천체의 궤도 장반경에 따라 더욱 세분화되며, 특히 해왕성 궤도보다 멀리 있는 천체는 태양계 외연 천체라고 불리며 보통 소행성과는 다르게 보기도 한다. 이 천체들에 대한 내용은 5.5절에서 자세하게 다루겠다. 목성 궤도보다 약간 더 먼 곳에서도 태양계 외연천체 기원으로 생각되는 소천체가 존재하므로 목성보다 태양에 가까운 궤도 장반경을 가진 소행성을 일반적으로 소행성이라고 부르는 경향이 있다. 여기서는 목성보다 안쪽의 궤도 장반경을 가진 소행성에 대해 소개하기로 한다.

5.1.1 궤도의 정확도에서 본 소행성의 구분

우리 인류가 발견한 소행성은 국제천문연맹의 소행성 센터에서 등록 및 관리를 하고 있다. 등록된 소행성은 크게 임시부호의 소행성과 확정번호 소행성으로 분류된다.

하룻밤에 수차례 위치관측을 실시하여 이틀 이상 그 위치가 추적 가능한 새로운 소행성에만 임시부호가 주어진다. 그 이하의 결과를 가진 소행성은 임시부호 소행성으로 등록되지 않는다. 그 조건을 갖추지 못하면 궤도 요소에서 필요한 최소의 정확도를 갖지 못하기 때문이다.

임시부호 소행성에서 확정번호 소행성으로 승격하려면 소행성 궤도의 불확실성이 국제천문연맹에서 정의한 값 이하가 되어야 한다. 이를 충족하려면 적어도 여러 계절에서의 위치관측이 필요하다. 위치관측의 결과에 따라 궤도의 불확실성이 정의된 값 이하가 되면 그 소행성은 확정번호를 얻을 수 있으며, 또한 이름을 가질 자격도 얻는다.

현재(2008년 1월 시점), 이름이 붙은 소행성은 약 1만 4천 개, 확정번호 소행성은 약 17만 개(이름이 붙은 소행성 포함), 임시부호 소행성(확정번호도 포함)은 약 40만 개가 등록되어 있다.

5.1.2 궤도 요소를 이용한 소행성의 분류

소행성은 궤도 요소(주로 궤도 장반경)를 이용해 분류된다. 소행성은 크게 나누어 메인벨트 소행성, 트로이군 소행성, 근지구형 소행성으로 나뉜다.

메인벨트(소행성대) 소행성

화성과 목성 사이에 있는 소행성군을 일반적으로 메인벨트 소행성이라고 부른다. 발견된 소행성의 90% 이상이 이 메인벨트 소행성이다.

메인벨트 소행성의 대부분은 궤도 장반경을 조사하면 목성과 소행성의 공전주기가 4 : 1과 2 : 1 관계에 있는 평균운동공명[1] 사이에 존재한다. 그러나 평균운동공명 4 : 1, 3 : 1, 5 : 2, 7 : 3, 2 : 1의 위치와 영년공명(永年共鳴, secular resonance)[2] ν_5, ν_6, ν_{16} 위치에는 소행성이 거의 존재하지 않는다(그림 5.1, 5.2, 5.3 참조). 소행성은 태양 주위를 케플러 운동을 하지만, 특정 궤도에서 목성과 같은 거대한 행성의 중력에 영향을 받을 수 있으며 이를

1 영향을 받는 천체(소행성)와 영향을 주는 천체(소행성의 경우 목성)의 공전주기가 간단한 정수비로 되어 있는 경우의 공명.

2 영향을 받는 천체(소행성)와 영향을 주는 천체(소행성의 경우는 목성과 토성) 궤도의 근일점 또는 승강점의 세차가 동기화되어 있는 경우의 공명.

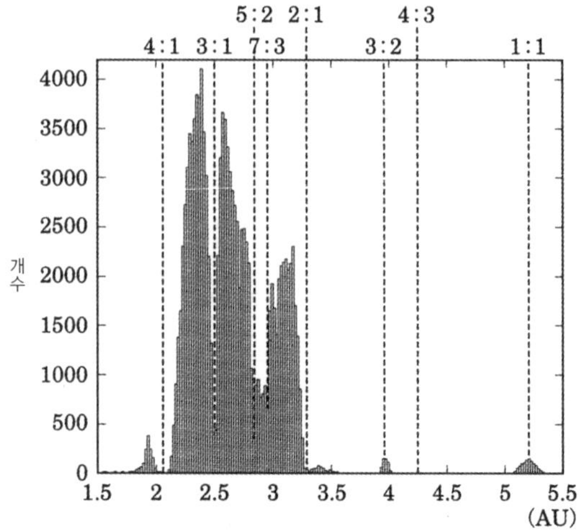

그림 5.1 궤도 장반경과 소행성의 개수를 나타낸 그림. 현재(2006년 1월 시점)의 확정번호 소행성만을 나타냈다. 세로 점선은 평균운동공명의 위치를 나타낸다.

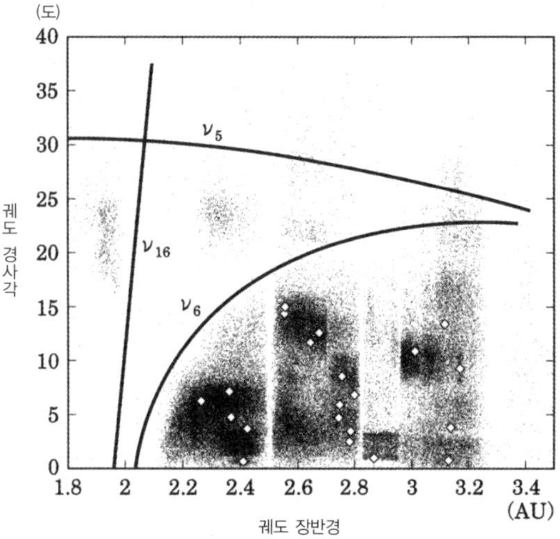

그림 5.2 소행성의 궤도 장반경 및 궤도 경사각 분포를 나타낸 그림. 현재(2006년 1월 시점)의 확정번호 소행성만 나타냈다. 마름모꼴은 주요 족의 위치를 나타낸다.

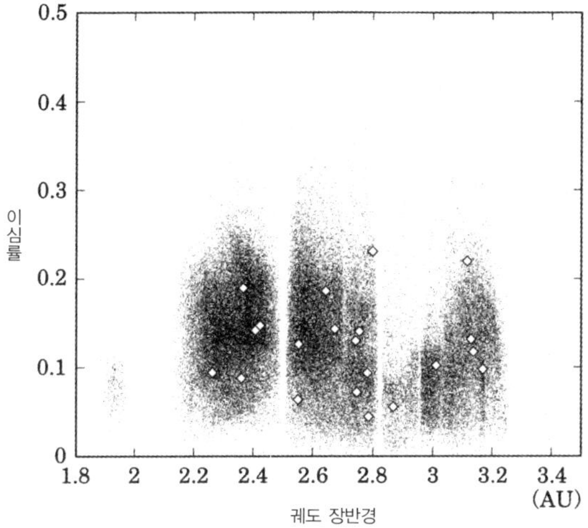

그림 5.3 소행성의 궤도 장반경 및 이심률의 분포를 나타낸 그림. 현재(2006년 1월 시점)의 확정번호 소행성만 나타내었다. 마름모꼴은 주요 족의 위치를 나타낸다.

공명현상이라고 한다. 이러한 공명현상의 궤도에 있는 소행성은 주로 목성 중력의 영향을 받아 크게 궤도가 변해 안정적으로 존재할 수 없다.

메인벨트 소행성 가운데 목성과 소행성의 공전주기가 3 : 2에 있고 궤도 장반경이 4.0 AU(천문단위) 부근의 천체군을 힐다군, 4 : 3에 위치하고 궤도 장반경 4.3 AU 근처의 천체군을 툴레군이라고 한다. 이것들은 앞에서 설명한 공명위치에 있는 소행성과 달리 안정적으로 존재한다. 그러나 현재 힐다군의 소행성은 근일점 거리일 때 목성과 태양을 사이에 둔 위치, 즉 가장 먼 위치에 존재하는 것이 많아 목성 중력의 영향을 비교적 받기 어렵다는 특수한 조건이 있기 때문이다.

또한 2 : 1 공명 외부에 있는 3.4 AU 근처의 소행성군을 키벨레군, 1.9 AU 근처에 존재하고 영년공명 $\nu_5 \cdot \nu_{16}$의 안쪽에 위치하고 있는 소행성군을 헝가리군, 2.35 AU 부근의 영년공명 $\nu_6 \cdot \nu_{16}$ 외부와 ν_5의 내부에 존재하는 소행성군을 포카이아군이라고 한다.

트로이군 소행성

목성의 라그랑주 점Lagrangian point[3]에 존재하는 소행성군을 일반적으로 트로이군 소행성이라고 한다. 트로이군 소행성은 목성의 라그랑주 점에 존재하고 있으므로, 이심률이 0.15를 넘거나 궤도 경사각[4]이 30도를 넘는 것은 거의 존재하지 않는다. 그 이상이 되면 궤도가 불안정하여 안정적으로 존재할 수 없기 때문이다.

트로이군 소행성은 L4(목성의 진행방향 전방 60도의 위치)와 L5(목성의 진행방향 후방 60도의 위치)에 존재하며, 현재 다른 라그랑주 점에서는 발견된 것이 없다. L4에 있는 트로이군 소행성을 그리스군, L5에 있는 트로이군 소행성을 트로이군이라 부르기도 한다. 트로이군 소행성의 이름들은 그리스 신화의 트로이 전쟁에 나오는 인물의 이름에서 따왔는데, L4 쪽이 그리스 측의 인물 이름, L5 쪽이 트로이 측의 인물 이름이 붙어 있는 것에서 유래되었다. 그러나 L5의 위치에 있는 소행성에 그리스 측의 인물 이름이, L4 위치에 있는 소행성에 트로이 측 인물의 이름이 붙어 있는 경우도 있다. 현재(2008년 1월 시점)까지 L4에는 약 1300여 개, L5에는 약 1100여 개의 트로이군 소행성이 발견되었다. 덧붙여 화성과 해왕성의 라그랑주 점에서도 소행성이 발견된다.

근지구형 소행성

궤도운동 중에 지구에 근접하는 소행성을 근지구형 소행성이라고 한다. 근지구형 소행성은 아폴로군, 아모르군, 아텐군으로 나눌 수 있다.

3 질량을 가진 두 개의 천체가 공통의 중심 주위로 회전운동할 때, 그 두 천체에 비해 충분히 무시할 수 있는 질량을 가진 작은 천체가 평형상태를 유지할 수 있는 곳.
4 궤도운동을 하는 천체의 궤도면과 기준면(황도면)이 이루는 각도.

아폴로군의 소행성은 궤도 장반경이 1.0 AU(지구의 궤도 장반경) 이상으로, 근일점 거리가 1.017 AU(지구의 원일점) 이하의 소행성이다. 이 정의에서 보면 아폴로군의 소행성은 지구 궤도보다 안쪽으로 올 수 있는 소행성이라는 것을 알 수 있다. 아폴로군의 소행성은 현재(2008년 1월 시점) 약 2500개 정도 발견되었고, 일본의 하야부사 탐사선이 착륙한 소행성 (25143) 이토카와는 이 아폴로군에 속해 있다.

아모르군의 소행성은 궤도 장반경이 1.0 AU(지구의 궤도 장반경) 이상, 근일점 거리가 1.017 AU(지구의 원일점)~1.3 AU(화성 근일점의 조금 안쪽)인 소행성이다. 즉, 아모르군의 소행성은 근일점 위치가 지구와 화성 사이에 오는 소행성이다. 아모르군의 소행성은 현재(2008년 1월 시점) 약 2200개 발견되었으며, NASA의 니어-슈메이커 탐사선이 착륙한 소행성 433 에로스는 이 아모르군 소속이다.

아텐군의 소행성은 궤도 장반경이 1.0 AU(지구의 궤도 장반경) 이하로, 원일점 거리가 0.983 AU(지구의 근일점) 이상인 소행성이다. 이 정의에서 아텐군의 소행성은 지구 궤도보다 안쪽에 있지만, 지구 궤도의 바깥에 올 수도 있음을 알 수 있다. 그러나 최근에는 원일점 거리가 지구의 근일점보다도 작은 천체, 즉 항상 지구 궤도의 안쪽에 있는 소행성(현재 임시부호가 붙어 있다)도 일부 발견되었고, 그것도 아텐군에 포함시키는 경향이 있다. 아텐군의 소행성은 현재(2008년 1월 시점) 약 400개 발견되었다.

소행성족

메인벨트 소행성 중에도 궤도 장반경 · 이심률 · 궤도 경사각이 비슷한 소행성들이 존재한다(그림 5.2, 5.3 참조). 이렇게 비슷한 궤도 요소를 갖는 소행성의 모임을 족family이라고 한다. 유명한 족은 테미스 · 코로니스 · 에오스 족, 3대 족이 있다. 그 외에 플로라 · 베스타 · 마리아 · 니사 · 베리타스 족 등이 있다. 이 족들은 하나의 천체가 충돌 파괴로 깨지고, 거기서 살아남은 파편들로 생각되는데 스펙트럼이나 반사율 관측(뒤에서 설명)에서도 이를 지지하는 결과가 나온다. 한편, 큰 족 가운데 다시 작은 족들로 나뉘는 경우도 있다. 그 예로, 카린족은 코로니스족에 속한다.

5.1.3 소행성 표층의 색에 따른 분류

소행성은 궤도 요소의 관점에서뿐만 아니라 소행성 표면의 색, 즉 소행성 표면 조성의 관점에서도 분류되어 있다.

CCD의 감도 파장영역인 0.4~0.9 μm 파장 대역에서 소행성 스펙트럼의 모양에 따라 분류된다. 색의 관점에 따른 소행성의 분류는 분류 방법에 따라 여러 가지로 나뉠 수 있지만, 기본적으로 C형 · S형 · X형 · D형 · V형의 다섯 종류로 나뉜다(그림 5.4 참조). 한편, 분광 및 다색 측광관측이 이루어지지 않은 소행성의 경우에는 그 표면의 색을 모르므로 색의 관점에서 분류할 수 없다.

현재 소행성은 약 40만 개 정도 등록되어 있지만, 실제로 분광관측이 이루어져 분류된 것은 3000개 정도이다.

현편, 소행성의 분광 자료와 운석을 비교하여 운석이 어디에서 유래되었는지를 조사한 연구도 있지만, 다른 종류의 운석 가운데 스펙트럼이 유사한 것들이 있기 때문에 완벽하게 구별하기는 어렵다.

C형 소행성

C형 소행성의 가시광 스펙트럼 모양은 0.45~0.9 μm에 걸쳐 평평하다(그림 5.4 참조). 자외선 영역으로 가면 약간 떨어지긴 하지만 적외선 영역인 2.5 μm까지 거의 평평한 스펙트럼이 나타난다. 3 μm 영역에는 함수광물 기원의 흡수가 있는 경우가 많다(그림 5.5 참조). C형 소행성의 표층물질

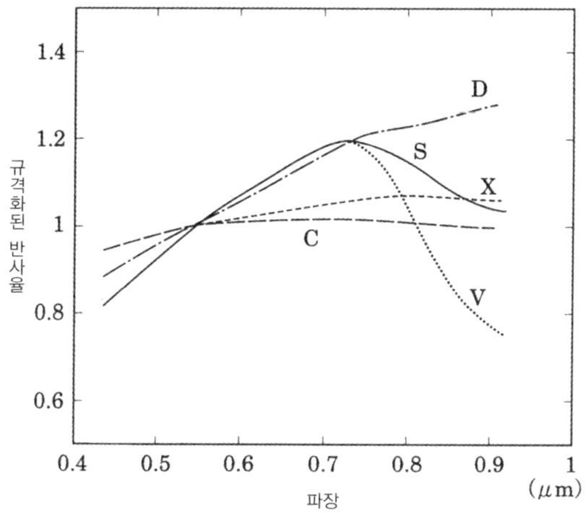

그림 5.4 가시광선 영역에서 소행성의 각 스펙트럼 유형의 비교도.

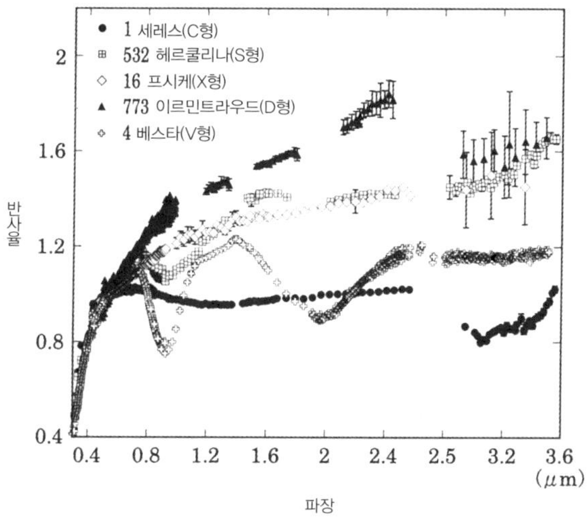

그림 5.5 가시광-근적외선 영역에서 소행성 스펙트럼 유형의 비교도.

은 스펙트럼의 유사성으로 유추해볼 때, 탄소질 콘드라이트(5.2절 참조)일 것으로 생각된다.

C형 소행성은 소행성대의 바깥쪽으로 감에 따라 비율이 증가하는 경향이 있다(그림 5.6 참조).

S형 소행성

S형 소행성의 가시광 스펙트럼 양상은 0.4~0.7 μm의 영역에서 파장이 길어지면 반사율이 오르지만 0.7~0.9 μm에서는 반대로 반사율이 떨어진다(그림 5.4 참조). 2.5 μm까지의 스펙트럼을 보면 0.8~1.4 μm의 영역과 2 μm 부근에 흡수대가 있다는 것을 알 수 있다. 이는 휘석과 감람석의 흡수 범위와 일치한다. 이 때문에 휘석과 감람석이 주요 구성물질이라는 것을 알 수 있다(그림 5.5 참조).

S형 소행성은 스펙트럼의 양상이 석철운석(5.2절)과 비슷하므로 처음에는 석철운석과 연관이 있으리라 생각했다. 한편, 분광으로 관측되는 소행성의 개수가 증가함에 따라 S형 소행성은 소행성대의 안쪽 부분에 많이 존재하는 것으로 밝혀졌다(그림 5.6). 반면, 지구에 가장 많이 낙하하는 보통 콘드라이트(5.2절)와 스펙트럼이 비슷한 소행성이 거의 존재하지 않는다는 것이 관측 결과로 알려졌다. 보통 콘드라이트와 스펙트럼이 비슷한 소행성 존재가 없다는 것이 운석과 소행성의 관계를 묶는 데 문제가 되었다.

S형 소행성과 보통 콘드라이트는 스펙트럼 양상으로 보면, 흡수대의 위치(파장 1 μm과 2 μm인 곳)가 일치하지만 S형 소행성 쪽이 보통 콘드라이트에 비해 단파장 쪽의 반사율이 낮다(그림 5.7 참조). 이는 태양풍과 우주먼지의 충돌에 노출됨으로써 S형 소행성 스펙트럼의 단파장 쪽 반사율이 떨어졌다고 생각할 수 있다(이를 우주 풍화작용이라 한다). 실험실에서의 우주 풍화작용 모의실험이나 탐사선의 형광 X선의 원소분석 결과에서, 현재

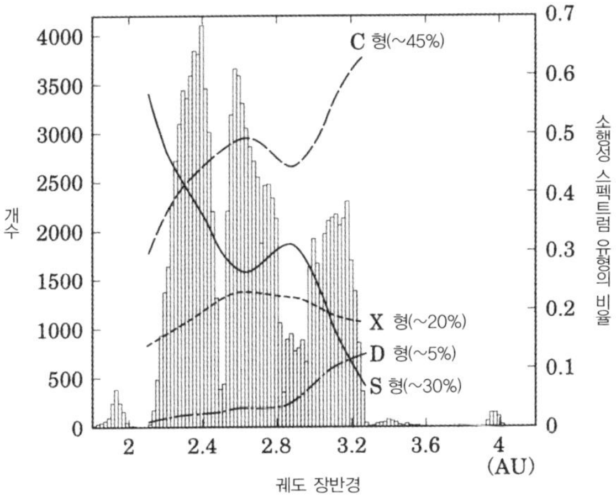

그림 5.6 소행성의 개수와 스펙트럼 유형의 비율.

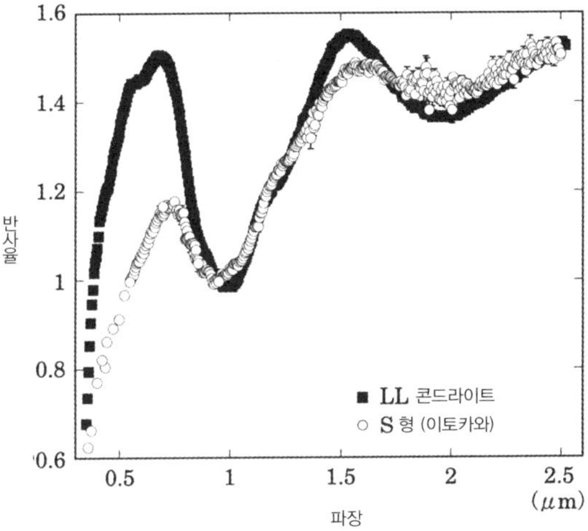

그림 5.7 S형 소행성과 보통 콘드라이트의 스펙트럼 비교.

의 S형 소행성 표층물질은 그 대부분이 보통 콘드라이트일 것으로 추측한다. 그러나 S형 소행성에 석철운석과 현무암질 운석도 있다는 것은 부정할 수 없다.

X형 소행성

X형 소행성의 가시광 스펙트럼은 0.4~0.9 μm에서 파장이 길어지면 반사율이 완만하게 증가하는 경향이 있다(그림 5.4 참조).

X형의 표층 조성은 스펙트럼 분석에서 철운석 · 엔스타타이트 콘드라이트 · 에이콘드라이트 · 오브라이트 · 변성된 타기쉬 레이크 운석(5.2절) 등의 다양한 운석과 연관이 있다. 이것들을 분리하는 방법으로는 먼저 절대반사율을 이용한 추정법이 있다.

0.55 μm에서의 반사율이 ~0.04 정도로 낮은 것은 P형으로도 분류되고 변성된 타기쉬 레이크에 해당하는 것으로 생각된다. 반사율이 ~0.1 정도의 중간값을 가지는 것은 M형이라고도 하며 엔스타타이트 콘드라이트와 에이콘드라이트에 해당된다. 반사율이 ~0.4로 높은 것은 E형이라고도 하며 오브라이트에 해당된다. 그러나 반사율만으로 분류하는 방법에는 한계가 있고, 그 밖에 자세한 특징을 모르는 것이 현실이다.

D형 소행성

D형의 가시광 스펙트럼은 0.45~0.9 μm에서 파장이 길어지면 반사율이 갑자기 증가하는 경향이 있고, X형에 비해 기울기가 가파르다(그림 5.4 참조).

D형에 해당되는 운석은 오랫동안 발견되지 않았지만(정확하게 말하면 우주먼지에는 D형과 비슷한 스펙트럼을 가진 것이 발견되었지만), 21세기에 들어서 타기쉬 레이크 운석이라는 보통의 탄소질 콘드라이트보다도 원시적인

운석이 떨어졌고, 그 스펙트럼이 D형 소행성의 스펙트럼과 비슷하다는 것이 판명되었다. D형은 소행성대에서의 존재비율은 낮지만, 목성의 트로이군 소행성에서는 대부분을 차지하고 있다.

V형 소행성

V형의 가시광 스펙트럼은 0.4~0.7 μm에서 파장이 길어지면 반사율이 증가하지만 0.7~0.9 μm에서는 반대로 떨어지는 것이 특징이다(S형보다 더 빠르다. 그림 5.4 참조). 2.5 μm까지의 스펙트럼을 보면 0.8~1.4 μm와 2 μm 부근에 흡수대가 있음을 알 수 있다. 이는 휘석의 흡수대와 일치한다. 그러므로 V형에서는 휘석이 주요 구성물질이라는 것을 알 수 있다(그림 5.5 참조).

V형 소행성 0.3~2.5 μm 영역의 스펙트럼을 보면 현무암질 운석인 HED 운석(5.2절 참조)과 매우 비슷하며, 이로써 HED 운석의 모천체는 V형 소행성 중 가장 큰 천체인 베스타일 것으로 추정된다. 한편, V형 소행성은 소행성대에서 대략 몇 %의 존재비로밖에 존재하지 않는다.

5.1.4 탐사선에 따른 소행성 탐사

소행성이 최초로 발견된 것은 겨우 200년 정도밖에 되지 않았지만, 그 후 망원경을 이용한 관측으로 많은 소행성의 자전주기 · 대략적인 모양과 크기 · 표층물질 · 표면 특성 등이 밝혀졌다. 그러나 망원경 관측에는 한계가 있었고, 표층의 자세한 모습을 알기 위해서는 탐사선의 직접 탐사가 필요하게 되었다.

1991년 미국의 갈릴레오 탐사선이 목성을 향하던 중, (951)가스프라에 근접비행하여 표층의 구덩이가 뚜렷하게 보이는 고급 영상을 얻었다. 그 후 갈릴레오 탐사선이 다시 (243)이다에, 디프-스페이스 1탐사선이

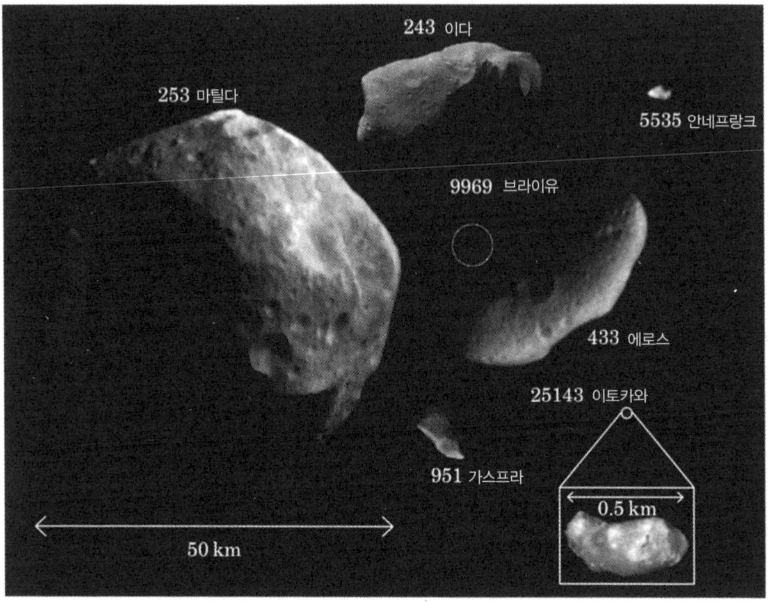

그림 5.8 탐사선에서 촬영한 소행성(화보 11 참조, NASA, JAXA 제공).

(9969)브라이유에, 니어-슈메이커 탐사선이 (253)마틸다와 (433)에로스에, 스타 더스트 탐사선이 (5535)안네프랑크에 접근하여 상세한 영상들을 얻었다. 또한 일본 하야부사 탐사선이 (25143)이토카와에 접근 및 착륙하여 다양한 과학적인 데이터를 얻었다(그림 5.8).

탐사선으로 얻은 데이터는 탑재된 과학장비에 따라 결정되는데, 일반적으로 촬영장치나 분광장치, 형광 X선 분광기 등이 포함되어 있다. 촬영장치로 표층의 자세한 모습을 볼 수 있고, 분광장치로 지역별 표층의 광물조성을 알 수 있다. 이러한 데이터에서 지질 · 광물학적 관점으로의 접근이 가능하다. 또한 형광 X선 분광기로는 표층의 원소조성을 알 수 있다. 그리고 탐사선 본체의 움직임에서 천체의 질량을 얻을 수 있고, 그 질량에서 밀도도 구할 수 있다.

이와 같이 탐사선에 따른 탐사는 망원경 관측으로는 좀처럼 얻기 어려운 다양한 정보를 얻을 수 있다. 그러나 탐사선의 탐사는 수시로 할 수 있는 것이 아니므로 여전히 망원경의 소행성 관측이 매우 중요하다.

5.2 운석

5.2.1 운석의 정의

우주에서 지구로 떨어진 암석을 운석meteorite이라고 한다. 대부분의 운석은 소행성(5.1절 참조)의 파편이라고 할 수 있다. 지구와 다른 행성, 그리고 위성은 내부나 표면에서의 다양한 지질활동으로 태양계 초기뿐 아니라 천체 탄생 당시의 정보가 대부분 사라져버리고 말았다. 반면, 소행성은 온도가 거의 오르지 않았거나, 온도가 올라갔다 하더라도 지질활동의 기간이 짧아 태양계 초기의 다양한 물질의 진화 과정이 기록되어 있으며, 그 소행성의 파편인 운석은 태양계의 초기 진화 모습을 이해하기 위해 아주 중요한 연구 대상이다.

운석은 규산염 성분과 금속철 성분의 비율에서 크게 석질운석, 석철운석, 철운석의 세 종류로 분류된다. 석질운석은 다시 콘드라이트, 에이콘드라이트의 두 종류로 나뉜다. 지구로의 낙하비율은 콘드라이트가 86%, 에이콘드라이트가 8%, 석철운석이 1%, 철운석이 5% 정도이다.

에이콘드라이트는 용융을 겪은 운석으로, 용융 결과 규산염 성분과 금속철 성분이 분리된 천체(분화 천체)의 규산염 성분인 것으로 생각된다. 철운석은 분화 천체의 금속철 성분에 해당되고, 석철운석은 규산염 성분과 금속철 성분이 혼합된 것으로 보인다. 에이콘드라이트, 석철운석, 철운석은 분화 운석으로 분류되기도 하며, 초기 태양계의 천체 열역사 및 분화 과정이 기록되어 있다. 에이콘드라이트 중에는 화성이나 달에서 온 것도 있으므로 화성이나 달의 화성활동火成活動이나 내부 구조의 추정 등에도 이용된다.

콘드라이트(화보 12 참조)는 화성암과 같은 조직도 없고 화학조성이 태양계 원소 존재비와 거의 일치하며, 천체 분화 과정에서의 원소 분리를 겪지 않은 것 등으로 보아 분화작용이 일어나지 않은 소천체의 조각이라고 추정된다. 콘드라이트는 미분화 운석으로 분류되며, 그 화학조성이나 구성물질에는 소천체 탄생 이전의 초기 태양계에서의 물질 진화 과정이 반영되어 있다. 다수의 콘드라이트는 나이가 45억 6000만 년 정도이므로 태양계 탄생이 그 무렵이었을 것으로 생각된다.

콘드라이트와 분화 운석은 그 화학조성이나 조직, 형성 과정이 다양하긴 해도 동위원소 조성은 경원소(C, H, O, N)를 제외하면 거의 균일하며 지구의 동위원소 조성과 크게 다르지 않다. 태양계의 원소 · 동위원소 조성은 은하의 화학 진화의 결과이며, 여러 항성에서 합성된 핵종들이 혼합된 것이다.

태양계 이전 물질(presolar material, 태양계 형성 이전부터 존재하는 입자)을 제외하면, 동위원소 조성비는 운석별로 0.01~0.1% 정도의 차이만 나타날 정도로 균일하다. 이는 운석 재료물질에서 핵종의 혼합이 아주 잘 일어났음을 시사한다. 이 혼합은 동위원소 조성이 다양한 미세입자의 기계적인 혼합이 아니라 먼저 모든 핵종이 고온 가스화 같은 과정을 겪고, 그 가스에서 새로운 물질이 탄생했다고 생각하는 것이 타당하다.

5.2.2 콘드라이트

콘드라이트의 화학적 분류

미분화 운석인 콘드라이트는 산화환원도, 화학조성, 산소 동위원소 조성

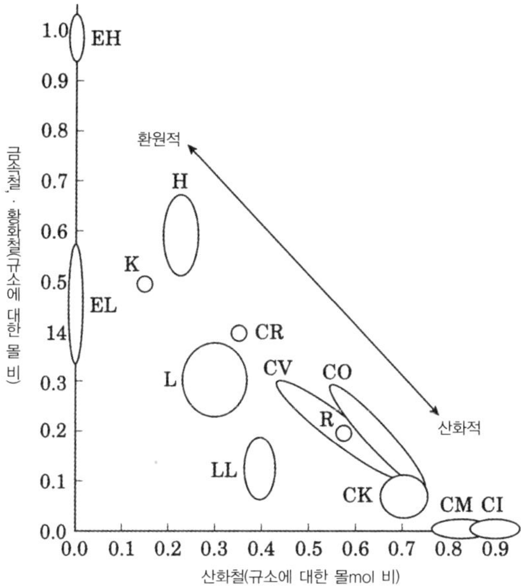

그림 5.9 콘드라이트 내부의 산화물 가운데 철 및 금속 · 황화물에서 철의 존재비(Brealey & Jones 1998, in *Reviews in Mineralogy*를 보완).

의 차이 등에 따라 여러 화학 그룹(CI, CM, CO, CV, CR, CK, CH, H, L, LL, EH, EL, R, K)으로 분류된다.

그림 5.9는 콘드라이트에서의 산화물의 철과 금속 · 황화물 속 철의 존재비를 보여준다. 일반적으로 엔스타타이트 콘드라이트, 보통 콘드라이트, 탄소질 콘드라이트의 순으로 산화물로서의 철의 비율이 증가하고 산화적 환경에서의 형성이 나타난다.

화학조성을 CI 콘드라이트와 비교해보면(그림 5.10), CI 콘드라이트를 제외한 탄소질 콘드라이트(CM, CO, CV, CR, CK, CH)는 난휘발성 원소(1.2절)가 많고, 보통 콘드라이트(H, L, LL)와 엔스타타이트 콘드라이트(EH, EL)는 난휘발성 원소가 적다. 또한 모든 콘드라이트는 일반적으로 CI 콘드라이트에 비해 중간 휘발성 원소와 휘발성 원소(1.2절)가 부족한 것

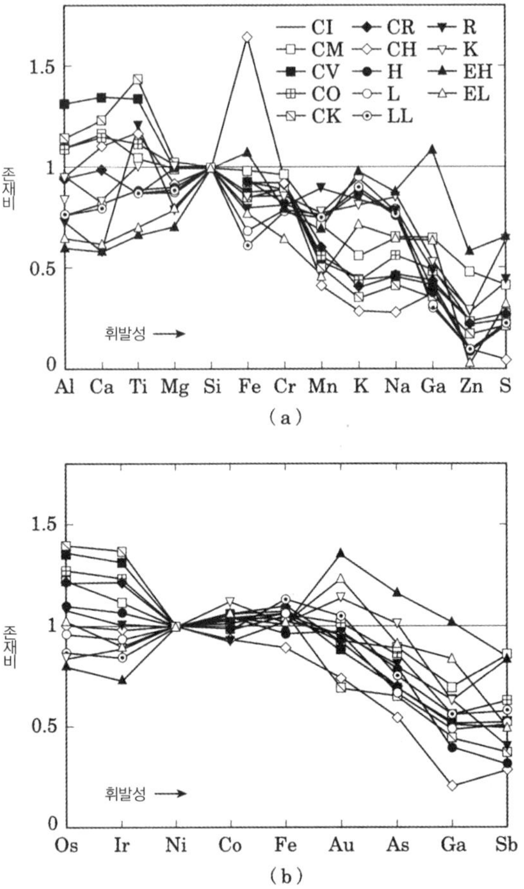

그림 5.10 콘드라이트의 화학조성. 각 원소의 존재비를 규소 및 CI 콘드라이트의 존재비로 규격화한 그림[([원소]/[Si])/([원소]/[Si])CI]. 가로축의 원소는 오른쪽으로 갈수록 휘발성이 높다. (a) 친석원소 (b) 친철원소.

을 볼 수 있다. 이는 초기 태양계 원반에서 원소 휘발성의 차이에 따른 원소의 분리 과정이 있었음을 보여준다.

콘드라이트의 각 화학 그룹은 산소 동위원소 조성이 특유하다는 점도 알려져 있다. 그림 5.11에서, 기울기가 약 1/2인 선은 질량에 의존하는 동위원소 분별선(질량 분별선)이며, 동일한 산소 공급원에서 형성된 물질이라도 다양한 열적 과정(증발, 확산, 결정화 등)에 따라 산소 동위원소 조성은 분별선에서의 위치가 달라진다. 콘드라이트 각 화학 그룹의 산소 동위원소 조성은 동일한 질량 의존 동위원소 분별선에 오르지 않아 질량 비의존형의 동위원소 분별 과정을 겪었을 것이며(예를 들어, 광화학반응 등 원자핵의 들뜸이 잇따르는 반응), 다른 산소 동위원소 공급원 간의 혼합으로 설명된다.

콘드라이트의 구성물질

콘드라이트는 규산염의 구립조직인 콘드률, 난휘발성 원소가 풍부한 백색 포유물인 CAI, 철니켈 합금, 황화철, 그들의 틈을 메우는 세립광물의 집합체인 매트릭스, 그리고 소량의 태양계 이전 물질로 이루어진다.

CAI는 칼슘, 알루미늄 등의 난휘발성 원소가 풍부한 광물로 이루어진 수 mm 정도의 포유물이다. 난휘발성 원소가 풍부한 것에서부터, 고온 가스에서 응축된 최초의 고체물질 또는 고체물질이 고온으로 가열된 후 휘발성 원소가 증발되고 남은 잔류물로 추측된다. 방사성 원소를 이용한 연대측정에 따르면 CAI는 태양계에서 만들어진 가장 오래된 고체물질(5.2.4절 참조)이며, 태양계 탄생 초기에 1300 K을 초과하는 고온 과정이 있었음을 보여준다. CAI의 구성 광물은 ^{16}O가 풍부한 것이 많고, 그 산소 동위원소 조성은 질량 의존형 분별선과는 상관없이 기울기가 약 1인 선상에 분포한다(그림 5.11).

콘드률은 지름 1 mm 미만의 규산염이 주성분인 구립입자로, 대부분이

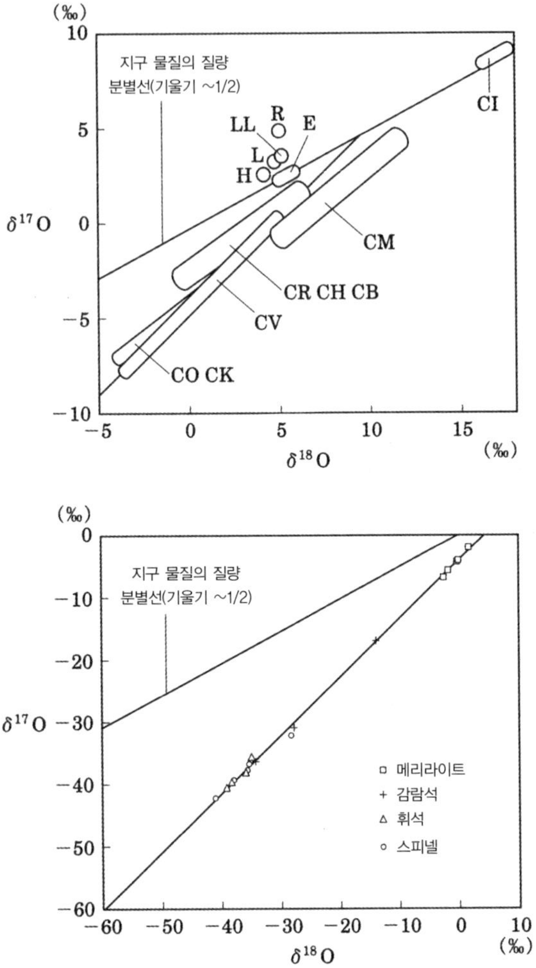

그림 5.11 콘드라이트 및 CAI 구성 광물의 산소 동위원소 조성. 그래프의 세로축과 가로축은 ^{17}O, ^{18}O의 ^{16}O에 대한 존재비로, 표준 해수의 동위원소 조성과의 차이를 천분율로 나타냈다. $\delta^{17,18}O(‰)=\{(\delta^{17,18}O/\delta^{16}O)/(\delta^{17,18}O/\delta^{16}O)_{표준해수}-1\}\times 1000$. (a) 콘드라이트(Clayton 2003 in *Treatise of Geochemistry*를 보완). (b) CAI 구성광물(Clayton *et al.* 1977, *Meteori. Planet. Sci.*, 32, A30을 보완).

감람석과 Ca이 부족한 휘석의 반정phenocryst과 그 틈새를 메우는 유리질 또는 미결정질의 메소스타시스mesostasis로 이루어진다. 보통 콘드라이트에서는 부피의 60~80%를 차지한다. 그 구의 형태나 메소스타시스의 존재에서부터 콘드률은 초기 태양계 원반 내에 용융된 규산염이 빠르게 냉각하여 형성되었다고 생각된다. 콘드률 형성의 가열 메커니즘으로 초기 태양계 원반 내에서의 충격파나 번개에 따른 가열, 원반 내연부에서의 원시태양에 따른 복사가열 등이 제안되고 있지만 아직 정확한 해답은 나오지 않았다.

철니켈 합금이나 황화철은 매트릭스, 콘드률 내부, 콘드률 외연부 등에 존재한다. 황화철은 철니켈 합금과 황화수소와의 반응으로 형성되어 이 둘은 함께 존재하는 경우가 많다. 콘드라이트 중의 친철원소, 친동원소는 주로 여기에 포함된다.

매트릭스는 콘드률, CAI, 철니켈 합금 · 황화철 등의 사이를 메우는 수 μm 이하의 미립자의 집합체이다. 콘드률이나 CAI 파편, 태양계 이전 물질도 포함되어 있어 매트릭스 구성입자의 기원은 그 종류만큼 다양하다. 그러나 매트릭스 전체의 원소조성은 콘드률이나 CAI에 비해 휘발성 원소가 풍부하고, 콘드률과 CAI를 포함한 전체의 콘드라이트 화학조성은 태양계 원소 존재비와 비슷해지므로 그 기원에 콘드률이나 CAI 형성이 연관되어 있을 가능성이 높다고 생각된다.

콘드라이트 매트릭스에는 태양계의 평균동위원소 조성과는 전혀 다른 동위원소 조성을 갖는 미립자(nm－μm 크기)가 존재하는데 이것은 태양계 탄생 이전에 만기형성 주변의 환경에서 형성되었으리라 생각되며, 태양계 이전 물질이라고 한다(그림 5.12).

지금까지 발견된 태양계 이전 물질은 규산염, 산화물, 탄화물, 질화물, 흑연, 다이아몬드 등이며, 콘드라이트 내의 존재비는 nm 크기의 다이아

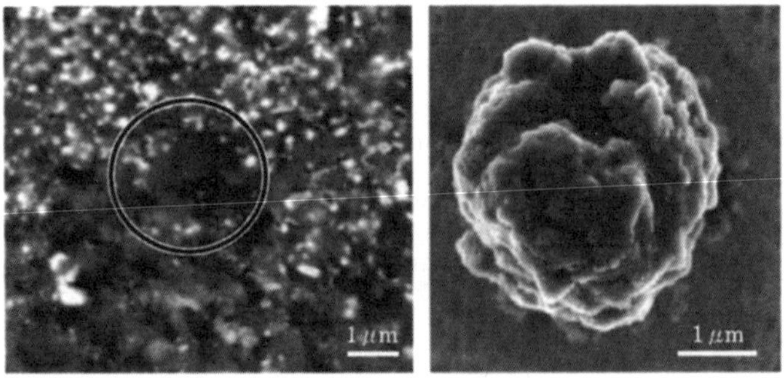

그림 5.12 태양계 이전 물질. 주사형scanning 전자현미경으로 촬영. (a) 태양계 이전 감람석(동그라미 표시)(Nagashima *et al.* 2004, Nature, 428, 921). 주위는 Acfer 094 운석의 매트릭스. (b) 태양계 이전 탄화규소(Nittler 2003, *Earth Planet. Sci. Let.*, 209, 259).

몬드가 0.1%로 가장 많고, 기타 광물은 수 ppm~수십 ppm 정도이다. 동위원소 조성에 따르면, 태양계 이전 물질은 단일 항성에서 나온 것이 아니라 적색거성이나 초신성, 신성 등의 여러 항성에서 나왔으리라 생각된다. 그러므로 태양계의 재료물질은 여러 항성에서의 원소 합성에 따른 것이며, 은하의 화학진화 결과를 보여주는 증거라고 할 수 있다.

열변성 · 수질변성 · 충격변성

미분화 운석인 콘드라이트도 열이나 물, 소천체끼리의 충돌에 따른 변성작용을 겪는다. 콘드라이트는 조직과 동일 광물의 원소조성 차이 등의 특징에서 6단계로 분류되며(암석학적 분류라고도 한다), 유형 3의 운석이 가장 미분화되어 있고, 3에서 6에 걸쳐 열변성이 진행, 3에서 1에 걸쳐서는 수질변성이 진행된다. 또한 충격변성도 광물 결정격자의 왜곡 정도나 부분 융해된 증거 등을 바탕으로 S1에서 S6로 구분된다.

5.2.3 분화 운석

에이콘드라이트는 용융 및 그에 따른 분화를 겪은 운석 모천체의 규산염 성분이다. 대규모 용융을 겪지 않고 콘드라이트에 가까운 화학 성분을 가진 에이콘드라이트도 존재하는데, 이것들을 원시 에이콘드라이트라고 한다.

에이콘드라이트는 암석학적 특징과 산소 동위원소 조성에서 몇 가지 그룹으로 나뉜다. 가장 많이 존재하는 에이콘드라이트는 HED 그룹(하워르다이트, 유크라이트, 디오제나이트)이며, 동일한 모천체에서 기원했다고 생각된다. 소행성 베스타의 가시광 및 적외선 스펙트럼과 특징이 유사한 것에서부터, 베스타 또는 다른 V형 소행성(5.1.3 절 참조)에서 기원한 것이 아닐까 추측된다.

그 밖에 소행성 기원의 에이콘드라이트로 엔스타타이트 콘드라이트와의 연관성이 지적되고 있는 오브라이트, CAI만큼 형성연대가 오래된 것으로 보이는 앙그라이트, CAI와 비슷한 산소 동위원소 조성의 불균일성을 보이고 규산염 광물의 틈새를 탄소질 물질이 메우는 형태로 조직이 특이한 유레일라이트 등이 존재한다. SNC 그룹이나 ALH 84001(생명활동의 흔적으로 추측된 조직이 발견된 운석)은 ALH 84001을 제외하고 13억 년 전이나 1.8억 년 전이라는 연대가 젊게 나타나며, 운석에 들어 있는 질소나 비활성기체의 동위원소 조성이 바이킹 탐사선의 화성 대기 분석자료와 일치하는 것에서 화성 기원으로 간주된다. 또한 아폴로 우주선이 가져온 월석의 조직과 광물 조성의 유사성에서 달이 기원인 에이콘드라이트가 존재하는 것도 알려졌다.

금속철과 규산염이 혼합된 석철운석인 팔라사이트는, 금속철 성분과 규산염 성분이 각각 분화 소천체의 핵과 맨틀에 해당되고, 소천체의 핵-맨틀 경계가 기원일 가능성이 높다. 또한 석철운석 메소시데라이트는 강한 충격 때문에 규산염 성분과 금속철 성분이 혼합된 흔적이 있으며, 규산염 성분의 암석학적 특징과 산소 동위원소 조성이 HED 그룹과 유사하여 HED 그룹과 같은 모천체에서 기원했을 가능성도 있다.

주로 철-니켈 합금으로 이루어진 철운석은 니켈에 대한 게르마늄, 갈륨, 이리듐 등의 함유량 차이에서 적어도 13개 그룹으로 분류된다. 이 원소들의 상관관계는 고체 금속철과 액체 금속철 사이에서의 친철원소의 분배를 반영하며, 상관관계의 차이는 서로 다른 분화 과정에 따른 것으로 생각된다. 그러므로 각 그룹의 철운석은 서로 다른 소천체에서 기원했을 것으로 생각된다.

5.2.4 운석에 기록된 초기 태양계 사건의 연대

초기 태양계 원반에서 일어난 사건event 연대와 지속기간 등은 방사성 핵종을 이용한 운석의 연대측정으로 알아낼 수 있다. 방사성 핵종의 붕괴속도는 각 핵종의 존재비에 비례하고, 그 비례상수는 핵종마다 고유한 값을 가진다. ^{238}U, ^{235}U, ^{232}Th, ^{187}Re, ^{87}Rb, ^{40}K 등 태양계의 나이 정도 또는 수명이 더 긴 방사성 핵종은 원소의 현재 존재량과 변경된 원소 존재량의 비를 측정함으로써 그 핵종이 물질 내에 고정된 연대를 구할 수 있다. 특히 두 개의 우라늄 붕괴 계열의 최종단계인 납 동위원소를 이용한 납-납 연대측정법은 태양계 초기와 같은 고대의 연대측정에 적당하다.

태양계 초기에는 존재했지만 지금은 소멸해버린 단수명 방사성 핵종(^{26}Al, ^{53}Mn, ^{129}I, ^{182}Hf 등)을 이용한 연대측정도 있다. 단수명 방사성 핵종이 존재한 증거는, 현재 운석에 원래 핵종의 안정된 동위원소 존재비에 비례하여 신핵종이 과잉으로 검출되며, 이것을 이용해 특정 물질이 형성될 때의 단수명 방사성 핵종 존재비도 구할 수 있다. 고대에 형성된 물질에 이 단수명 방사성 핵종이 좀 더 많이 포함(즉, 신핵종의 과잉이 큰)되어 있어 단수명 방사선 핵종의 존재비를 비교하는 것으로 여러 물질의 상대적인 연대 차를 구할 수 있다.

이 방법의 장점은 단수명 방사성 핵종의 반감기가 100만 년 정도이므로 10만 년 정도의 연대 차에도 존재비의 변화를 볼 수 있어 연대 차에 대한 자세한 측정이 가능하다는 점이다. 그러나 상대적인 차만 구할 수 있을 뿐, 연대의 절대값은 구할 수 없다.

그럼 여기서 장수명 및 단수명 방사성 핵종을 이용한 운석의 연대측정으로 유추할 수 있는 태양계 물질 진화의 모습을 살펴보자. 태양계에서 가장 오래된 연대는 납-납 연대측정법을 이용한 CAI의 측정에서 얻은 45억 6711만 년(±16만 년)이라고 보고되었다. 콘드률의 납-납 연대측정 및 ^{26}Al를 이용한 상대 연대측정에서 콘드률과 CAI 사이에 100만 년에서 200만 년 정도의 연대 차가 있는 것으로 알려졌다.

에이콘드라이트는 CAI나 콘드률과 연대가 비슷하게 나타나는 것도 있어 CAI와 콘드률을 형성한 고온 사건이 일어나던 초기 태양계 원반에서 이미 소천체의 형성 및 분화가 시작되었다는 가능성을 보여준다. 태양계에서 가장 오래된 물질인 CAI의 형성이 행성계 진화의 어떤 단계에서 일어났는지는 현재 알 수 없어 태양계 물질 진화 과정과 초기 태양계 원반이나 원시태양의 진화를 직접 연결하는 것은 어렵지만, 태양계에서는 고온에서 물질 형성의 시작에서부터 소천체의 형성까지 수백만 년 정도 걸린 것으로 알려졌다.

또한 연대측정법은 아니지만 단수명 방사성 핵종 가운데 ^{60}Fe를 비롯해 항성 내의 원소 합성으로 만들어졌을 가능성이 높은 핵종의 존재비에서 태양계 형성 직전 근방의 별에서의 원소 합성이 CAI 형성보다 100만 년 정도 앞섰던 것은 아닐까 생각된다.

5.3 혜성

5.3.1 혜성의 구조

혜성의 구조는 크게 '코마'와 '꼬리'로 나눌 수 있다. 가시광으로 관측했을 때 볼 수 있는 동그란 모양을 코마라고 하며, 중심에 지름 수백 미터에서 수 킬로미터 정도의 고체 핵이 존재하지만 가시광 영역에서 그 존재를 지상에서 직접 관측하는 것은 매우 어렵다.

얼음과 고체 미립자(먼지)로 이루어진 혜성핵은 태양에 가까워지면 표면에서 휘발성 성분이 승화되고, 이 가스에 끌려 먼지도 방출된다. 이렇게 방출된 가스와 먼지가 태양 빛에 산란되어 보이는 것이 바로 가시광에서 볼 수 있는 코마이다. 코마의 확장 영역은 가스와 먼지가 각각 다르고 성분 등에 따라서도 달라진다. 또한 코마에서 뻗어 나온 꼬리에는 두 종류 구조가 있다. 이것들은 각각 '이온 꼬리'와 '먼지 꼬리'로 불린다. 이 밖에도 태양 반대방향에서 직선형으로 성장하는 '중성 나트륨 원자 꼬리'가 관측되는 경우도 있다. 꼬리가 보이는 것은 일반적으로 혜성이 태양에서부터 1 AU(천문단위) 부근에 있는 경우 가시광 영역에서 관측될 때이다. 앞으로도 특별히 다른 설명이 없는 경우, 혜성은 태양에서부터 1 AU 정도 거리에 있다고 가정한다.

5.3.2 혜성핵

코마나 꼬리 같은 혜성 특유의 구조는 혜성핵에서의 가스와 먼지의 방출에서 비롯된다. 혜성핵이 H_2O가 주성분인 얼음과 먼지로 이루어진 고체 핵이라는 모델을 휘플F. L. Whipple이 주장한 것은 1950년대의 일이었다. 1986년에는 각국의 탐사선이 핼리 혜성(1P/Halley)을 직접 탐사하여 처음

그림 5.13 태양에 가장 근접했을 때의 헤일 · 밥 혜성(C/1995 O1). 폭넓게 퍼져 있는 먼지 꼬리(아래)와 상대적으로 얇은 이온 꼬리(위)가 눈에 띈다. 혜성의 움직임에 맞추어 촬영했으므로 배경의 별이 선 모양으로 나타난다.

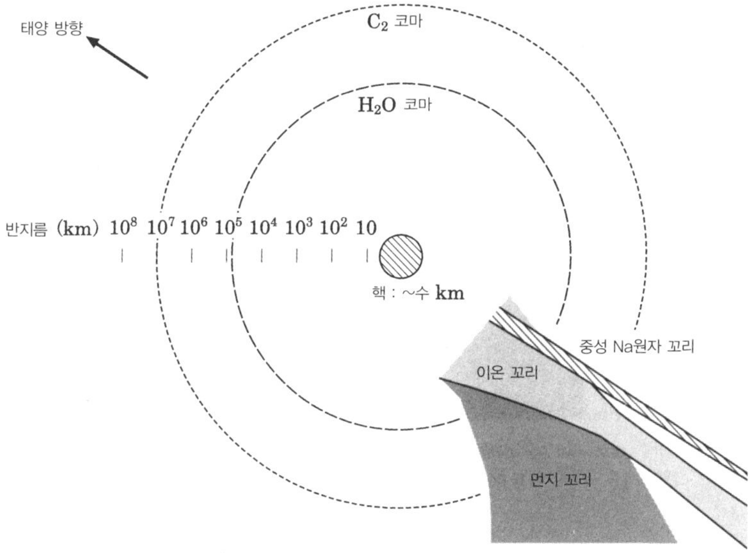

그림 5.14 혜성의 구조. 혜성핵은 수km~수십km의 크기이지만, 코마는 그것보다 훨씬 크다. 혜성의 꼬리도 경우에 따라서는 1AU 정도까지 늘어날 수 있다.

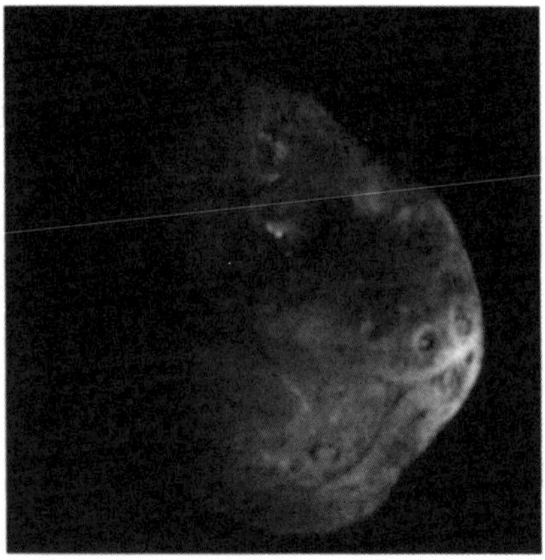

그림 5.15 템펠 제1 혜성(9P/Tempel 1)의 핵(NASA 제공).

으로 혜성핵의 영상을 얻는 데 성공했다. 그 후 2001년에는 보렐리 혜성(19P/Borrelly), 2004년 와일드 제2 혜성(81P/Wild 2), 그리고 2005년에는 템펠 제1 혜성(9P/Tempel 1)과 혜성핵의 직접 관측이 진행되었다. 이러한 탐사로 혜성핵 표면에 대한 공통적인 특징이 밝혀졌다.

첫째, 가시광에서의 혜성핵 표면 반사율(알베도)은 매우 낮아 일반적으로 4% 정도이다. 반사율은 장파장 쪽으로 갈수록 높아지며, 핵 표면은 '검붉은색' 인 것으로 예상된다. 또한 먼지와 가스는 특정 지역에서 집중적으로 방출되며(그러나 핵 표면의 활동영역과 표면 지형과의 관계는 명확하지 않다) 혜성핵 표면의 대부분은 먼지로 이루어진 맨틀층으로 덮여 있다고 생각된다. 이 맨틀층은 단열재의 역할을 하며, H_2O 얼음 자체는 대부분 표면에 노출되어 있지 않은 것 같다. 혜성핵 내부 구조의 해명은 앞으로 혜성 탐사의 과제이다.

혜성핵에 포함된 휘발성 성분의 조성은 코마를 구성하는 가스 성분의 관측으로 추정할 수 있다. 주성분은 H_2O 얼음이며 CO, CO_2의 얼음이 그

표 5.1 혜성핵의 일반적인 화학조성(H_2O를 100으로 함)

분자	조성비	분자	조성비	분자	조성비
H_2O	100	NH_2CHO	~0.01	H_2S	0.3－1.5
CO	1－30	CH_4	0.1－1.5	H_2CS	~0.05
CO_2	3－6	C_2H_2	0.1－0.3	OCS	0.2－0.5
H_2CO	0.1－4	C_2H_6	0.1－0.7	SO_2	~0.1
CH_3OH	0.1－4	NH_3	0.5－1.5	SO	~0.5
HCOOH	~0.1	HCN	0.1－0.3	CS	~0.2
$HCOOCH_3$	~0.1	HNC	0.01－0.04	CS_2	~0.1－0.2
CH_3CHO	~0.01	CH_3CN	~0.01	NS	≧0.02
HNCO	~0.1	HC_3N	~0.02	S_2	~0.005

출처: Bockee-Morvan *et al.* 2004, Comets II, Festou *et al.* eds., 391에서 일부 보완.

뒤를 잇는다. CO는 휘발성이 아주 높고, 혜성이 태양에서 멀리 있는 경우에 혜성 활동의 중요한 역할을 한다(H_2O의 승화는 3 AU 이내에서 활발해진다). 그 밖에 성간 공간에서도 검출되는 다양한 분자가 각각 0.1~1% 정도 포함되어 있으며 성간 얼음과의 유사성이 인정되었다.

난휘발성 물질인 먼지는, 혜성마다 코마 내 먼지의 크기분포가 다르고, 먼지와 얼음의 질량비 역시 혜성마다 편차가 있다(평균적인 질량비는 1~10 정도). 중간적외선 관측에서 혜성 먼지에는 결정질 및 비정질 실리케이트(규산염 광물), 탄소질 입자 등이 포함되어 있음이 밝혀졌다. 결정질 실리케이트는 원시태양계 원반 안쪽에서 비정질 실리케이트가 (~1000 K 정도까지) 가열되고 결정화한 것으로 생각되며, 이러한 먼지가 저온에서 응축된 얼음과 함께 혜성핵에 존재하는 것은, 원시태양계 원반 내에서 원반의 동경 방향으로 물질 운반이 있었을 가능성을 보여준다.

2006년에 혜성 먼지 샘플을 지상으로 가져오는 데 성공하였고(STARDUST 계획), 역시 고온 응축물이 혜성 먼지에 존재하는 것을 밝혀냈다. 그 밖에 탐사선에 따른 관측에서 C, H, N, O가 풍부한 유기물계의 먼지가 발견되었고, 이것이 코마 내에서의 보조적인 가스 공급원일 것으로 생각된다.

5.3.3 혜성 코마

혜성핵 표면에서는 휘발성 성분의 승화에 따라 핵에 포함된 먼지도 가스압으로 방출되는데, 이 가스와 먼지가 혜성 코마를 구성한다. 특히 혜성핵 근방에서는 가스 개수밀도가 높고, 가스와 먼지는 하나의 물체처럼 섞여서 유체와 같은 행동을 보인다. 그러나 핵에서 멀어질수록 가스와 먼지의 개수밀도는 감소하고 차츰 자유입자의 특성을 보이며, 가스와 먼지를 분리하여 취급할 수 있게 된다.

혜성핵 근처에서는 가스의 팽창에 따라 온도가 급격히 떨어진다. 그러나 혜성핵에서 승화된 분자는 태양 자외선에 따라 광해리되고, 광해리 생성물(광해리 때 잉여 에너지가 운동에너지로 전환된다)로 코마의 가스가 가열된다. 따라서 혜성 코마 내의 온도분포는 광해리에 따라 가열에 기여하는 분자(주로 H_2O)의 존재량에 의존한다. 태양에서부터의 거리가 동일한 경우에도 H_2O 분자의 생성률이 높을수록 코마의 평균온도가 높은 경향을 보인다. 또한 코마 내 가스의 팽창속도는 혜성핵 부근에서 약 1 km s^{-1} 정도까지 가속되고, 그보다 외부에서는 거의 일정한 속도를 유지한다(그림 5.16 참조).

코마 내의 가스 조성은 주로 태양 자외선의 광해리반응에 따라 변화한다(이온 · 분자 반응 등의 화학반응은 분자 간의 충돌이 많은 코마 안쪽에서만 기여한다). H_2O의 경우, 광해리 · 광이온에 대한 수명은 태양에서부터 1AU 떨어진 곳에서 6×10^4 s 정도이다. 일반적으로 이러한 반응에 대한 수명은 분자마다 다르다. 동일 분자에 대해서 그 수명은 입사광 양에 반비례하고, 태양에서의 거리 제곱에 비례하는 것으로 알려졌다.

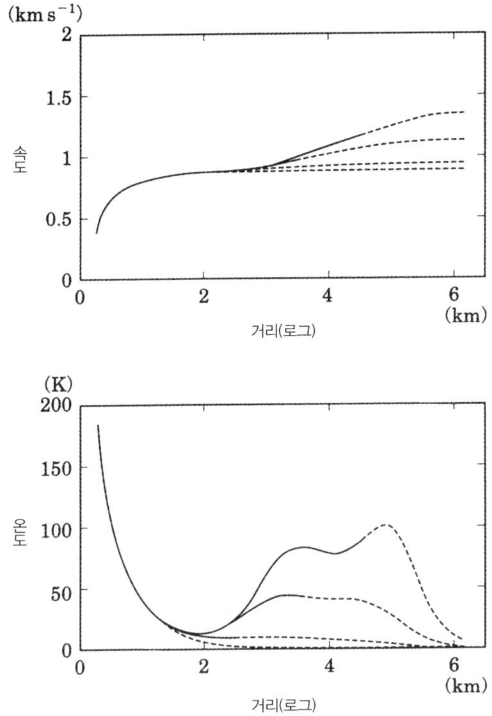

그림 5.16 코마의 구조. 아래에서 위의 순으로 H_2O의 가스 생성률 $Q(H_2O)=10^{27}$, 10^{28}, 10^{29}, 10^{30}(초당 개수)에 해당한다. 점선 부분은 유체로 취급할 수 없는 범위(자유입자 영역)를 나타낸다.

한편, 가스로 가속된 후 자유입자 운동을 하게 된 먼지는, 태양복사압이 먼지입자의 운동에 영향을 주지 않을 정도의 좁은 범위에서는 거의 구 대칭형의 코마를 형성한다. 먼지의 동경 방향 속도는 입자의 크기 등에도 의존하지만, 가시광에서 산란 단면적이 큰 0.5 μm 정도의 먼지는 수백 ms^{-1}의 속도를 갖는다. 태양복사압의 영향은 입자 크기에 의존하고, 구 대칭 코마로 구분할 수 있는 범위는 입자 크기에 따라 다르다. 그 밖에도 태양복사압의 영향은 입자의 모양이나 구조, 조성 등에 의존한다.

5.3.4 혜성의 꼬리

앞에서 이미 설명했듯이 혜성에는 세 가지 유형의 꼬리가 존재한다. 첫 번째는 이온 꼬리(플라스마 꼬리)로 불린다. 혜성 코마 내의 가스가 이온화하면, 이온이나 전자의 운동은 태양풍에 동반된 태양풍 자기장(행성간 자기장)의 영향을 받는다. 혜성 자체에는 자기장이 없어 행성간 자기장은 혜성 코마에 붙잡힌 것 같은 구조가 되고, 그에 따라 이온과 전자가 운동한다. 따라서 이온 꼬리는 태양의 반대 방향으로 성장한 구조이다. 주로 CO^+, CO_2^+, H_2O^+ 등의 이온이 가시광 영역에서 발광한다.

한편, 혜성핵에서 방출된 먼지에 따라서도 꼬리가 형성된다. 먼지입자는 태양복사압으로 인해 태양 중력이 약해진 것처럼 행동하며(태양복사압과 태양 중력의 비율을 β라고 쓴다), 이 영향으로 먼지는 혜성핵과는 다른 궤도를 운동한다. β 값은 태양복사와 먼지의 산란 특성에 따라 결정되고, 먼지의 크기, 조성, 모양 등에 의존한다. β 값이 다양한 먼지가 연속적으로 방출됨으로써 먼지는 혜성핵에서 뻗어 나온 넓은 꼬리를 형성한다. 먼지의 방출속도를 무시할 수 있는 경우에 먼지 꼬리는 혜성의 궤도면 내에 분포하고 공간적으로는 구조가 얇다.

마지막으로 중성 나트륨 꼬리를 들 수 있는데 이것은 혜성의 먼지에서 방출된 중성 나트륨 원자가 큰 태양복사압을 받음으로써 형성된다. 중성 나트륨 원자는 파장 589 nm에 강한 전자천이(D선)를 가지지만, 태양과의 상대속도가 0이라면 태양 스펙트럼에서도 같은 파장에 중성 나트륨 원자에 따른 흡수가 존재하므로, 혜성의 중성 나트륨 원자는 대부분 광자를 받지 못한다. 그러나 혜성이 태양에 비해 상대속도가 큰 경우에는 혜성 코마의 중성 나트륨 원자는 (D선의 파장에서 벗어난) 강한 태양복사에 노출되어 강한 복사압을 받는다.

5.3.5 혜성의 전자기파 복사

혜성에서 전자기파 복사를 담당하는 것은 가스, 먼지, 그리고 혜성핵 자체인데 기본적으로 그 에너지의 원천은 태양이다. 가시광에서는 혜성핵의 기여는 거의 없고, 가스와 먼지에 따른 태양광 산란이 주요 발광 메커니즘이라 할 수 있다.

가시 · 근적외선의 경우 가스 분자(중성 및 이온 포함)의 발광은 태양광의 형광 산란이 주요 원인이다. 분자가 태양광을 흡수하여 일시적으로 들뜸상태가 되고, 다시 바닥상태로 돌아올 때 빛을 낸다. 그 밖에 광해리반응 생성물이 반응 직후 전자적(또는 진동적) 들뜸상태에 있고, 그 후 광자를 방출하여 바닥상태로 돌아가기 위해 생기는 발광도 있다. 한편, 전파 영역에서는 분자의 회전천이가 관측된다. 이것은 혜성 코마의 가스 냉각 과정에서 나오는 복사이다. 또한 X선 복사도 관측되는데, 이는 태양풍의 고차 이온화 이온과 혜성 코마 내의 중성가스 분자와의 전하 이동 반응에 따라 생기며, 높은 들뜸상태의 이온이 더 낮은 에너지 상태로 천이될 때 방출하는 것으로 생각된다.

먼지의 경우는, 가시광부터 근적외선 영역에서는 태양광의 산란이 주요 발광 원인이다. 중간 적외선보다 긴 파장 쪽에서는 먼지 자체에서의 열복사가 주로 관찰된다. 혜성핵의 경우에서도 마찬가지로 생각할 수 있지만, 가시광에서부터 근적외선 영역에서는 먼지의 총 산란 단면적이 혜성핵의 산란 단면적을 훨씬 웃도는 경우가 많고, 따라서 혜성핵의 영향은 거의 무시할 수 있다. 하지만 태양에서 먼 곳에 있고, 혜성핵에서의 먼지 배출이 거의 없는 상태에서는 혜성핵 자체에 따른 태양광 반사 또는 열복사가 관측된다.

5.3.6 혜성의 기원

현재 태양계에 있는 행성은 원시태양계 원반 안에서 형성된 미행성이라는 km 크기의 소천체가 합체하여 형성된 것으로 생각된다(6장 참조). 특히 빙설 한계선snow line보다도 외부에 형성된 미행성은 얼음과 먼지가 섞여 있고, 이러한 얼음 미행성 중 행성의 형성에 포함되지 않은 잔존물이 현재 오르트 구름Oort cloud과 카이퍼 벨트Kuiper belt라는 태양계 외연부 구조를 형성하고 있다고 생각된다. 이러한 잔존물이 행성의 섭동과 은하 조석력의 영향, 태양계와 항성 · 거대 분자구름과의 근접 조우 등과 같은 원인으로 태양계 내부로 들어오는 궤도로 진화한 것이 혜성이다.

관측된 혜성 궤도의 역학적 특징에서(목성에 대한 티스랑 파라미터[5]에 따라 분류하는 경우가 많다) 혜성의 공급원은 주로 오르트 구름과 산란 원반(산란 TNO가 만드는 원반 구조, 5.5절 참조)이라고 생각된다. 하지만 이러한 혜성 공급원에 존재하는 얼음 미행성이 원시태양계 원반의 어디쯤에서 형성되었는지에 대해서는 아직 충분히 밝혀지지 않았다. 대체로 오르트 구름은 거대한 행성(목성에서 해왕성까지)이 존재하는 영역 부근, 산란 원반은 해왕성 궤도 부근이라고 생각되지만, 태양계 형성 초기의 거대 행성의 이동을 고려할 필요가 있으며 현재도 논의가 지속되고 있다. 한편, 관측된 혜성 얼음의 화학조성과 중수소/수소비, H_2O 분자 등의 원자핵 스핀 이성체異性體 비(핵 스핀 온도) 등으로도 혜성 물질의 기원에 대해 연구가 되고 있으며, 이러한 다양한 관측 결과를 종합적으로 설명할 수 있는 태양계 형성 모형의 탄생이 기대된다.

5 혜성의 운동을 태양 · 목성 · 혜성의 3체만 생각하고 목성이 원궤도상을 운동한다고 했을 때, 혜성이 목성에서 충분히 멀다면 티스랑 파라미터라는 양이 거의 일정하게 유지된다. 이 (목성 대한 티스랑 파라미터) T_J는 목성의 궤도 장반경 a_J, 혜성의 궤도 장반경 a, 궤도 이심률 e, 궤도 경사각 i를 사용하여 $T_J = a_J/\mathrm{a} + 2\sqrt{(1-e^2)a/a_J}\cos(i)$라고 정의한다. 경우에 따라서 혜성의 운동에 영향을 미치는 섭동천체로 다른 행성을 생각할 수도 있다.

칼럼 혜성의 이름에 대해

혜성의 이름은 기본적으로 그 발견자의 이름을 붙이게 되어 있지만 핼리 혜성 등은 예외이다. 그러나 이 방법을 사용하면 개별 혜성을 구분하지 못할 수 있어(같은 사람이 여러 혜성을 발견한 경우 등) 혜성을 식별할 수 있는 고유 부호를 붙이는 체계를 고안했다. 예를 들어 'C/1995 O1 (Hale-Bopp)' 라는 이름은 '1995년 7월 후반에 발견된 첫 번째 혜성으로 발견자는 Hale와 Bopp이다' 라는 의미이다. 발견 시기에 대해서는 각 달의 전반 · 후반으로 나누어 A에서 Y 알파벳(단, I는 제외)으로 표시하고, 그 뒤 그 기간에 발견된 몇 번째 혜성인지를 나타내는 숫자를 붙여 사용한다. 또한 궤도 특성이 확실히 밝혀진 혜성은 '주기 혜성' 으로 등록번호를 부여한다. 주기 혜성은 'C/' 가 아닌 'P/' 로 표시하며 앞에 등록번호를 부여받는다(예: 핼리 혜성 1P/Halley). 또한 같은 사람이 발견한 주기 혜성이 여러 개인 경우에는 마지막에 숫자를 붙여서 구분한다(예: 템펠 제1 혜성 → 9P/Tempel 1). 그러나 본래는 등록번호만으로 혜성을 확인할 수 있으므로 최근에는 마지막 숫자를 부여하지 않는 경향이 있다.

(자세한 내용은 http://www.cfa.harvard.edu/iau/lists/CometResolution.html 등을 참조.)

5.4 유성

5.4.1 유성의 정체

밤하늘을 올려다보면 가끔 소리 없이 흐르는 빛을 볼 수 있다. 마치 별이 흘러 사라지는 것처럼 보여 흐르는 별, 또는 유성이라 부른다. 이것은 일반적으로 보이는 천체와는 달리, 지구 대기의 물리적 현상에 따른 것이다. 비교적 작은 먼지입자가 지구 대기에 고속(초속 10 km~70 km 정도)으로

그림 5.17 2001년에 출현한 사자자리 유성군. 많은 유성이 복사점에서 뻗어 나오는 것처럼 보인다(와카야마 · 쓰무라 미쓰노리 촬영).

돌입하여 거기에서 발생하는 충격파 가열로 증발한 플라스마가 발광하는 현상이다. 일반적인 유성의 경우에 먼지입자의 크기는 대략 cm 크기 이하이며, 대부분 유성 현상의 결과로 증발해 버린다. 크기가 클수록, 또한 돌입 속도가 빠를수록, 즉 운동에너지가 클수록 유성은 밝다. 일반적으로 망원경으로밖에 관측되지 않는 어두운 유성의 수가 많고, 밝게 빛나는 유성일수록 출현 빈도가 드물다.

유성 중에서도 매우 밝은 것을 종종 화구(불덩어리 유성)라고 부르는 경우도 있다. 유성은 영어로 'meteor'이지만 화구는 'fireball'로 구별하고 있다. 하지만 실제 어느 정도의 밝기로 이름을 바꿀지에 대한 천문학적 정의는 명확하지 않지만, 보통 −3등급 이상으로 본다.

유성의 발광 고도는 보통 지상에서 약 120 km, 소멸점은 80 km 정도이다. 단, 이는 각 유성의 밝기, 즉 운동에너지에 좌우된다. 유성의 돌입 속도가 빠를수록 고도가 높아지고, 또한 돌입 각도가 작을수록 높아지는 경향이 있다. 화구 같은 밝은 유성의 경우에는 더 낮은 고도까지 유성 현상이 보이기도 하며, 운석으로 낙하하는 경우에는 떨어지는 중에 발생한 충격파가 음파로 지상까지 도달할 수도 있다. 1996년 1월 7일 일본 관동 지방에 떨어진 쓰쿠바 운석의 예를 보면, 최종 지점(유성이 파열되는 지점으로, 그 이후는 자유낙하)은 고도 20~30 km로 추정된다.

유성의 근원인 플라스마가 된 고온의 가스구름에서 방출선이 관측된다. 속도에 따라 다르지만 주로 칼슘, 나트륨, 규소, 마그네슘, 철, 또는 대기의 질소 등 분자에 따른 방출선 스펙트럼이 보인다. 유성을 눈으로 보면 색이 보이기도 하는데, 이러한 여러 종류의 물질이 내는 방출선의 조합에 따라 다양한 색으로 보인다. 일반적으로 낙하속도가 느린 유성일 경우에 주황색이 강하고, 빠른 유성일수록 청백색으로 보이는 경향이 있다. 이는 유성이 빨라질수록 칼슘의 방출선이 강해지기 때문인 것으로 설명할 수 있다.

유성이 나타났을 때 그 뒤로 연기 같은 것을 남기는 경우가 있다. 이것을 '유성흔'이라고 한다. 대부분의 유성흔은 나타난 뒤 겨우 몇 초 또는 그보다 짧은 시간에 사라진다. 유성이 유성흔을 만들면서 떨어지는 경우 금방 소실되기는 하지만, 마치 유성이 짧은 꼬리를 갖고 있는 듯하다. 이것이 바로 유성이 꼬리를 갖고 있는 것처럼 보이는 이유이며, 이 짧은 꼬리를 '단흔'이라고 한다. 드물지만 밝은 유성이 지나간 뒤에도 유성흔이 몇 분에서 수십 분 동안 남아 있어 계속 빛을 내는 경우도 있다. 이러한 것을 '영속흔'이라고 한다. 영속흔이 비록 눈에는 보이지 않는다 해도 그 부근을 계속 사진 촬영하면 뚜렷하게 찍히기도 한다. 아쉽게도 영속흔이 계속 빛나는 메커니즘은 아직 완전히 밝혀지지 않았다. 하지만 고층 대기와의 상호작용으로 빛난다고 생각되며, 영속흔의 모양이 시간 변화하는 것을 관찰함으로써 초고층에 있는 대기의 바람 상태를 알 수 있다.

한편, 상공에서 빛나기 시작하고 마지막에는 타서 없어지는 유성의 근원물질인 먼지입자의 스펙트럼을 분석하면 금속원소가 용융되어 있는 것을 알 수 있다. 고온의 금속원자는 온도가 내려가면서 원자들끼리 모이고 동그랗게 재응결하는데, 나중에는 지름 0.1 mm 이하의 고체 구체입자가 된다. 그 후 대기로 떨어져 지상에 이르는데 이것을 유성먼지 또는 우주먼지라고 한다. 철이 주성분인 철질 구체입자가 많지만, 그중에는 규산질이나 전체가 무색투명한 아름다운 유리질 구체입자도 있다. 이것들은, 일단 고온에서 용융된 흔적이 있고 성분비 등을 조사한 결과 지구 밖에서 기원한 것임을 알 수 있다. 과거에 퇴적된 유성먼지가 해저 등에서 채취되었고, 이것을 심해저 구체입자 DSS(deep sea spherules)라고도 한다. 지상에서 발견된 것과 기본적으로는 동일하지만, 현재는 공장 등의 굴뚝이나 자동차 배기가스 등에도 비슷한 구체입자 물질이 배출되어 면밀하게 분석하지 않으면 우주기원인지, 아닌지가 알 수 없게 되었다.

유성 현상은 목성(3장 참조)과 화성에서도 관측되며, 현재 관측되는 혜성의 궤도에서 화성과 금성에서의 유성군 예측 등도 할 수 있게 되었다. 또한 달에서의 유성체 충돌에 따른 발광도 사자자리 유성군과 페르세우스자리 유성군으로 관측된다.

5.4.2 **유성 관측**

유성 관측에는 그 출현을 예측할 수 없는 본질적인 어려움이 있다. 관측방법은 눈으로 보는 안시관측, 여러 지점에서의 사진 촬영이나 비디오 관측 등처럼 삼각측량의 원리를 이용한 것이 주류를 이룬다. 사진의 시대에는 유성의 궤도를 정밀하게 구할 수 있었지만 속도 정보가 정확하지 않아

카메라 앞에 날개 모양의 셔터를 회전시켜 유성의 궤적을 점 모양으로 만들어 속도를 구하기도 했다. 현재는 고감도 CCD와 비디오카메라를 이용하는 경우가 많다. 또한 컴퓨터를 이용하여 유성 출현을 자동으로 식별하고 그 부분만 기록하는 자동관측도 많이 이루어지고 있다.

그런데 유성은 플라스마이므로, 그 궤적은 영속흔이 아니더라도 직후에 어느 정도의 전자 밀도가 남아 있기 때문에 단시간 동안 전파를 반사한다. 이를 이용하여 관측하는 것이 전파관측이다(이를 이용하는 유성 버스트 통신이라는 방법도 있다).

일반적으로 반사되어 되돌아오는 전파를 에코라고 하는데, 유성의 경우 경로에 남아 있는 전자구름에서의 반사이다. 또한 유성 본체 주위에 있는 플라스마 구름에서의 반사파도 고급 기술을 이용하면 수신할 수 있다. 전파에서는 레이더 관측을 이용해 궤도와 속도를 구하는 방법도 있지만, 반사된 전파의 도달 시간 차와 간섭을 이용한 방법도 있고, 최근에는 여러 지점에서의 수신 시각의 차에서 구하는 방법도 개발되었다.

위에서 말한 방법들을 이용해 먼저 지구상에서의 궤도가 결정되면 이를 태양계 공간에서의 궤도로 연장시킬 수 있고 최종적으로 원래 궤도를 구할 수 있다. 하지만 혜성 기원인 유성들은 이심률이 큰 궤도가 많아 원래 궤도를 구하더라도 궤도 장반경이나 이심률의 오차가 크다. 산발유성(5.4.3 참조) 중에는 궤도가 포물선 또는 쌍곡선인 것이 있고 태양계 외부 기원으로 알려져 있지만, 레이더에서도 가시광에서도 추정치를 사용하기 때문에 오차가 크다. 그러므로 그 존재의 진위에 대해서는 논의가 계속되고 있다.

산발유성 중에 정말 은하계 공간에서 떠돌던 먼지입자가 있을지도 모르고, 또는 포물선궤도에 가까운 긴 주기를 가진 혜성에서 생성된 유성체가 어떤 이유로 궤도를 약간 바꾸어 쌍곡선궤도 유성으로 관측되는지도 모른다. 어쨌든 태양계 외부에서 온 유성이 존재하는지의 여부에 대해서는 아직 완전히 해결된 것은 아니다.

지구에 돌입하여 유성이 될 만한 크기인 먼지입자는 공간밀도가 매우 낮아 탐사선이나 인공위성에서도 관측이 불가능하다. 따라서 지구 대기나 달을 거대한 검출기로 이용하여 유성을 관측하는 것은 행성간 공간 먼지의 기원을 연구하는 데 예전이나 앞으로나 계속 중요할 것이다.

5.4.3 유성군

유성은 매일 밤 거의 일정하게 출현하는데, 종종 특정한 날에 그 수가 급격히 늘어난다. 이를 유성군이라 하고 여기에 속하는 유성을 군유성, 무작위로 출현하는 것을 산발유성이라고 한다. 유성군은 같은 모천체에서 태어난 유성체의 무리이다. 모천체는 주로 혜성이지만, 쌍둥이자리 유성군처럼 소행성 모양인 것도 있다. 거의 동일한 궤도에서 운동하고 있어 지구에 돌입하는 군유성은 천구에 있는 하나의 점에서부터 방사형으로 흐르는 것처럼 보인다. 이것을 천문학에서는 복사점이라고 한다. 유성군은 유성우와 종종 혼동하여 사용되지만 엄격한 구별은 없다. 각각의 유성군은 유성의 수가 다양하게 나타난다. 유성의 수가 많지 않은 경우에는 소유성군이라 하기도 한다. 유성의 수가 매우 많은 경우, 예를 들어 사자자리 유성우가 한꺼번에 출현하는 경우에는 단순한 유성우가 아니라 대유성우 또는 유성 폭풍이라고 표현하기도 한다.

유성군은 일반적으로 복사점 근처의 항성 이름을 바탕으로 ××자리 ××유성군이라고 표현한다. 하지만 종종 별의 이름을 생략하는 경우도 있다. 예외로 모혜성의 이름을 먼저 붙이는 경우도 있는데, 모혜성의 이름을 따온 10월의 자코비니 유성군은 용자리 감마 유성군이라는 이름도 있다. 현재 국제천문연맹에서 이름의 표준화를 진행하고 있다.

유성군의 규모를 나타내는 데 종종 사용하는 것은 시간당 유성수(Hourly

표 5.2 주요 유성군

이름	출현 기간	최대	복사점		모천체
			적경(°)	적위(°)	
사분의자리	1월 2~5일	3~4일	229	49	불명
물병자리 에타	5월 3~10일	4~5일	336	−1	핼리 혜성
페르세우스자리	8월 7~15일	12~13일	48	57	스위프트-터틀 혜성
자코비니	10월 8~9일	8~9일	263	56	자코비니-치너 혜성
오리온자리	10월 18~23일	21~23일	95	16	핼리 혜성
사자자리	11월 14~19일	17~18일	153	22	템펠-터틀 혜성
쌍둥이자리	12월 11~16일	12~14일	113	33	소행성 파에톤

출처: 『理科年表』, 2008.

Rate: HR)이다. 이것은 안시관측을 기준으로 하며, 10분 동안 유성을 5개 보았다면 시간당 30개로 환산할 수 있으므로 HR 30으로 나타낸다. HR과 함께, 복사점이 천정에 있다고 가정하여 계산한 ZHR(Zenithal Hourly Rate)도 사용한다. HR만 이용하여 비교하면 달빛이나 날씨, 시야의 폭, 복사점의 고도 등 관측 조건의 차이에 따라 영향을 받기 때문이다. 예를 들어 3등성까지밖에 보이지 않는 하늘에서 유성을 관측한 것과 6등성까지 보이는 하늘에서 본 유성의 수는 완전히 다를 수밖에 없고, 복사점의 고도가 낮을수록 시야에 들어오는 유성의 수는 줄어든다. 이렇듯 다양한 요소를 어느 정도의 경험치를 바탕으로 수정하여 비교할 수 있게 했지만, 어디까지나 경험을 바탕으로 한 것이므로 세계 공통의 수정법으로는 통용되지 않는다.

유성군 중에는 매년 꾸준히 거의 동일한 유성수를 보이는 정상군과 모혜성의 주기에 따라 유성수가 크게 증가하는 주기군이 있다. 페르세우스자리 유성군과 쌍둥이자리 유성군은 정상군, 자코비니 유성군과 사자자리 유성군은 주기군에 속한다. 또한 이전에는 보였지만 점점 약해져 현재는 잘 관측되지 않는 퇴색군도 있다.

개개의 유성을 특정한 군에 속하게 하는 판별은 개별 유성의 궤도를 확실히 아는 경우에만 가능하다. 그런데 유성은 밤낮에 관계없이 지구에 들어오며, 어떤 유성군의 복사점이 태양 근처에 있다면 밤에는 그 유성군에 속하는 유성을 볼 수 없다. 이러한 낮 유성군의 존재는 1950년대의 레이더 관측으로 발견되었다. 이러한 낮의 유성군을 주간군 또는 주간유성군이라고도 한다.

유성군 자체를 우주 공간에서 찾는 것은 어렵지만, 혜성 궤도를 따라 유성체에 해당하는 먼지입자가 적외선이나 가시광선으로 관측되는 경우가 있는데 이것을 먼지 트레일dust trail이라고 한다(5.4.4절 참조). 실제 트레일은 아주 더 가느다란 트레일들의 집합체이므로 지상에서의 관측은 세부 트레일 하나하나를 분리해서 볼 수 없다.

5.4.4 유성군의 형성과 진화: 유성체의 궤도상 확산

혜성에서 방출된 유성체는 겉보기에는 모혜성의 핵과 거의 비슷한 운동을 한다. 그리고 초기 방출속도와 태양복사압 등의 영향으로 서서히 핵에서 멀어지고, 궤도상에서 핵의 앞뒤로 길게 뻗은 먼지 트레일을 형성한다. 궤도를 한 바퀴 돌아 다시 돌아올 때마다 혜성의 궤도가 약간씩 달라지므로 혜성이 통과할 때마다 먼지 트레일의 공간분포도 조금씩 달라진다. 이전에는 혜성 궤도를 중심으로 유성체가 집중되어 있다고 생각했다. 하지만 20세기 말부터 21세기에 걸친 사자자리 유성군의 관측에서 실제로 혜성이 통과할 때마다 생긴 얇은 먼지 트레일의 집합체이며, 각각을 계산하면 실제 유성군의 출현을 잘 예측할 수 있음이 밝혀졌다. 이를 먼지 트레일 이론이라고 한다. 이전의 이론과 새로운 먼지 트레일 이론의 개념을 비교하여 그림 5.18에 나타냈다.

모천체가 특정되어 있으면 이 먼지 트레일 이론을 이용하여 유성군의

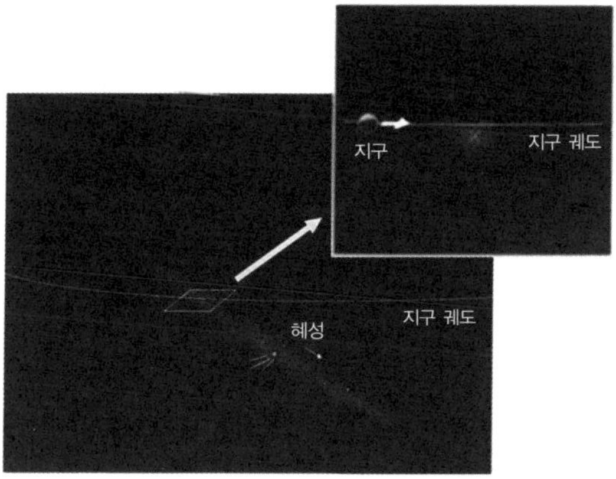

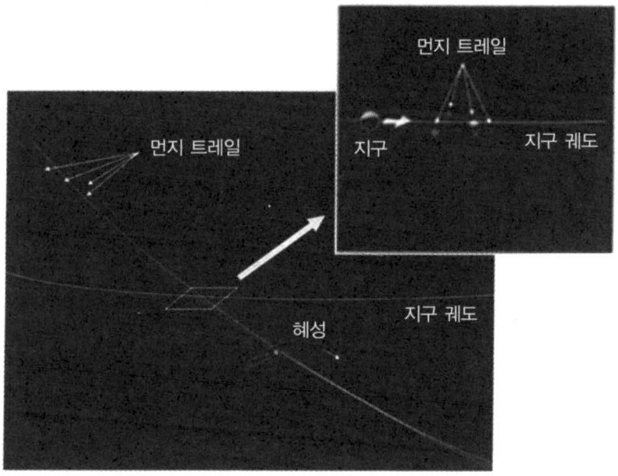

그림 5.18 지금까지의 이론(위)과 먼지 트레일 이론(아래)의 개념 비교. 각 그림의 오른쪽 위는 황도면에서 지구 궤도와 유성 먼지의 교차 상황을 나타낸다.

출현을 정확하게 예측할 수 있게 된 것은 최근 천문학의 혁신적인 성과 가운데 하나이다.

한편, 주기군은 가느다란 트레일이 띄엄띄엄 존재하며, 모천체의 회귀와 함께 대출현을 일으킨다. 하지만 이 트레일들은 시간이 지날수록 행성의 섭동 등 다양한 힘을 받아 확산되고, 점차 개별 트레일을 구별할 수 없게 된다. 이 과정에서 폭이 넓은(즉, 출현 기간도 어느 정도 길어진) 유성군이

되어버리고, 나중에는 정상군으로 변화한다고 생각된다. 즉, 유성군은 초기에는 주기군으로 시작하지만 점차 정상군으로 진화하고, 모천체인 혜성이 증발되거나 지구 궤도와 교차하지 않게 되면 공급이 멈추어버려 퇴색군으로 진화할 것으로 생각된다. 유성군에 속하는 유성체는 앞에서 설명했듯이 마지막 무렵으로 달려온 끝에 확산되다가 언젠가는 유성군으로 인식할 수 없는 상황에 이르러 결국 행성 사이를 떠도는 하나의 먼지입자가 된다. 이것이 바로 지구 대기에 날아든 산발유성의 정체일 것이다. 반대로 말하면, 산발유성의 대부분은 원래 어딘가의 유성군에 속해 있던 것이 긴 세월을 거치면서 소속을 잃어버린 것으로 생각된다. 따라서 유성의 대부분은 태양계 내에서 혜성(극히 일부는 소행성에서)에 따라 생겨난 것으로 볼 수 있다.

5.5 태양계 외연 천체

로웰 천문대의 톰보C. Tombaugh는 구경 33 cm 망원경으로 1930년 1월 21일, 23일, 29일에 촬영한 사진 건판에서 명왕성[6]을 발견했다. 명왕성의 이심률 0.249와 궤도 경사각 17.1도는 이전까지 발견된 행성에 비해 모두 크다는 특징이 있다. 또한 근일점이 해왕성의 궤도 안쪽으로 들어가 있어 해왕성과 명왕성의 궤도를 황도면에 투영하면 서로 교차하는 것처럼 보이지만 실제 3차원적인 궤도에서는 교차하지 않는다.

명왕성과 해왕성의 사이에는 여러 가지 역학적 메커니즘이 작용하고 있으므로 충돌이 일어나지 않는다. 2 : 3의 평균운동공명에 따라 명왕성이 두 번 공전하는 동안 해왕성이 세 번 공전하기 때문에 이 둘은 항상 정해

6 제1권 4.2.2절에 언급했듯이, 명왕성은 왜행성Dwarf planet이라는 새로운 그룹으로 편입되었다.

진 시간에 엇갈리며 서로 접근하지 않는다. 또한 섭동에 따라 회전하는 근일점 방향(근일점 인수)이 명왕성의 경우 90도 주위를 진동하고, 궤도끼리 접근하지 않는 구조(영년공명 등)도 갖추고 있다. 또한 명왕성과 해왕성의 승강점과 해왕성의 궤도면에 대한 명왕성의 궤도 경사각 사이에도 접근 · 충돌을 피하는 메커니즘(이것도 영년공명)이 존재한다.

명왕성의 위성인 카론Charon은 크리스티J. Christy가 발견했다. 카론의 공전주기(약 6.4일)와 케플러의 제3법칙에 따라 이 둘의 질량의 합은 지구 질량의 400분의 1 정도인 것이 밝혀졌다. 또한 중심운동의 관측에서 질량비는 약 0.1인 것으로 밝혀졌다. 근적외선 영역의 반사 스펙트럼에서, 명왕성은 메탄(CH_4) 얼음을 비롯해 질소 얼음(N_2)과 일산화탄소(CO)의 얼음으로 덮여 있고, 그 분포는 지역별로 차이가 있다. 한편, 카론은 물(H_2O)의 얼음이 주요 성분인 것으로 생각된다.

코월C. Kowal은 사진 건판을 이용한 관측에서 1977년 10월에 특이 소행성 키론(2060 Chiron)을 발견했다. 당시 알려진 일반적인 소행성과는 달리 키론의 궤도는 토성과 천왕성의 궤도에 걸쳐 있었으며, 1989년에는 먼지의 코마가 관측되어 혜성의 특징을 보여주었고 그 크기는 80 km에 이르렀다. 스코티J. V. Scotti가 1992년에 발견한 폴로스(5145 Pholus)는 근일점이 토성 궤도의 안쪽이었고 원일점은 해왕성 궤도를 넘어선 곳에 있었다. 크기는 140 km 정도이지만 혜성 활동의 징후는 나타나지 않았다.

키론이나 폴로스처럼 행성 궤도를 가로지르는 천체를 켄타우루스족이라고 하며, 지금까지 약 200천체가 발견되었다. 켄타우루스족은 태양계 외연부에 퍼져 있는 소천체(TNO, 뒤에서 설명한다)의 역학적 산란이나 상호충돌에 따라 그 궤도가 태양계 내부로 들어오게 된 천체라고 생각된다.

켄타우루스족의 가시광 · 근적외선 영역의 반사 스펙트럼 관측 및 측광관측으로 키론의 스펙트럼에 특이한 점을 발견할 수 없지만, 폴로스는 태양계에서 가장 붉은색을 띠는 것으로 나타났다. 혜성 활동을 나타내는 키론의 표면은 항상 변화하는 상태인 반면, 폴로스는 동일한 표면이 오랫동안 우주선에 노출되었으므로 붉어졌다고 생각된다. 그 외의 켄타우루스족도 붉은색을 띠는 경향을 보이는데, 아마도 폴로스와 비슷한 메커니즘이 작용하고 있을 것이다.

1950년경 에지워스K. Edgeworth와 카이퍼G. Kuiper는 '해왕성 바깥쪽에 벨트 모양으로 분포하는 행성으로 만들어지지 못한 얼음의 소천체가 태양계 내부로 들어와 혜성이 된다'와 같은 생각을 각각 독자적으로 발표했다.

카이퍼가 먼저 출간된 에지워스의 논문을 인용하지 않았으므로 태양계 외연부에 퍼져 있는 소천체를 카이퍼 벨트 천체(Kuiper Belt Object: KBO)라고 하기도 한다. 한편, 역사적인 순으로 에지워스-카이퍼 벨트 천체(Edgeworth-Kuiper Belt Object: EKBO)로 쓰기도 한다. 2006년 8월 이후에는 태양계 외연 천체(Trans-Neptunian Object: TNO)라고 부르는 것을 추천한다. 현재는 원시행성계 원반에서 탄생한 미행성의 잔존물이 TNO인 것으로 간주되고 있다.

마우나케아 산 정상의 하와이 대학 2.2 m 망원경으로 TNO 탐사를 하던 제윗D. Jewitt과 루J. Luu는 1992년 8월 30일 첫 번째 TNO인 1992QB1을 발견했는데, 배경 별에 대해 1시간에 약 2.8각초arcsecond의 속도로 이동하고 있었다. 궤도 요소는 궤도 장반경 44 AU(천문단위), 이심률 0.069, 궤도 경사각 2.2도이며, 반사율을 혜성의 핵과 동일한 4%라고 가정하면 크기는 약 200 km이다.

1992QB1이 발견되자 세계 각국에서 TNO의 탐사가 활발하게 이루어졌다. 2007년 5월 현재 약 1000개의 TNO가 발견되었고, 그중 약 10%에 해당하는 100여 개의 궤도가 밝혀졌다. TNO 전체는 지구 질량의 0.1배에 못 미치는 정도라고 추측된다. 발견된 TNO의 궤도 장반경에 대한 이

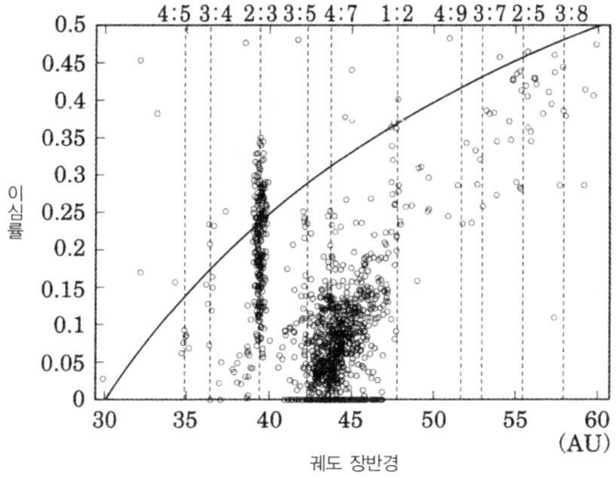

그림 5.19 TNO와 켄타우루스족의 궤도 장반경과 이심률의 관계. 수직 점선은 해왕성과 평균운동공명의 위치이고, 왼쪽 아래에서 오른쪽 위로 나아가는 곡선은 각 궤도 장반경에서 해왕성 궤도와 근일점이 만나는 최소 이심률의 값을 나타낸다. 명왕성은 궤도 장반경 39.5 AU, 이심률 0.249이며, 이심률 0인 천체는 궤도 계산의 정밀도가 낮아 원궤도를 가정한 것이다.

심률을 그림 5.19에 나타냈다. 명왕성과 마찬가지로, 해왕성과 2 : 3 평균운동공명에 다수의 TNO가 존재하고 있고, 1 : 2, 3 : 4, 3 : 5, 4 : 5, 4 : 7의 평균운동공명에서도 일부 TNO가 발견된 것을 알 수 있다.

역학적인 특징에 따라 TNO는 몇 가지 유형으로 분류된다. 해왕성과 평균운동공명에 있는 것이 공명resonant TNO이며, 특히 플루티노Plutino는 명왕성과 같은 2 : 3 평균운동공명의 TNO이다. 일반적인 TNO보다 궤도 장반경, 이심률, 궤도 경사각이 모두 더 큰 TNO는 과거에 중력 등의 산란에 따라 날아갔다는 생각에서 산란scattered TNO라고 한다. 한편, 이심률과 궤도 경사각이 작은 것은 어느 유형에도 속하지 않는데 이것을 고전적인classical TNO라고 한다.

TNO가 상호 중력 산란이나 충돌에 따라 궤도가 태양계 내부로 바뀐 천체는 켄타우루스족으로 생각된다. 마찬가지로, 근일점이 태양에 가까운 궤도가 됨으로써 궤도 경사각이 비교적 작은 단주기 혜성이 될 가능성이 컴퓨터 모의실험으로 확인되었다. 그러나 발견된 TNO, 켄타우루스족, 그리고 혜성 핵의 크기 차이는 아직 해결되지 않은 문제이다.

(90377) 세드나Sedna (2003VB12)처럼 궤도 장반경이 수백 AU(천문단위)인 산란 TNO가 일부 발견되었지만, 50 AU보다 큰 궤도 장반경의 고전적 TNO는 아직 발견되지 않았다. 이를 '50 AU 문제'라고 한다(그림 5.20). TNO를 생성한 원시행성계 원반은 수백 AU까지 퍼져 있었다고 하며, 현재의 관측 기술로 100 AU에 있는 수백 km 크기의 천체도 충분히 발견할 수 있기 때문이다. TNO끼리 또는 행성과의 역학적 메커니즘, 항성의 접근 등으로 현재와 같은 구조가 되었다고 생각되지만, 자세한 것은 아직 알려져 있지 않다.

TNO의 밝기와 반사율을 알면 크기를 알 수 있다. 혜성 핵과 동일한 반사율(4%)을 가정하면, 지금까지 발견된 TNO의 지름은 수백 km라고 할 수 있다. 밝은 TNO에 대해서는 변광관측이 이루어져 자전주기를 구할 수 있었는데, 그 값이 몇 시간에서 10여 시간 정도인 것으로 나타났다.

TNO의 가시광에서 근적외선 영역의 반사 스펙트럼을 보면, 켄타우루스족과 마찬가지로 붉은 계열의 TNO도 있고, 스펙트럼의 특징이 없는 것도 있다. 일반적으로 TNO의 어두운 표면의 조성까지 밝혀내는 것은 어렵지만, 밝은 TNO에는 물의 얼음이 존재하는 것으로 확인되었다.

한편, 천구상의 1제곱도(1°×1°)당 관측되는 TNO 수는 약 24등급보다 밝은 것은 천체 하나 정도로 계산된다. 그 수는 더 어두운(작은 크기) TNO까지 포함한다면 늘어날 것이다. 그러나 어두운(작은) TNO와 밝은(큰) TNO는 관측되는 개수의 변화 비율이 다르다는 것, 고전 TNO와 산란 TNO에서도 그 변화의 비율이 다르다는 의견이 제안되었다.

2007년 5월까지 위성을 가진 TNO가 30개 정도 발견되었다. TNO의 발견 총수가 약 1000이므로 비율은 3% 정도이다. 명왕성·카론과 마찬가

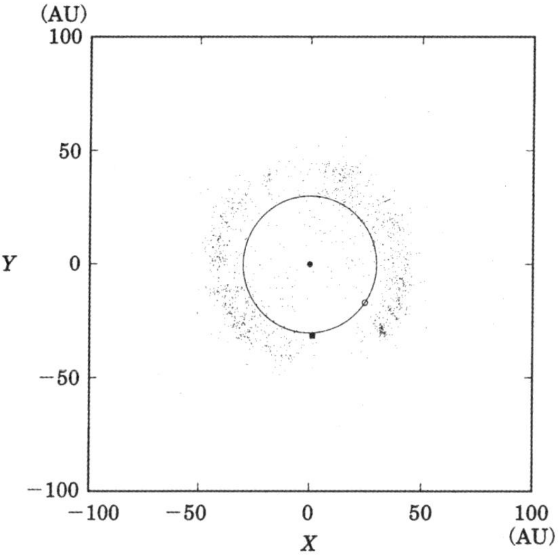

그림 5.20 TNO와 켄타우루스족의 2010년 1월 1일의 위치를 황도면에 투영한 모습. 가운데의 점은 태양, 원은 해왕성의 궤도, ○과 ■는 이 날의 해왕성과 명왕성의 위치.

지로, 이 둘의 크기 차가 작으므로 위성이라기보다는 이중binary TNO라고 하는 편이 어울릴 수도 있다. 이러한 TNO의 발견은 중요한 물리량인 질량을 구하는 유일한 수단이기도 하다. 발견되는 수가 늘어남에 따라 크기가 큰 TNO도 많아졌다. 특히 (136199) 에리스Eris(2003UB313)는 명왕성보다 더 크다는 것이 밝혀졌다. 이에 따라 2006년 8월부터 명왕성, 에리스 그리고 소행성 세레스가 왜소행성dwarf planet에 속하게 되었다. 지름이 1000 km를 넘는 것으로 생각되는 TNO가 이미 10개 정도 있어 앞으로도 왜소행성은 늘어날 가능성이 높다.

명왕성은 아직까지 우주 탐사선이 방문한 적이 없다. 미국 NASA는 가시광 카메라를 비롯해 적외선과 자외선 분광기 등을 탑재한 탐사선을 2006년 1월에 명왕성으로 발사했다. 뉴 호라이즌스라는 이 탐사선은 2015년에 명왕성과 카론의 근방을 통과한 뒤 더 먼 곳의 TNO로 향한다.

위버H. Weaver 등은 2005년 허블 우주망원경의 관측에서 명왕성에 새로운 두 위성 닉스Nix와 히드라Hydra를 발견했다. 그리고 뉴 호라이즌스 탐사선의 접근으로 더 작은 위성을 발견할 가능성도 있다.

5.6 행성간 먼지

5.6.1 발견

행성간 공간에서 오는 먼지(행성간 먼지)를 지구상에서 발견한 것은 19세기 중엽 영국의 해양 탐사선 챌린저호였다. 심해저 퇴적물에서 채취한 구형의 미립자를 우주에서 온 먼지라고 불렀던 것이다. 그 후 지구 대기 상공과 극지 빙상에서도 먼지가 채취되었다. 우리가 체험할 수 있는 가장 가까운 행성간 먼지에 따른 현상으로 '유성'이 있다(5.4절). 유성은 행성간 공간에 떠돌아다니던 먼지가 지구 대기로 돌입하여 발광하는 현상이다. 이러한 먼지의 집합체는 '황도광黃道光'으로, 우리의 눈으로 볼 수 있다.

5.6.2 황도광 · 황도복사

화창한 봄 저녁, 태양이 진 뒤 한참이 지났는데도 서쪽 하늘이 희미하게 빛나는 경우가 있다. 이 같은 현상은 가을의 이른 아침 동쪽 하늘에서도 볼 수 있다. 이 황도면(지구의 궤도평면)을 따라서 빛나는 희미한 빛의 띠를 황도광이라고 하며, 그 정체는 태양빛이 행성간 공간에 떠다니는 먼지에 따라 산란된 것이다. 황도광은 황도면에서 멀어질수록, 또 태양에서 멀어질수록 점점 어두워진다. 하지만 태양과 정반대가 되는 방향에서는 다시 밝아진다. 황도면 부근이 밝게 보이는 것은 먼지의 개수밀도가 높기 때문이다. 태양에 가까워질수록 밝게 보이는 것은 먼지의 개수밀도가 높기 때

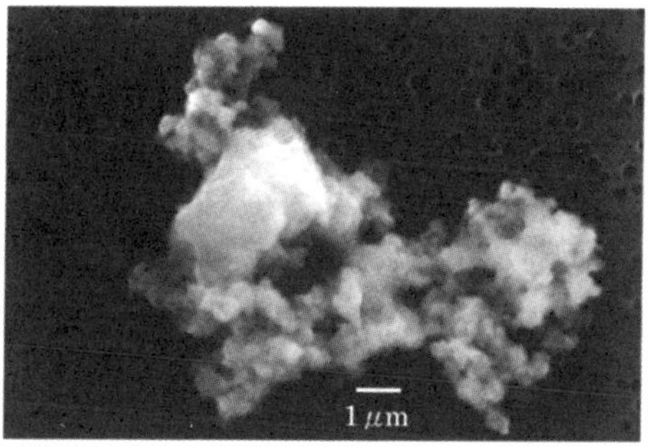

그림 5.21 상층 대기에서 채취한 행성간 먼지

그림 5.22 하와이 마우나케아에서 촬영한 새벽 황도광. 망원경의 배경에 고깔 모양으로 희미하게 빛나고 있다.

문이며, 또한 먼지에 의한 빛의 산란효율이 전방 산란인 경우가 더 강하기 때문이다. 반대로 태양 방향 반대쪽에서 밝아지는 것은 먼지에 따른 빛의 산란효율이 후방 산란에서 약간 더 높아지기 때문이다. 적외선 파장 영역에서의 행성간 먼지는 먼지 자체가 내는 열복사로 관측된다. 이러한 황도광은 산란광과 구별하기 위해 '황도복사'라고 부르기도 한다. 위성 고도에서 적외선 파장 영역으로 관측하면 밤하늘은 황도복사가 지배적이다.

5.6.3 행성간 먼지의 운동

행성간 먼지의 운동은 행성과는 달리 태양의 복사압이 중요한 역할을 한다. 일반적으로 중력은 천체 크기의 3제곱에 비례하는 반면, 태양복사압은 크기의 제곱에 비례한다. 따라서 중력에 대한 태양복사압의 비율(β)은 크기의 역수에 비례한다. 즉 작은 먼지일수록 태양복사압의 영향이 크다. 베타(β)가 큰 1 μm 이하의 작은 먼지는 태양 중력의 영향이 작아 태양계에 오래 머무를 수 없어 단시간에 태양계 밖으로 나가버린다. 혜성을 관측할 때 태양 반대 방향으로 길게 뻗은 먼지구름을 자주 볼 수 있지만, 이러한 먼지의 대부분은 베타가 0.1을 넘는다.

먼지의 역학에서 또 하나 중요한 것이 포인팅-로버트슨 효과이다. 태양의 복사장 안에서 케플러 운동하는 먼지는, 태양광을 흡수·재복사하는 과정에서 각운동량을 잃고 태양을 향해 매우 천천히 나선형으로 떨어져 간다. 10 μm에서 100 μm 크기의 먼지가 지구 궤도에서 태양까지 떨어지는 데 걸리는 시간은 대략 수천 년에서 수십만 년, 소행성대에서 태양까지는 수만 년에서 수백만 년이 걸린다. 태양계가 형성되어 약 46억 년이 지나면서 태양계 형성과 관계된 먼지는 현재 태양계에 존재하지 않음을 알 수 있다. 그러므로 현재의 태양계에 행성간 먼지를 공급하는 존재가 있음을 추측할 수 있다. 그럼 도대체 먼지는 어디에서 오는가.

5.6.4 소행성 기원 먼지

행성간 먼지의 공급원으로 가장 중요하다고 생각되는 것이 소행성과 혜성이다. 소행성대에서의 충돌 빈도는 태양계의 다른 위치에 비해 매우 높다. 그러므로 소천체끼리의 충돌이 행성간 먼지를 공급한다고 생각하는 것은 자연스러운 일이다. 소행성에는 족이라고 하는, 비슷한 궤도 요소를 가진 소행성의 그룹이 있는 것으로 알려졌다. 이러한 족을 구성하는 소행성은 원래 하나의 천체가 충돌에 의해 손상된 것으로 생각된다.

소행성에서 먼지가 방출되는 현상의 직접적인 증거를 발견한 것은 1980년대의 일이다. 적외선 천문위성 IRAS는 히라야마족 내의 테미스족, 코로니스족, 에오스족이 있는 곳에서 매우 가까운 먼지띠dust band를 발견했다. 먼지띠의 밝기는 황도광 및 황도복사 밝기의 몇 퍼센트에 지나지 않는데, 이를 설명하기 위해 세 개의 족에서 방출되는 먼지의 양이 행성간 먼지 전체의 3분의 1에 이른다고 주장하는 연구자도 있다. 여기에서 먼지띠에 관한 주요 논쟁이 벌어졌다. 히라야마족의 추정 나이는 포인팅-로버트슨 효과에 따른 먼지의 수명보다 매우 길어, 족이 생성되는 충돌에 따라 먼지는 현재 태양계에 남아 있을 수 없다. 지금도 꾸준히 충돌이 일어나고 있다는 설(충돌 평형설)과 지난 1억 년 이내에 큰 충돌이 여러 차례 일어났다는 설(충돌 비평형설)이 제기되고 있다. 최근에는 카린족과 베리타스족과 같은 과거 1억 년 이내에 격렬한 충돌로 생성된 새로운 족이 발견되었다. 새로운 족의 공간적 분포가 히라야마족의 공간적 분포보다 먼지띠의 광도 분포를 더 설명하기 쉽다.

또한 심해저에 퇴적된 행성간 먼지는 베리타스족의 충돌 시기에 증가했던 것으로 밝혀졌다. 이에 따라 최근에는 충돌 비평형설을 지지하는 연구자가 많아지고 있다. 물론 연구자마다 주장은 다르지만, 비교적 새로운 소행성족이 행성간 먼지의 연구에 크게 공헌하고 있음은 확실하다.

5.6.5 혜성 기원 먼지

혜성은 그 웅대한 먼지꼬리를 길게 뻗은 모양에서 행성간 먼지의 공급원이라고 쉽게 생각할 수 있다. 태양에 가까워질수록 휘발성 물질에 따라 가속된 먼지가 태양 반대 방향으로 거대한 모습을 나타낸다. 그러나 이러한 먼지의 대부분은 앞에서 언급했듯이, 태양복사압에 따라 태양계 외부로 날아가 버리고 다시 돌아오지 않는다. 태양계에 남아 있을 수 있는지는 태양에서 받는 복사압과 중력의 비 β, 모천체인 혜성의 궤도 요소, 또한 혜성에서 방출되는 궤도상의 위치에도 달려 있다. 일반적으로 큰(즉 β가 작은) 먼지일수록 행성간 공간에 남을 확률이 커진다. 모천체의 이심률이 큰 장주기 혜성은 먼지 방출량이 많은 것이 대부분이지만, 매우 큰 먼지(β가 거의 0)를 제외하고는 모두 태양계 밖으로 나가버린다. 따라서 단주기 혜성에서 나온 먼지가 장주기 혜성에서 나온 먼지보다 행성간 공간에 남기 쉽다. 또한 근일점 부근보다 원일점 부근에서 방출되는 쪽에 더 작은 먼지까지 남을 수 있다. 행성간 공간에 현존하는 혜성 먼지는 비교적 큰 입자에 한정되어 있다는 점에 유의해야 한다.

적외선 천문위성 IRAS는 단주기 혜성의 궤도를 따라 안정적으로 운동하는 먼지 트레일을 발견했다. 이 먼지 트레일은 밀리미터에서 센티미터 크기의 먼지들로 이루어졌고, 먼지 트레일이 지구 궤도와 교차하는 경우 매년 정해진 계절에 유성군을 일으킨다. 최근 먼지의 궤도 변화에 관한 연구가 늘어났으며, 사자자리 유성우(모혜성은 템펠-터틀 혜성)가 출현하는 시간을 높은 정밀도로 결정하여 화제가 되었다(5.4절).

먼지 트레일은 궤도가 안정되어 있으므로 행성간 먼지의 기원으로 유력시되고 있다. 각각의 혜성의 먼지 방출량과 크기 분포를 살펴보면 행성간

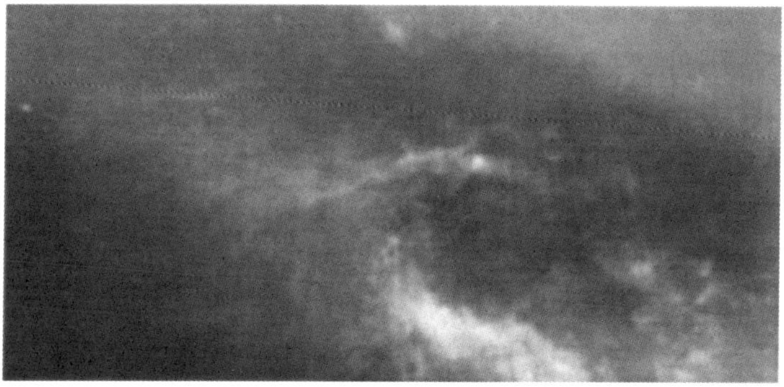

그림 5.23 적외선 천문위성 IRAS가 검출한 먼지 트레일. 비행기 구름처럼 혜성 궤도를 따라 가늘고 긴 형상이다(M. V. Sykes 제공).

먼지 중에 혜성 기원 먼지가 차지하는 비율을 알아낼 수 있다. 그러나 관측 정밀도가 불충분하기 때문에 아직 정밀하게 구할 수는 없다. 지구 상층 대기에서 채취되는 먼지의 대부분이 공극이 많은 모양이라 혜성 기원 먼지가 행성간 먼지에 크게 기여한다고 주장하는 연구자도 적지 않다.

5.6.6 에지워스-카이퍼 벨트 기원 먼지

소행성이나 혜성 이외에도 먼지 공급원을 생각할 수 있다. 에지워스-카이퍼 벨트 천체도 그 공급원 중의 하나다. 에지워스-카이퍼 벨트 천체끼리의 충돌이나 태양계에서 유입된 성간먼지(태양계 외부에서 태양계에 들어오는 먼지로, 탐사선 율리시스가 그 존재를 발견했다)와의 충돌에 따라 먼지가 방출되는 것으로 생각된다. 최근 대형 망원경으로 외계 별의 주위에 있는 먼지구름까지 관측할 수 있게 되었지만, 그 대부분은 태양계로 치면 에지워스-카이퍼 벨트 지역에 해당한다. 다른 행성계에서 발견되고 있으니 태양계에도 존재할 것이라는 기대가 높아졌고 먼지구름을 발견하려는 시도도 많았지만, 내행성 영역에 존재하는 먼지가 너무 밝은 탓에 현재 관측만으로는 그 존재가 입증되지 않는다.

외행성 영역을 탐사한 보이저나 파이오니아에 탑재된 먼지 검출기의 측정에서, 소행성대를 지나도 먼지의 개수밀도는 감소하지 않고 일정하게 유지된다는 보고도 있다. 이러한 먼지는 어쩌면 에지워스-카이퍼 벨트 지역에서부터 포인팅-로버트슨 효과에 따라 태양을 향해 떨어지고 있는 것인지도 모른다.

5.6.7 전망

2006년 1월 스타더스트 탐사선이 와일드 제2 혜성의 먼지를 지구로 가져오는 데 성공했다. 그 속에는 와일드 제2 혜성의 먼지뿐만 아니라 성간먼지도 포함되었을 가능성도 있다. 또한 2005년 9월에는 일본의 소행성 탐사선 하야부사가 소행성 이토카와에 접근하여 그 표면물질의 채취에 성공했다. 인류는 이렇듯 기원이 확실한 먼지를 손에 넣었고, 자세한 분석을 시작하게 되었다. 한편, 2006년 2월 발사에 성공한 일본의 적외선 천문위성 아카리AKARI는 황도복사를 높은 공간분해능으로 관측했다.[7]

이러한 원격탐사 관측은 행성간 먼지구름의 전체 구조를 조사하는 데 적합하다. 실제로 채취하여 손에 넣은 샘플의 자세한 물질적 연구와 천문관측으로 얻은 행성간 먼지 전체 구조의 연구에서 앞으로 몇 년 안에 큰 진전이 있을 것으로 기대된다. 그리고 우리 태양계 먼지구름의 기원을 밝히는 것은 다른 행성계의 주위에서 발견된 먼지원반(debris disk, 주계열성 주위의 먼지구름)에도 응용될 수 있고, 행성계 형성의 이해로 폭넓게 이어질 것이라 기대된다.

7 아카리AKARI는 1년을 넘는 탐사기간 동안, 중간적외선 및 원적외선으로 거의 전천을 관측했다.

칼럼 성간 기원 먼지

1990년에 발사된 '율리시스'는 목성의 스윙바이를 이용해 궤도를 바꾸어 황도면을 이탈했고, 태양계를 수직으로 회전하는 극 궤도를 가진 탐사선이다. 이 탐사선에는 미크론 크기의 먼지를 측정하는 장치가 탑재되어 행성간 먼지를 계측했다. 그리고 데이터 분석에서 놀라운 사실을 발견했다.

태양계 외부에서 고속으로 유입된 먼지가 존재한다는 것이다. 태양계와의 상대속도가 25 km s^{-1} 전후인 먼지로, 동일한 방향에서 유입되었다. 이는 정확히 태양계와 주변 성간 가스와의 상대속도 및 방향과 일치했다. 이전부터 성간 가스의 유입은 중성 헬륨으로 관측되었지만, 실제로 외계의 먼지도 유입되었던 것이다. 이를 성간 기원 먼지 또는 성간먼지라고 한다. 천문학적 감광관측에서 얻을 수 있는 먼지의 대표적인 크기는 0.1 μm이지만, 먼지 계측기로 측정한 입자는 조금 더 큰 0.3~0.5 μm 정도로 추측된다. 5.4.2절에서 언급했듯이 관측된 유성 중에도 성간 기원인 것이 있으리라는 제안이 있었지만, 속도의 오차가 커서 먼지 계측기의 결과만큼 확실하지는 않다. 또한 5.2.2절에서 언급한 태양계 이전 물질은 46억 년 전의 성간먼지이다. 한편, 먼지 계측기에서 발견된 이 성간 기원 먼지는 현재의 물질이다.

성간 기원 먼지는, 그 이후 갈릴레오 탐사선의 관측에서도 확인되었다. 일본 탐사선 노조미의 관측으로 지구 궤도 부근까지도 날아다니는 것이 밝혀졌다. 또 율리시스는 황도면에서 벗어나면 행성간 먼지보다 성간 기원 먼지가 주성분이 되는 것도 밝혀냈다. 아마 태양계의 역사 기간 동안 지구와 다른 행성에도 미량의 성간 기원 먼지가 들어왔을 것이다. 또한 혜성 먼지를 채취한 스타더스트 탐사선은 성간 기원 먼지도 채취하게 계획되었고, 이에 따라 회수한 샘플의 분석이 계속되고 있다.

그림 5.24 율리시스 및 갈릴레오 탐사선에 탑재된 먼지 계측기. 먼지의 고속 충돌에서 발생한 플라스마를 측정하여 먼지의 속도 및 질량 정보를 얻는다.

제6장
태양계의 기원

태양계 기원론의 역사에 대해서는 제1권 4.4절에서 언급했다. 여기에서는 태양계 형성에 관한 현시점에서의 표준 시나리오를 소개한다.

관측적 증거와 이론적 고찰에서, 별과 행성은 거의 동시에 형성되었다고 생각할 수 있다(제6권 Ⅱ부). 태양계도 마찬가지일 것이다. 태양계는 46억 년 역사 중, 최초 1억 년 이내에 기본적인 구조가 형성되었다고 생각된다. 이 형성 과정 초기의 수백만 년 이내에 원시태양과 그것을 둘러싼 가스구름인 원시행성계 원반이 형성되었고, 그 후 원반에 포함된 고체 미립자(먼지, dust)를 원료로 하여 행성 집적 과정이 진행되었다.

이 전반 단계(원시행성계 원반의 형성까지)에 대해서는 별 형성 과정의 일반론의 일부로 제6권 8장과 10장에 언급되어 있다. 몇 가지 상황 증거나 이론적 고찰에서, 태양도 마찬가지로 표준적인 소질량 별의 형성 과정에 따라 만들어졌다고 생각할 수 있다. 단, 일반적인 별 형성 과정에서는 쌍성계가 생성될 확률이 높지만, 태양은 단독별인 점 등의 특징에 유의할 필요가 있다.

후반 단계는 관측적인 제약이 적어 태양계에 남겨진 흔적과 중력 다체계의 운동에 기초한 이론적 접근법 등을 이용한 연구가 진행되고 있다. 단, 이 과정의 결과로 형성된 행성계의 다양성에 대해서는 태양계 이외에도 다수의 행성(외계행성)이 발견되었고, 그 질량이나 궤도 장반경, 궤도 이심률 등의 분포에 관한 통계적 연구에 따라 형성이론에 강한 걸림돌이 되고 있다. 외계행성의 특징과 이를 근거로 한 비교 행성계 형성론에 대해서는 이 책 7장에서 다룰 것이다.

6.1 태양계 형성론

태양계 형성 과정의 대략적인 내용은 제1권 4.4절에서 다루었다. 이제부터 이 장의 각 절에서 형성 과정에 따라 기술할 것이다. 이 절에서는, 태양계 형성의 표준 시나리오를 간단히 정리하고 몇 가지 관점에서 그 특징을 살펴본다.

6.1.1 태양계 형성의 표준 시나리오

1970~1980년대에 걸쳐 만들어진 태양계 형성 과정의 이론적 모형은 그 후의 운석 연구, 태양계의 관측 및 탐사, 별 형성 영역의 관측, 외계행성의 발견에 따라 수정·확장되었고, 표준 시나리오라는 형태로 정리되었다. 표준 시나리오는 이미 알고 있는 물리 과정을 기초로 하여 각 단계별 모형을 시간순으로 연결한 것이다. 시나리오를 구성하고 있는 모형 중에는 채용된 가정이 비현실적이라든가, 고려되지 않은 물리 과정이 있다든가, 관측·분석과 모순되는 등의 문제점이 지적된 것도 많다. 그러나 대안으로 제시된 모형이 그 단계로만 볼 때에는 맞다 해도 전체 시나리오로 볼 때 연결이 잘 되지 않는 점이 많다. 따라서 여기서는 전체로서의 일관성과 단순성을 중시한 표준모형을 먼저 소개하고 개별 문제점을 지적하면서, 몇몇 단계로 제안된 다른 모형도 소개한다.

먼저, 태양계 형성의 표준 시나리오를 5단계 (a)~(e)로 나누어 정리해 보자(그림 6.1). 각 단계별 물리적 설명이나 관측적 증거에 대해서는 다음 절에서 기술한다.

(a) 분자구름 코어의 수축에 따른 태양과 원반의 형성

희박하고 저온의 H_2가 주성분인 가스구름에서 특히 농도가 짙은 부분(분자구름 코어)이 자기중력에 따라 수축하여 원시태양이 생겨났다. 좀 더 각운동량이 큰 가스는 직접 중심에 도달할 수 없어 원시태양 주위를 공전하는 가스원반을 형성했다. 이것을 원시행성계 원반이라 한다.[1] 원반의 두

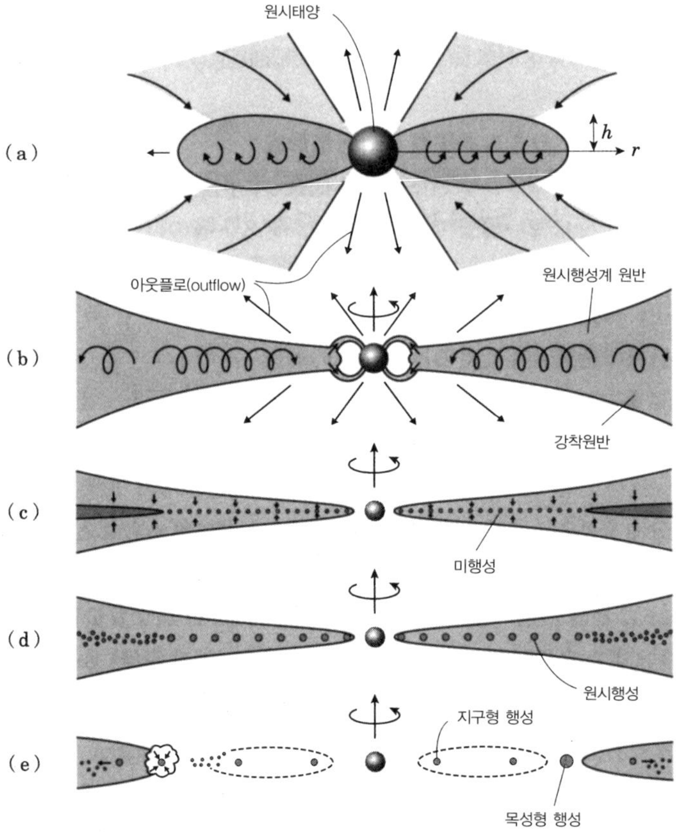

그림 6.1 태양계 형성의 표준 시나리오: (a)~(e)는 본문에서 기술한 각 단계의 원반(원반면에 수직인 단면도)을 나타낸다. 화살표는 가스 또는 행성의 운동방향을 나타낸다.

께(정확하게는 중심면에서 밀도가 중심의 $1/e$이 되는 곳까지의 높이: h)와 반지름(r)의 비(h/r)가 작은데, 특히 태양에 가까울수록 작아진다.

(b) 강착원반을 통한 원시태양의 성장

원반은 형성 초기에는 자기중력에서 생겨난 밀도파 등에 따라 각운동량을 원활하게 바깥으로 운반하고 질량을 원시태양 쪽으로 강착시킨다. 이

1 태양계의 기원이 된 원시행성계 원반은 주로 (원시)태양계 성운이라 불린다.

단계의 원반을 강착원반이라 한다. 태양 또는 원반의 안쪽에서부터 원반에 둘러싸여 있지 않은 방향으로 아웃플로(제트 상태의 흐름)를 내뿜고, 분자구름 가스의 강착을 정지시킨다. 이 때문에 원반의 질량이 차차 줄어들고, 원반의 가장 바깥부분은 각운동량을 가지고 밖으로 뻗어나간다. 원반의 질량이 태양의 1/100 정도로 줄어들었을 때 행성 형성이 가능하다.

(c) 원반 중심면으로의 물질dust 침전과 미행성 형성

원반의 난류가 약해지면 먼지는 합체되어 성장하고 원반의 중심면으로 침전해간다. 먼지가 침전되어 밀도가 높아지면 먼지층의 자기중력이 강해져 결국 여러 덩어리로 분열된다. 이 덩어리는 반지름이 수 km 정도의 크기인 자기중력 천체이며, 미행성이라고 한다.

(d) 미행성의 충돌 · 합체에 따른 원시행성의 형성

미행성은 중력에 따라 충돌과 합체를 반복하면서 성장한다. 이때 미행성 집단은 초기에 상대적으로 무거운 미행성이 좀 더 빨리 성장하여 한층 더 무거워진다(폭주 성장). 그 결과 소수의 무거운 행성(원시행성)과 다수의 가벼운 행성이라는 질량분포로 양극화된다. 이 소수의 원시행성은 곧바로 끌어모을 범위에 있는 미행성을 모두 먹어치워 각 영역마다 고립된다. 이때의 질량(고립질량)은 지구 궤도의 영역에서 $0.1M_\oplus$ 정도($M_\oplus$는 지구 질량), 목성 영역에서는 $2M_\oplus$ 정도이며, 성장에 필요한 시간은 약 10^6년(지구 영역)에서 약 10^7년(목성 영역)으로 짐작할 수 있다.

(e) 원반가스 강착에 따른 목성형 행성의 형성과 그 여파

고립질량이 커지는 목성 영역에서는 큰 고체 행성이 만들어지고 표면으로의 미행성 집적이 줄어들면, 주위의 가스가 정역학적 평형을 유지하지 못해 행성 표면으로 점차 강착된다. 가스는 원반에서 계속 공급되지만, 가스로 둘러싸인 행성의 질량이 수십 $M_\oplus$를 넘으면 중력적인 반발효과로 행성 주변의 원반에 좁고 긴 틈을 만든다. 이로써 가스 행성의 성장은 둔화

되어 목성형 행성이 된다. 지구 영역에서는 고립질량이 작기 때문에 가스는 강착되지 않고 암석이 주체인 지구형 행성이 된다.

목성형 행성의 형성은, 행성 형성의 최종단계에 큰 영향을 준다. 먼저, 원반가스가 우주 공간으로 탈출하는 원인이 된다. 지구형 행성의 영역에서는 한 번 더 집적을 일으켜 원시행성끼리의 충돌로 금성과 지구가 완성되었다. 한편, 좀 더 바깥쪽의 행성에는 미행성을 통해 각운동량을 전달하여 바깥 방향으로 이동시켰다. 이때 산란되었던 미행성이 주체가 되어 혜성의 둥지(오르트 구름)가 형성되었을 것이다.

(b)단계 끝 무렵의 원반 질량은, 현재의 행성(코어)이 그 장소 근처에서 고체 재료를 끌어모아 성장했다고 가정하면 설명이 가능하다(태양계 성운의 최소 질량 모형, 6.2절 참조). 행성 대기의 형성은 6.5절에서 설명하기로 한다.

6.1.2 **고립계로서의 태양계**

이 절에서는, 태양계의 주요 특징들이 태양계 형성의 표준 시나리오와 어떻게 연관되어 있는지를 살펴본다. 먼저, 태양계의 고립성을 생각해보자.

태양계에서 가장 바깥쪽에 있는 행성인 해왕성의 궤도 장반경은 약 30 AU(천문단위)이다. 한편, 태양에 가까운 별인 켄타우루스자리 α별까지의 거리는 1.3pc, 즉 2.7×10^5 AU이다. 따라서 행성이 존재하는 영역(행성 영역)의 반지름은 성간거리의 10^{-4}밖에 되지 않는다고 말할 수 있다.[2]

어떤 별이라도 태양계와 비슷한 정도 크기의 행성 영역을 갖는다고 할 경우, 태양계가 다른 별의 행성계와 부딪힐 때까지의 평균(상대)이동거리,

2 명왕성을 포함한 태양계 외연 천체나 혜성은 해왕성 궤도보다 바깥쪽에 있지만, 그 총질량은 무시할 수 있을 만큼 작다.

다시 말해 태양계의 평균자유행로 ℓ은

$$\ell \simeq \frac{D^3}{\pi R_{\mathrm{PS}}^2} \tag{6.1}$$

로 나타낼 수 있다. 여기서 D는 별의 평균간격이며, 태양 근방에서는 약 1 pc, R_{PS}는 행성 영역의 반지름으로 약 30 AU이다. 이 수치들을 대입하면 $\ell = 1.5 \times 10^7$ pc이 되고, 이는 태양이 은하계를 약 300바퀴나 돌아야 하는 거리와 같다. 태양이 은하계를 한 바퀴 도는 데 2.3억 년이 걸린다는 점과, 조우하는 별과 별의 상대속도가 은하 중심의 주위를 회전하는 속도보다 작다는 점으로 보아 현재 우주의 나이 정도에서 태양계는 다른 행성계와 충돌하지 않는다.

즉, 태양계는 형성 이후 거의 고립계로 진화해왔다고 생각할 수 있다. 단, 별은 분자구름 가스에서 집단으로 형성되므로 그때 별의 평균간격은 0.1 pc 이하가 될 수 있다. 이 때문에 형성 직후의 태양계가 같은 모태성단의 다른 별과 근접 조우했을 가능성이 있고, 태양계 가장 바깥쪽 외연부의 진화에 영향을 주었을 가능성이 있다.[3] 단, 이 경우에도 30 AU보다 안쪽의 행성 영역에는 근접 조우했던 별의 영향은 거의 미치지 않는다.

이러한 태양계의 고립은 분자구름의 분열에 따른 분자구름 코어의 형성과 그 수축에 기원을 찾는 것이 가능하다. 분자구름은 여러 가지 크기로 존재하고, 그 구조는 프랙털(fractal, 임의의 한 부분이 전체 형태와 닮은 도형)한 성격을 띠며, 밀도의 높은 부분을 확대하면 더욱더 고밀도의 부분이 여기저기 분포해 있다. 젊은 별의 천구상 분포를 조사하면 0.04 pc까지는 분

3 실제로 태양계 외연 천체의 분포를 조사해보면, 궤도 장반경이 50 AU를 넘는 천체가 거의 존재하지 않는다는 것과 궤도 경사각이 큰 것에서부터(5.4절 참조), 최접근 거리가 100 AU 정도의 근접 조우가 이러한 분포 특징에 원인을 제공했다는 연구 결과가 있다.

자구름의 프랙털한 성격을 반영한 분포를 볼 수 있지만, 그보다 작은 규모로는 평균적으로 동반별 하나를 가진 쌍성계를 이루는 것으로 알려졌다. 한편, $H^{13}CO^{+}$ 등의 분자선에 따른 전파관측에서 H_2 개수밀도가 10^5개 cm^{-3} 정도로 압축된 코어가 여럿 발견되었고, 그 크기는 역시 0.04 pc= 8×10^3 AU 정도로, 역학적 평형상태에 가깝다는 것이 밝혀졌다.

이런 사실들에서 분자구름에서는 분열이 반복되고, 밀도의 높고 낮은 부분들이 준정적quasi-static으로 증폭하며, 8×10^3 AU 정도가 된 분자구름 코어가 급격한 수축으로 전이되는 것으로 추정된다. 분자구름 코어 가스의 총질량은 대략 태양 질량 정도이지만, 그 크기는 태양 지름의 10^6배 이상이다. 급격한 수축에 따라 중심부에서 최초로 형성된 별first core의 반지름은 태양 반지름보다 훨씬 커서 1 AU 정도에 달한다. 따라서 분자구름 코어가 별이 되는 과정에서 10^4배에 가까운 수축이 일어난다는 것을 알 수 있다. 실제로는 다음에 언급할 각운동량의 효과로 100 AU 크기의 원시행성계 원반이 형성되지만, 어찌되었든 이 동적 수축에 따라 태양계는 고립된 존재로 탄생했다. 그리고 고유운동으로 분자구름을 떠나 은하 속에서의 고독한 여행을 계속해왔다.

6.1.3 각운동량 문제

이때 각운동량의 문제가 생긴다. 계의 전체 각운동량 J는 위치 r에 있는 질량 소편素片 dm의 속도를 v라 하면 계 전체에 걸친 적분 $J=\int r\times v dm$로 정의된다. 중력 수축이 거의 자유낙하 시간으로 진행되므로 그 사이에 각운동량은 대부분 보존될 것이다. 그러나 태양계의 전체 각운동량[4]은 분자구름 코어가 가진 것으로 추정되는 각운동량보다 훨씬 작다. 더욱이 태

4 각운동량 J는 벡터 양이지만, 편의상 그 절댓값 $|J|$도 각운동량이라 한다.

양계 질량의 99.8% 이상은 태양에 집중되어 있지만, 각운동량의 98%는 행성이 담당하고 있다는 문제도 있다. 만일 태양이 케플러 속도로 자전한다거나 거의 같은 질량의 근접 쌍성이라면 대부분의 각운동량은 태양이 담당하게 된다. 하지만 이 경우의 각운동량도 분자구름 코어의 각운동량과 비교하면 훨씬 작다. 따라서 형성이론에서 설명해야 하는 것은 다음과 같다.

(1) 분자구름 코어의 수축기 또는 원반의 강착기에서 각운동량을 효율적으로 밖으로 운반해 중심별로 질량을 집중시키는 메커니즘,

(2) 강착 기간 중 원시태양을 케플러 회전보다 저속 회전으로 유지하고, 그 후 더욱더 느리게 회전시키는 메커니즘이다.

각운동량의 운반보다 수축이 빠르면 분자구름 코어의 각운동량이 보존되고, 원심력과 중력이 대치하는 회전 평형상태에 있는 가스 원반이 형성될 것이다. 이것은 실제로 원시행성계 원반으로 관측된다.

단, 원반의 중심별에 대한 질량비가 약 20%를 넘으면, 원반은 불안정하게 되어 분열해버린다. 수치 모의실험에 따르면, 분자구름 코어의 각운동량이 상당히 작아지지 않는 한 계系는 최종적으로 분열하여 쌍성계가 되는 듯하다. 태양은 단독별이므로, 초기의 각운동량이 상당히 작은 분자구름 코어에서 만들어졌다고 생각할 수 있다. 다만, 분열한 3개 이상의 별이 형성되었을 경우 비교적 높은 확률로 계 밖으로 별 하나가 떨어져 나가고, 그 별이 단독별이 된다. 태양이 그렇게 탄생했다는 가능성도 생각할 수 있지만, 그러한 과정으로 행성 형성이 가능한지는 아직 연구되어 있지 않다.

강착원반의 모든 영역에서 효율적으로 안에서 밖으로 각운동량을 운반하는 과정은 중심별의 성장에 없어서는 안 될 요소이다. 원반의 단위질량당 각운동량(비각운동량: $j=rv_\phi$, r은 회전축에서의 거리, v_ϕ은 회전방향속도)은

바깥쪽일수록 크기 때문에, 예를 들어 열대류에서 각운동량은 안쪽 방향으로 운반된다. 바깥쪽 방향으로 각운동량을 운반하는 메커니즘으로는 무거운 원반에서는 자기중력 회전력torque이, 가벼운 원반에서는 자기회전 불안정에 따른 난류점성[5]이 유력시되고 있다. 단, 열 이온화가 적고(온도가 1000 K 이하), 우주선에 따른 이온화 효과도 없는(면밀도가 10^3 kg m^{-2} 이상) 영역(대략 0.1~10 AU)에서의 난류점성은 작다고 생각되는데, 그런 영역에서의 각운동량 운반 메커니즘에 대해서는 아직 정확한 설명이 없다.

태양의 형성에는 강착원반을 통해 질량을 공급하는 것만으로는 충분하지 않아 거기에 더해 각운동량을 밖으로 버릴 필요가 있다. 태양 표면에 접한 강착원반으로 질량이 공급되면 태양의 자전은 케플러 회전에 도달하지만, 실제로 그 같은 고속회전으로는 자기중력 천체가 회전타원체의 형태를 유지하지 못하는 것으로 알려져 있기 때문이다.

태양의 회전 감속에는 자기장의 역할이 크다. 그중 하나로 태양 자기장은 원반 표면과 연결되어 있으므로 회전력이 교환되고, 강착 중에도 태양의 회전속도가 작게 억제되었을 가능성이 있다. 원반상에서 태양과 회전각속도가 같아지는 반지름을 공회전 반지름이라고 한다. 공회전 반지름보다 안쪽에서 연결된 자기력선은 원반 쪽에서 빠르게 회전하여 태양을 더 빠르게 회전시키고,[6] 바깥쪽에서 연결된 자기력선은 반대로 태양의 회전속도를 떨어뜨린다. 양쪽의 균형으로 자전속도를 작게 유지하면 강착이 가능해진다. 더욱이 열린 자기력선으로 내뿜은 태양풍은 강착이 있으면 강화되는데, 이 또한 태양의 각운동량을 밖으로 버리는 것에 기여했을 가능성이 있다.

5 원반에 수직 방향으로 자기장이 관통하고 원반의 회전각속도가 바깥으로 갈수록 작아진다면, 그 회전류는 불안정해져 난류 상태로 되는 것으로 알려져 있다. 즉, 자기장의 존재는 케플러 회전하는 원반을 불안정하게 한다.

6 이 안쪽의 자기력선을 따라 가스가 태양으로 강착된다.

6.1.4 가스 성분과 고체 성분

대양계 행성의 질량 대부분은 H와 He로 이루어진 목성 · 토성의 껍질 envelope이 차지하고 있다. 그러나 다른 행성에서는 지구형 행성은 물론 천왕성 · 해왕성에서도 고체가 질량의 대부분을 차지한다. 하지만 목성과 토성에서도 중원소(H, He 이외의 원소)의 비율은 태양 대기와 비교해 훨씬 높고, 중심에 고체의 코어가 존재할 것으로 예상된다. 즉, 행성 형성 영역에서는 분자구름에서 유입된 가스 성분은 잃고 고체 성분이 농축되었음을 알 수 있다.

이러한 특징들은 '원시행성은 고체들이 집적되어 형성되고, 일부가 이후 주위에 원반가스를 두르게 되었다' 는 행성 형성 표준 시나리오의 코어 집적 모형으로 잘 설명된다(6.4절). 하지만 원반의 중력 불안정으로 먼저 가스 행성이 생기고, 가스를 잃은 일부가 고체 행성이 되었다는 주장(원반 불안정 모형)도 있다. 그러나 외계 행성의 관측 결과는 코어 집적 모형을 강하게 지지한다. 이것은 중원소가 풍부한 별일수록 행성(가스 행성)을 동반할 확률이 높아진다는 점과 뚜렷한 상관관계가 있다.[7] 이 상관관계는 먼지/가스비가 높을수록 가스 행성이 형성되기 쉽다는 것을 나타내므로 코어 집적 모형에서는 설명이 가능한 반면, 원반 불안정 모형으로는 설명하기 어렵다.

분자구름 가스에는 질량비에서 수 %의 고체 성분이 먼지 형태로 포함되어 있으며 그 전형적인 크기는 0.1 μm 정도이다. 주성분은 저온에서는 H_2O의 얼음이지만, 약 150 K 이상의 온도에서는 얼음이 승화되어 규산염 광물이 된다. 가스와 먼지 또는 행성이 공존할 때 둘 사이에 각운동량

7 별의 대기로 다른 행성이 낙하함으로써 별의 중원소비가 커지고, 나중에 상관관계에 영향을 줄 가능성도 있지만 여기서는 생각하지 않기로 한다.

의 교환이 일어나며, 대부분의 경우 먼지나 행성은 각운동량을 가스에 내주고 태양으로 낙하한다. 표준 시나리오에서는 고체 성분을 태양에 낙하시키지 않고 행성계를 만들 수 있는지가 중요한 실마리이다. 또한 원반 가스가 흩어져버리기 전에 고체 행성이 충분히 성장하여 가스 껍질을 만들 수 있는지도 중요한 실마리이다.

먼지는 서로 충돌하면 합체되어 커진다. 구형 먼지의 충돌 단면적 σ_{d}은 반지름 R의 제곱에 비례하고, 공간 개수밀도 n_{d}는 R^{-3}에 비례하므로, (식 6.1)과 마찬가지로 충돌에서 충돌까지의 평균자유행로 ℓ을 구할 수 있다.

$$\ell = \frac{1}{n_{\mathrm{d}}\sigma_{\mathrm{d}}} = \frac{4\rho_{\mathrm{mat}}R}{3\xi\rho_{\mathrm{g}}} \tag{6.2}$$

여기서 ρ_{mat}는 먼지의 물질밀도, ρ_{g}는 가스밀도, ξ은 먼지/가스 질량비다. 반지름 1 μm의 먼지인 경우 ℓ은 분자구름 코어의 전형적인 밀도에서는 10^4 AU 정도의 크기이지만, 원반의 밀도에서는 수백 km가 된다. 즉, 분자구름 코어의 수축으로 먼지 밀도가 상승하고, 평균자유행로 및 평균충돌 시간이 짧아져 먼지의 합체 성장이 가능하다는 것이다. 먼지에서 행성으로의 성장 과정은, 고체 성분과 가스 성분의 분리 과정이라 볼 수 있다.

먼지가 성장하는 것은 분자 사이의 힘 등에 따른 부착력에 의해서이지만, 먼지 크기가 1 mm를 넘으면 부착력은 상당히 약해진다. 반면, 크기가 1 km를 넘는 천체는 자기중력이 결합에 영향을 준다. 중간 크기인 1 m 전후의 물체가 결합력이 가장 작다.

한편, 가스 원반 안에서 먼지는 가스의 저항을 받아 중심별 쪽으로 소용돌이를 그리면서 낙하한다. 이는 가스가 바깥 방향의 압력기울기를 받아 케플러 회전보다 천천히 공전하여 케플러 회전하려는 먼지와의 사이에 공전속도 차가 생기기 때문이다. 먼지가 작으면 동경 방향의 낙하에도 가스 저항이 일어나 낙하속도가 작아지지만, 미터급 크기에서는 회전방향의 저항만 효과가 있어 동경 방향의 낙하속도는 최대가 된다. 더욱더 크기가 커지면 회전방향의 저항도 작아지므로 동경 방향의 낙하속도는 다시 작아진다. 따라서 합체 성장으로 먼지에서 행성이 되려면, 가장 성장하기 힘들고 태양 방향으로 낙하하기 쉬운 이러한 미터급 크기보다 커지지 않으면 안 된다. 이 문제는 6.3절에서 다시 다루기로 한다.

먼지가 성장하여 자기중력에 따라 형태를 유지하는 천체를 미행성이라 한다. 반지름이 수 km 이상의 미행성에 작용하는 가스 저항은 상대적으로 작아 태양으로 낙하할 걱정은 없다. 미행성이 되면 자기중력을 이용해 주위의 천체를 끌어당겨 합체 · 성장한다. 가스 저항은 미행성의 궤도 이심률이 커지는 것을 방지하고, 성장을 가속시키는 것과 더불어 행성 궤도를 원에 가깝게 유지시킨다. 지구형 행성의 영역에서는 대략 화성 크기($0.1M_{\oplus}$)의 원시행성이 열 개 이상 생긴다(6.3절 참조). 행성이 화성 질량보다 커지면 중력에 따라 주위의 원반 안에 밀도파가 만들어진다. 이 과정에서 원시행성은 궤도 각운동량을 잃는 것으로 예상되며, 다시 태양으로의 낙하 위험에 빠진다.

행성 질량이 $0.01M_{\oplus}$(달 질량 정도)를 넘으면 그 중력이 주위의 원반 가스를 끌어당겨 대기를 만든다. 목성보다 먼 영역에서는 행성이 미행성을 모으는 범위가 넓어지고 얼음도 재료물질로 더해지므로 원시행성의 질량이 지구 질량을 넘게 된다. 그러면 주위 원반 가스의 강착으로 대기(원시껍질)의 질량이 급증하여 거대 가스 행성이 만들어진다(6.4절). 거대 가스 행성은 주위의 가스를 포획하거나 중력 산란 등으로 궤도 주변에 가느다란 홈을 만든다. 이런 상태가 되면 행성과 원반의 각운동량 교환이 약해지고, 행성의 낙하시간은 원반이 난류의 각운동량 운반에 따라 강착하는 시간규모만큼 된다. 목성형 행성의 형성에 필요한 시간은 이론적으로는 10^7년 이상이고, 특히 바깥쪽일수록 더 시간이 걸린다. 한편, 관측적으로는 10^7년 이내에 원반 가스가 흩어져 버린다고 추정되므로 이 표준 시나리오로 목성형 행성을 만들 수 있는지는 확실히 알 수 없다.

원반 가스가 흩어지는 데에는 태양 자외선이 중요하다고 여기지만, 목성 형성에서 가스가 흩어지는 것이 그 계기가 되었을 가능성이 있다. 지구형 행성의 대기는 원반 가스를 포획한 것이 아니라 고체 재료물질 안에 포함된 H_2O나 CO_2 등의 휘발 성분이 집적 후에 가스에서 빠져나가 형성되었나고 생각할 수 있다(6.5절).

6.2 원시행성계 원반

6.2.1 태양계 형성론이 예언하는 최소 질량의 원반 모형

태양계 형성론에서는 원시행성계 원반(태양계 성운)의 물리적 · 화학적 성질이 행성계 형성의 초기조건이 된다. 특히 원반의 질량분포가 가장 중요하며, 태양계 성운의 질량분포는 현재 행성의 고체 물질의 양에서 추정한다. 태양계 형성론의 표준 시나리오로는

(1) 행성의 재료물질은 모두 현재의 태양계 행성에 이용되었다.

(2) 행성의 재료물질은 최소 이동으로 가장 가까운 행성에 포함되었다.

(3) 먼지/가스비는 태양계 원소 존재도[8]에서 추정되는 값으로 둔다.

라는 가정에서 얻을 수 있는 최소 질량의 원반 모형(하야시 모형)이 이용되고 있다.

8 태양 대기나 운석의 분석에서 구한 태양계의 평균원소조성.

하야시 모형에서는, 단위 표면적당 물질량(면밀도) $\Sigma(r)=\int\rho(r,\ z)dz$가 태양에서의 거리 r에 대해 단순한 멱함수로 주어진다. 먼지와 가스의 면밀도 분포 $\Sigma_{\mathrm{d}}^{\mathrm{H}}$, $\Sigma_{\mathrm{g}}^{\mathrm{H}}$은 각각,

$$\Sigma_{\mathrm{d}}^{\mathrm{H}}(r)=\begin{cases} 71\left(\dfrac{r}{1\ \mathrm{AU}}\right)^{-3/2}\ \mathrm{kg\ m^{-2}}\ (0.35\ \mathrm{AU}<r<2.7\ \mathrm{AU}) \\ 300\left(\dfrac{r}{1\ \mathrm{AU}}\right)^{-3/2}\ \mathrm{kg\ m^{-2}}\ (2.7\ \mathrm{AU}<r<36\ \mathrm{AU}) \end{cases} \quad (6.3)$$

$$\Sigma_{\mathrm{g}}^{\mathrm{H}}(r)=1.7\times10^{4}\left(\frac{r}{1\ \mathrm{AU}}\right)^{-3/2}\ \mathrm{kg\ m^{-2}}\ (0.35\ \mathrm{AU}<r<36\ \mathrm{AU}) \quad (6.4)$$

로 주어진다. 온도분포에서 알 수 있듯이, 2.7 AU보다 멀어지면 먼지 외에 H_2O의 얼음이 더해지므로 행성의 고체 성분이 되는 물질이 증가하여 거대 행성이 형성된다. 이것들의 면밀도 분포에서 원반질량 M_{disk}를 계산할 수 있다.

$$M_{\mathrm{disk}}=\int_{0.35\ \mathrm{AU}}^{36\ \mathrm{AU}}(\Sigma_{\mathrm{d}}^{\mathrm{H}}+\Sigma_{\mathrm{g}}^{\mathrm{H}})2\pi r dr=0.013\ M_{\odot} \quad (6.5)$$

한편, 원반의 온도분포 T^{H}는 흑체가 태양에서의 복사를 흡수, 재복사하여 평형이 되는 온도,

$$T^{\mathrm{H}}(r)=280\left(\frac{r}{1\ \mathrm{AU}}\right)^{-1/2}\ \mathrm{K} \quad (6.6)$$

을 가정한다. 또 원반의 두께 방향은 등온이며 정유체압력 평형에 있다고 가정하고, 원반의 두께 h는 다음 식으로 주어진다.

$$h(r) = 0.047\left(\frac{r}{1\,\mathrm{AU}}\right)^{5/4}\mathrm{AU} \tag{6.7}$$

이 식에서 원반이 기하학적으로 얇다고 근사할 수 있고($h \ll r$), 밀도가 아닌 면밀도를 생각해도 충분하다는 것을 알 수 있다.

지금 설명한 모형은 원시행성계 원반을 다루기 쉽게 단순화했다는 점에 주의할 필요가 있다. 실제로는 최소 질량, 최소 이동이라는 가정은 현실적이지 않다. 게다가 일부 질량이 태양으로 낙하하거나 태양계 밖으로 산란되었다는 것이 확실하고, 원시행성은 동경 방향으로 이동했을 가능성이 높다. 더욱이 미행성이 형성될 때의 먼지/가스비가 태양계 원소 존재도(1.2절 참조)와 이미 달랐을 가능성도 지적된다.

6.2.2 별 형성 과정에서 필연적으로 형성되는 원시행성계 원반

성간 분자구름 내의 젊은 별

태양계 형성론은 현재 태양계의 모습에서 생성 초기에 태양계 성운의 존재를 예언했다. 그러면 태양계 성운은 실제로 존재했을까? 아쉽지만 태양계의 과거로 거슬러올라가 검증하는 것은 불가능하다. 그러나 태양계 형성론이 보편적인 물리 · 화학의 법칙에 기초하여 만들어졌으므로 태양을 닮은 다른 별의 주위에서도 비슷한 행성계 형성이 일어난다고 생각하는 것은 자연스러운 일이다. 실제로 현재까지 200개 넘는 외계 행성계가 발견되고 있다.

그렇다면 태양 정도 별의 젊은 시기에 해당하는 천체를 찾아 관측하면 검증할 수 있을 것이다. 최근 수십 년에 걸친 전파 · 적외선 망원경의 활약으로 태양과 같은 항성은 그 재료물질인 (분자)가스나 먼지가 풍부하게 존재하는 성간분자구름 안에서 형성되었음을 알게 되었다(제6권 Ⅱ부 참조).

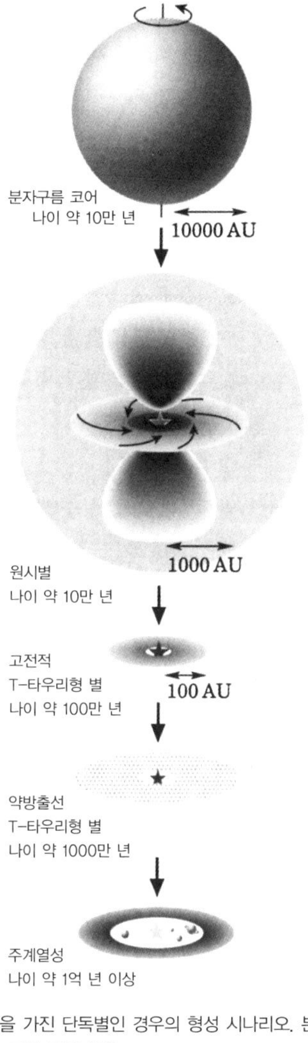

그림 6.2 태양 정도의 질량을 가진 단독별인 경우의 형성 시나리오. 분자구름 코어, 원시별, 고전적 T-타우리형 별에서 각각 크기가 다른 것에 주의.

태양처럼 가벼운 단독별은 분자구름 ⇒ 분자구름 코어 ⇒ 원시별 ⇒ 고전적 T-타우리형 별 ⇒ 약弱방출선 T-타우리형 별 ⇒ 주계열성(항성)이라는 과정을 거쳐 형성된다고 생각할 수 있다(그림 6.2). 이것들의 진화단계 가운데 T-타우리형 별이 원시행성계 원반을 동반한다는 것이 밝혀졌다. 따라서 T-타우리형 별의 원반을 관측하여 상세하게 조사하면 태양계 형성론을 검증할 수 있다.

다음에서는 현재 널리 받아들이고 있는 태양 정도 별의 형성 시나리오에서 어떻게 원시행성계 원반이 형성되고 진화하며, 최종적으로 행성계를 만들어냈는가를 태양계 성운을 참조하면서 살펴보도록 하자.

원시별 시기에서의 원반 형성

분자구름 코어의 중력 수축에 따라 그 중심부에 원시별(나이 약 10만 년)이 형성된다. 원시별은 핵융합반응이 아닌, 주위에서 떨어지는 물질의 중력에너지를 방출함으로써 빛을 낸다. 분자구름 코어는 회전하므로 큰 각운동량을 가진 물질은 원심력에 따라 원시별에 직접 낙하하지 않고 원시별 주위에 원반을 형성한다고 생각할 수 있다. 원시별의 주위에는 반지름 1000 AU 정도의 회전하면서 낙하하는 원반형 구조envelope가 관측되며, 단위질량당 각운동량 $j_{\rm env}$를 일정($\sim 10^{-3}$ km s^{-1} pc)하게 유지하면서 낙하한다는 것이 알려졌다. 따라서 이러한 원반형 구조의 중심부에서는 원심력과 중심별의 중력이 균형을 이루는 $R_{\rm cen}$ 정도의 원반이 형성되었을 것이다.

$$R_{\rm cen} = \frac{(R_{\rm env}V_{\rm env})^2}{GM_*} = \frac{j_{\rm env}{}^2}{GM_*} \sim 100\ \text{AU} \tag{6.8}$$

여기서 $R_{\rm env}$, $V_{\rm env}$는 원반형 구조의 반지름과 회전속도, M_*는 중심별의 질량, G는 중력상수를 나타낸다. 실제로 전파간섭계로 원반형 구조의 중심부에서 형성 도중에 있는 원반이 직접 관측된다. 이 단계에서 형성된 원반의 반지름이나 질량, 면밀도 분포는 분자구름 코어의 각운동량 분포나 밀도분포에 의존한다. 이론 연구에서는 형성시의 원반 면밀도 분포는 태양계 성운보다는 완만($0<p<1$, p에 대해서는 다음에 언급)하지만, 형성 후에는 난류점성 등의 각운동량 운반에 따라 질량이 안쪽(행성 형성 영역)으로 집중된다는 결과를 내놓고 있다.

고전적 T-타우리 시기에서의 원반 출현

원시별을 둘러싼 코어 물질이 소실되면 중심별을 가시광으로 볼 수 있다. 이 단계의 중심별을 고전적 T-타우리형 별(나이 약 100만 년)이라고 하며, 성장이 끝난 원반을 동반한다. T-타우리형 별 주위에 원반이 존재한다는 대표적인 관측 증거를 다음과 같이 정리했다.

(1) 직접 관측

가시광, 적외선으로는 중심별에서의 빛이 원반 내의 먼지에 따라 산란되어 주로 관측된다. 특수한 경우에는 배경 빛에 떠오르는 부분이 암흑성운처럼 관측되기도 한다. 한편, 전파(밀리미터파, 서브밀리미터파)에서는 가스나 먼지 성분에서 열복사를 직접 관측하고, 그것들의 공간적 분포와 크기를 분석하는 것이 가능하다.

(2) 적외선 초과 복사의 존재

적외선 영역에서의 특징으로, 중심별에서의 복사로는 설명할 수 없는 강한 복사를 들 수 있다(그림 6.3). 반경 100 AU 정도의 원반에 포함된 온도가 10~1000 K의 모든 먼지입자에서 열복사가 나온다고 생각하면 근적외($\lambda \sim 1\ \mu m$)에서 밀리미터파($\lambda \sim 1$ mm)까지의 초과 성분을 설명할 수 있

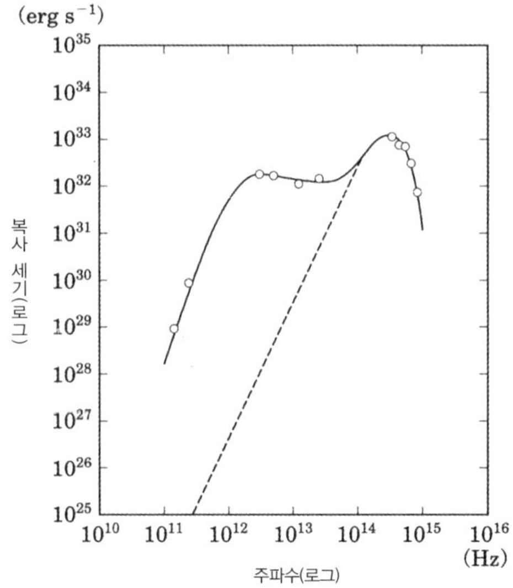

그림 6.3 T-타우리형 별 LkCa15의 에너지 스펙트럼 분포(SED). 동그라미는 관측 자료를 나타낸다. 점선은 중심별에서의 기여분이며, 실선은 원반의 기여분까지 더한 모형 계산을 나타낸다(Kitamura *et al.* 2002, *ApJ*, 581, 357).

다. 예를 들어 온도분포 $T^{\mathrm{H}}(r)=280(r/1\ \mathrm{AU})^{-1/2}\,\mathrm{K}$를 가정하면, 원반 반지름에서 주로 복사되는 전자기파의 파장은 $\lambda_{\mathrm{peak}}=10(r/1\mathrm{AU})^{1/2}\ \mu\mathrm{m}$로 주어진다. 만일 이 초과 복사를 설명할 수 있는 질량 $0.001\sim0.1M_{\odot}$의 별 주위 물질이 원반형이 아닌 구형이라 한다면, 별에서 나오는 빛은 100등급 이상 감광되어 중심별이 가시광으로도 보이지 않게 되어 실제 관측과 모순된다.

(3) 광학제트와 쌍극 분자류의 존재

가시광(〔OI〕, 〔SII〕)에서 관측되는 제트와 전파(CO)에서 관측되는 분자류의 존재에서 원반과 같은 축대칭 구조가 있음을 추정할 수 있다. 더욱이 제트의 적색이동 성분(멀어지는 성분)의 복사 세기가 약하다는 관측 사실은, 원반이 존재하며 관측자의 시점에서 볼 때 원반의 반대쪽 방향으로 방출된 제트가 원반에 가려진다고 생각하면 설명이 가능하다.

(4) 산란광에서 보이는 편광

중심별에서 나온 빛이 (가늘고 길게 분포하는) 별 주위 먼지에 따라 산란되면 편광되지만, 만일 먼지가 구대칭으로 분포한다면 편광은 관측되지 않을 것이다.

(5) Hα, CaII 방출선의 넓은 속도 폭(~100 km s^{-1})

중심별과 원반 사이의 고온 경계 영역에서의 복사라고 생각하면, 원반 내연부(~0.01 AU)에서의 빠른 케플러 회전속도로 설명이 가능하다.

(6) 자외선 초과와 채워짐veiling 현상

매우 고온인 별 · 원반 경계 영역에서의 복사가 자외선 영역에서 초과 복사를 만들어낸다. 더욱이 별의 바깥쪽에서 형성된 흡수선이 연속복사로 채워지는 현상veiling도 고온 경계 영역에서의 강한 연속파 복사가 더해지는 것으로 잘 설명할 수 있다.

1983년에 쏘아올린 적외선 천문위성 IRAS는, T－타우리형 별 전체의 절반 정도에서 원반의 기원이라 여겨지는 적외선 초과 복사를 검출했다. 이 발견을 기점으로 본격적인 원시행성계 원반의 관측 연구가 시작되었다. 초과 복사는 천체의 에너지 스펙트럼 분포(SED)로 관측되고, 이것을 해석함으로써 원반의 물리량을 추정한다. 해석할 때 이용하는 대표적인 원반 모형은 태양계 형성론에 기초한, 반경 100 AU 정도의 기하학적으로 얇은 멱함수형 분포 모형이다.

$$\Sigma(r) = \Sigma_{\mathrm{g}}(r) + \Sigma_{\mathrm{d}}(r) = \Sigma_0\left(\frac{r}{r_0}\right)^{-p} \ (p\sim1.5) \tag{6.9}$$

$$T(r) = T_0\left(\frac{r}{r_0}\right)^{-q} \ (q\sim0.5) \tag{6.10}$$

게다가 원반에서의 복사를 주로 담당하는 먼지의 흡수계수에 대해서는 다음의 간단한 멱함수를 가정한다.

$$\kappa_\nu = 0.01\left(\frac{\nu}{10^{12}\,\mathrm{Hz}}\right)^{\beta} \mathrm{m}^2\,\mathrm{kg}^{-1}\ (\beta \sim 1) \tag{6.11}$$

SED의 근적외(~1 μm)부터 원적외(~100 μm)에 걸쳐 원반복사는 광학적으로 두꺼워지기 때문에 원반 내부를 보는 것은 불가능하지만, 원반(표층)의 온도분포는 알 수 있다. 온도분포를 $T(r) \propto r^{-q}$라 하면, 관측되는 복사 세기는 $F_\nu \propto \nu^{3-2/q}$로 주어진다.

$$F_\nu \approx \frac{1}{d^2}\int_0^R B_\nu(T)\left[1-\exp\left(-\frac{\kappa_\nu \Sigma}{\cos\theta}\right)\right]\cos\theta 2\pi r dr \tag{6.12}$$

여기서 d는 천체까지의 거리, R은 원반 반지름, $B_\nu(T)$는 플랑크 함수, θ는 원반면에 수직인 축과 시선이 이루는 각을 나타낸다. 관측으로 $F_\nu \propto \nu^{-1}$을 구할 수 있으며, $q \sim 0.5$이다.

적외선 관측에 이어서 전파(밀리미터파)에 따른 원반 내 먼지에서의 열복사 탐사관측이 이루어졌고, 원반 질량이 하야시 모형(최소 질량 모형)과 잘 맞아떨어진다는 것을 알게 되었다. SED의 서브밀리미터파(~0.1 mm)에서 밀리미터파(~1 mm)까지는 원반복사가 광학적으로 얇아져 원반을 통과해서 볼 수 있으므로 원반 질량을 구할 수 있다. 이 경우의 복사 세기와 원반 질량은

$$M_{\mathrm{disk}} = \frac{F_\nu d^2}{\kappa_\nu B_\nu(T(R))} \tag{6.13}$$

처럼 비례관계가 된다. 여기서는 간단히 하기 위해서 원반에서의 복사는

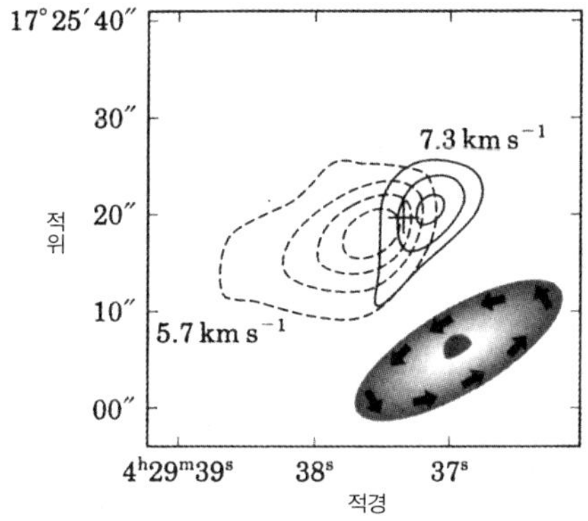

그림 6.4 최초로 영상을 얻은 원시행성계 원반. 노베야마 밀리미터파 간섭계를 이용해 쌍성인 T-타우리형 별 GG Tau(십자 표시)를 CO 분자선으로 관측했다. 중심별(6.3 km s^{-1})을 기준으로 하여 멀어지는(7.3 km s^{-1}) CO 가스 성분을 실선의 등고선으로, 가까워지는 (5.7 km s^{-1}) 성분을 점선으로 나타냈다. 이러한 분포는 중심별의 주위를 케플러 회전하는 원반으로 해석할 수 있다(오른쪽 아래 그림 참조). 좌표는 1950년 분점을 기준(Kawabe *et al.* 1993, *ApJ*, 404, L63의 그림을 보완).

온도가 일정한 흑체복사 $B_\nu(T)$라고 가정했다. 황소자리와 땅꾼자리 분자구름에서 관측된 원반의 질량은 0.001~0.1 $M_\odot$ 범위의 분포로 0.01 $M_\odot$에서 최댓값을 가지는데, 이것은 최소 질량 모형과 잘 맞아떨어진다.

1990년대 후반에 이르러 밀리미터파 간섭계로 원반을 직접 관측하여 영상을 얻을 수 있게 되었다(그림 6.4). 이러한 영상 촬영은 원반 존재의 가장 강력한 증거가 된다. 특히 전파에서는 원반의 분자가스와 먼지에서의 열복사를 관측할 수 있으므로 원반의 성질을 연구하는 목적으로는 알맞다. 광학적으로 얇은 먼지 연속파는 원반을 한눈에 볼 수 있어 가장 중요한 원반의 면밀도 분포(질량), 반지름, 먼지입자의 성장도 등을 얻을 수 있다. 광학적으로 두꺼운 분자가스 방출선은 원반 표층 부분에 한정되지만, 도플러 효과를 이용한 원반의 회전속도나 원반의 반지름, 온도, 화학조성을 알 수 있다. 지금까지 CO, HCO^+, CN, C_2H, CS, HCN, HNC, H_2CO, DCO^+ 등의 분자가 검출되고 있다.

한편, 가시광 및 근적외선 영역에서는 중심별에서 나오는 복사가 주로 원반 내 먼지입자에 따라 산란광으로 보이므로 원반의 기하학적 형태에 관한 정보를 얻을 수 있다. 예를 들면 스바루 망원경은 나선팔 모양의 미세 형태를 촬영하는 데 성공했다. 더욱더 공간분해능을 높이면 원반 안쪽에 행성 형성에서 기인한 미세구조(구멍, 고리, 덩어리 등)도 검출이 가능할 것이다. 또 특수한 경우로, 허블 우주망원경 HST는 오리온 대성운의 밝은 배경 빛에 떠오르는 원반의 실루엣을 여럿 검출했다. 이는 원반 내 먼지입자가 배경 빛을 차단하기 때문으로, 원반의 외연부를 뚜렷하게 찍을 수 있다.

지금까지 관측된 원반의 대략적인 물리적 성질을 다음과 같이 정리했다.

반지름 : $R = 50 \sim 1000$ AU

질량 : $M_{\rm disk} = 0.001 \sim 0.1 M_\odot$

면밀도 : $\Sigma(r) = (0.1-10)\left(\frac{r}{100\ \mathrm{AU}}\right)^{-p}\ \mathrm{g\ cm^{-2}}\ (p=0-2)$,

온도 : $T(r) = (50-400)\left(\frac{r}{1\ \mathrm{AU}}\right)^{-q}\ \mathrm{K}\ (q=0.4-0.8)$

원반의 반지름은 태양계보다 훨씬 크지만, 태양계 외연부에서 발견되는 TNO나 단주기 혜성의 둥지를 생각한다면 부자연스러운 크기는 아니다. 행성계 바깥쪽에는 행성으로 성장할 수 없었던 무수한 미행성이 남아 있을 것이다.

원반 질량은 앞에서 언급했듯이 최소 질량 모형과 잘 맞으며, 면밀도 분포가 행성계 형성론에서 가장 중요한 물리량이라고 할 수 있다. 노베야마 밀리미터파 간섭계에서 촬영한 원반(그림 6.5)의 밀리미터파 세기분포의 중심 집중도를 자세히 조사하면, 반지름 100 AU 부근에서 면밀도 분포의

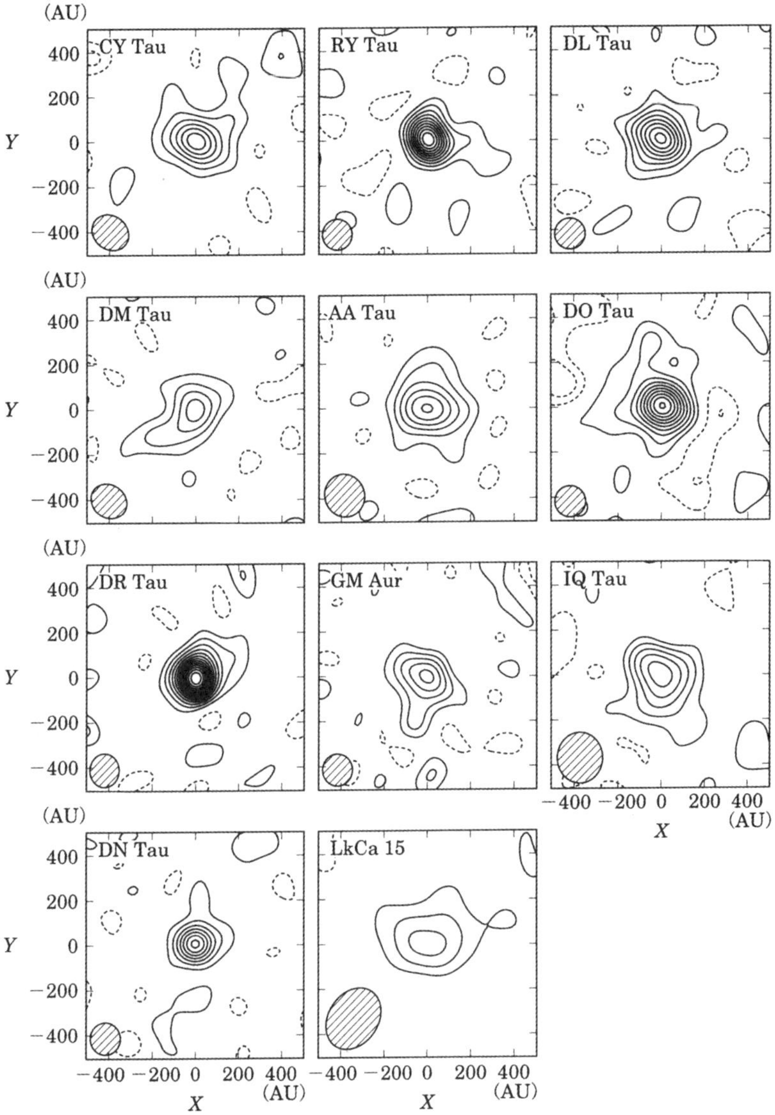

그림 6.5 노베야마 밀리미터파 간섭계로 촬영한 T-타우리형 별 주위의 원시행성계 원반. 원반 내 먼지 입자에서 나오는 열복사(파장 2mm)의 세기분포를 등고선으로 나타냈다. 이 세기분포는 거의 면밀도 분포라 생각해도 무방하며, 원반마다 다양하다는 것을 알 수 있다. *X*, *Y*축은 각각 적경, 적위를 나타내며 눈금은 중심별에서의 거리를 AU(천문단위)로 나타낸다. 각 그림의 왼쪽 위에 있는 천체 이름, 왼쪽 아래에 공간분해능(타원)을 표시했다(Kitamura *et al.* 2002, *ApJ*, 581, 357의 그림 보완).

멱지수는 태양계 형성론에서 예언한 값($p=1.5$)도 포함하지만, 대부분은 평탄한 분포($0<p<1$)를 나타내고 있음을 알 수 있다. 게다가 면밀도 값은 태양계 형성론에서의 외삽값과 비슷하다는 것을 알 수 있다. 이러한 사실은, 현재 전파로는 분해가 불가능한 원반 안쪽(~1 AU)까지 외삽한 면밀도 값이 목성형 행성의 형성이 어려울 정도로 작아진다는 것을 의미한다. 그러므로 앞으로 초고분해능 관측에 따른 검증이 필요하다.

한편, 관측하는 원반의 온도분포를 설명하려면 광학적으로 얇은 경우에 실현된 복사평형에서의 분포가 아닌, 광학적으로 두꺼운 원반의 기하학적 형태와 고온 표층 부분을 엄밀하게 고려해야 한다. 원반 표층은 중심별이나 원반 안쪽 고온 영역에서의 복사로 가열되어 내부보다 온도가 높기 때문이다. 실제로 원반 SED의 적외선 영역에 보이는 규산염 광물을 나타내는 특징적인 스펙트럼이나 밀리미터파에서의 CO 관측에서, 원반 표면이 적도면에 비해 고온이라는 사실이 밝혀졌다. 게다가 원반이 활발한 강착기에 있다면 적도면 부근에서의 난류점성에 따른 가열도 고려할 필요가 있다. 마지막으로, 속도는 대부분의 원반에서 케플러 회전으로 분석할 수 있고, 이것에서 역으로 중심별의 질량을 추정할 수 있다. 중심별의 자전속도는 별의 반지름에서의 케플러 회전속도보다 10배 정도 작은 수십 km s^{-1}인 것을 알 수 있고, 그러므로 현재의 태양계와 닮은 각운동량 분포가 실현되고 있다.

고전적 T－타우리형 별의 원반은 활발한 질량강착기에 있으므로 강착원반으로 다룬다(6.1.3절을 참조). 난류점성에 따라 각운동량이 바깥으로 운반된 결과, 원반 안쪽의 질량은 중심별로 낙하하여 질량강착이 일어나고, 별 · 원반의 고온 경계 영역에서 여러 가지 활발한 현상을 일으킨다. 한편, 강착원반의 바깥쪽은 각운동량을 받아들였으므로 원반이 반지름 방향으로 팽창한다. 노베야마 밀리미터파 간섭계의 탐사관측으로 촬영한 원반의 넓이(그림 6.5)를 자세히 분석한 결과, 이 원반 외연부의 팽창이 실제로 검증되었다. 원시성 단계에서 형성된 반지름 50~100 AU의 원반이 1천만 년 후에 약 500 AU까지 팽창하는 것이 밝혀졌다. 이 팽창은 현상론적인 점성계수 $\nu = \alpha c_s h$를 가정하면(c_s는 음속), $\alpha \sim 0.01$을 구할 수 있다. 이 값은 자기유체역학적 난류 모형을 뒷받침하지만, 원반 내 난류에 대해서는 아직 상세하게 알 수 없다.

더욱이 이 강착원반 내에서는 먼지입자가 0.1 μm 크기의 성간먼지에 비해 cm 정도까지 성장하고 있다는 흥미로운 관측 증거를 얻고 있다. 먼지 흡수계수 κ_ν의 주파수 의존성의 멱지수 β를 조사함으로써, 먼지입자의 성장에 대한 정보를 얻을 수 있다. 원반 내 먼지에 대해서는 $\beta = 0 \sim 1.5$라고 알려져 있고, 전형적인 성간먼지값 2에 비해 작아 입자의 성장을 시사한다〔파장에 비해 입자 크기가 커지면 파장 의존성(주파수 의존성)이 약해지고, $\beta = 0$에 근접한다〕. 태양계 형성론의 표준 시나리오와는 달리, 난류가 일어나는 곳에서도 먼지입자가 성장할 수 있을지도 모른다. 또 최근에는 중간적외선 영역에서의 정밀한 분광관측으로 먼지입자의 광물학적 성질에 대해서도 연구할 수 있게 되었고, 태양계 물질과학을 확장하여 우주광물학이라는 분야가 확립되고 있다.

약방출선 T-타우리 시기에서의 행성 형성

중심별이 더 진화하여 약방출선 T-타우리형 별(나이 약 1천만 년)까지 가면 원시행성계 원반 내의 난류가 멈추고 강착원반의 활동이 진정된다. 태양계 형성론에 따르면, 원반 내 난류가 감쇠하면 먼지입자는 합체 · 성장을 하면서 적도면으로 가라앉고, 거기서 미행성이 형성되어 행성 형성이 시작된다. 실제로 이 단계의 원반에서 행성 형성이 일어난다는 사실을 보여주는 다음과 같은 관측 증거들이 있다.

(1) IRAS 등에서 검출된 원반 기원의 적외선 초과가 소실된다. 특히 원반 안쪽(0.1 AU 이내)의 고온 부분에서 기인한 근적외선 초과의 소실이 빠르고, 수백만 년부터 1천만 년에 걸쳐 미행성이 형성된다고 해석된다.

(2) 밀리미터파에서의 가스와 먼지 탐사관측에서도 나이가 1천만 년 정도가 되면 원반 기원의 열복사가 더 이상 검출되지 않는다. 바깥쪽(~100 AU)의 저온 부분을 포함한 원반 전체가 소실되고 있다고 해석된다.

(3) 몇 개의 T - 타우리형 별(나이 백만 년에서 1천만 년)의 SED에는 λ~10 μm에 요면凹面이 보이는데, 이것은 먼지분포 영역에서 행성 형성에 따라 반경 10 AU 정도의 구멍(또는 틈)이 생긴 것으로 해석된다.

(4) 근방에 있는 산개성단에서는 나이가 1천만 년 정도이면 성단 내에 적외선 초과를 내는 젊은 별이 없어진다.

(5) 근방의 주계열성 관측까지 포함하면 1천만 년쯤에서 별 주위 먼지의 질량이 10배 이상 감소하는 경향을 보인다(그림 6.6). 다시 말해 원시행성계 원반은 1천만 년 정도가 되면 소실되고, 미행성끼리의 충돌로 생성된 부스러기 원반[9]이 나타난다고 해석할 수 있다.

태양계 형성론의 입장에서 말하면, 이 단계의 원반을 상세하게 관측하면 행성 형성의 현장을 직접 볼 수 있다. 행성계 형성 초기조건으로서의 원반의 물리적 성질에 머물지 않고, 그 후의 미행성 형성 과정, 행성 주위 원반을 동반한 원시행성의 성장, 행성이 원반에 만들어놓은 틈이나 나선팔 같은 미세구조, 또 가스 성분의 흩어짐 등을 직접 검증할 수 있다(더 자세히는 6.3절 이후를 참조). 앞으로의 초고감도, 초고분해능 관측에서 이러한

9 Debris disk, 행성이 형성될 때에는 미행성끼리의 충돌, 행성이 만들어진 후에는 소천체끼리의 충돌, 그리고 혜성의 증발 등으로 뿜어져 나온 먼지 미립자가 주성분인 원반이라고 추측한다. 원시행성계 원반의 잔존물과는 다름에 주의하자.

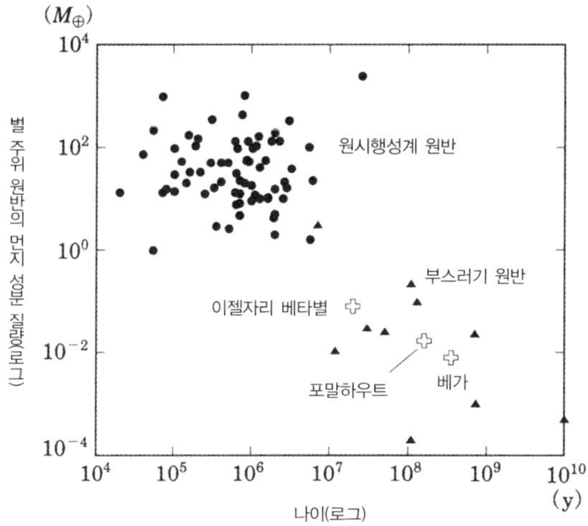

그림 6.6 별 주위 먼지의 질량 진화. 검은 동그라미는 T-타우리형 별 주위의 원시행성계 원반을 나타내고, 그 질량은 0.01을 곱해서 먼지 질량으로 환산했다. 검은 삼각형은 주계열성(소질량성) 주위의 부스러기 원반을 나타낸다. 부스러기 원반은 먼지가 주성분인 것에 주의. 대표적인 베가형 별의 부스러기 원반을 십자 표시로 나타냈다(Wyatt *et al.* 2003, *MNRAS*, 342, 876의 그림 보완).

검증을 기대해도 좋을 것이다.

6.3 지구형 행성의 형성

행성 형성 초기 단계에서는 지구형 행성이나 목성형 행성에 큰 차이가 없다. 반지름이 1 μm에도 미치지 않는 먼지에서 수천 km의 행성이 형성된 것이다.

먼저 천체역학에 대해 필요한 최소한의 설명을 해보자. 다른 행성의 영향이 없는 한, 행성은 움직이지 않는 평면 안에서 태양이 초점인 타원궤도에 따라 각운동량을 일정하게 유지하는 운동을 한다(케플러 운동). 이 운동을 정리한 것이 궤도 요소로, 궤도 장반경(타원 긴지름의 반) a, 궤도 이심률(장반경에 대한 초점 중심 사이 거리의 비) e, 궤도 경사각(원반 중심면과 궤도면이 이루는 각, 라디안 단위) i, 궤도면의 방향을 정하는 또 한 가지의 각변수(승교점 경도), 궤도 평면 내의 타원 방향(태양에 가장 근접한 근일점 방향)을 정하는 각변수, 그리고 어떤 시각에서의 궤도상 위치 등 6개로 이루어진다. 특히 행성이 원운동($e=0$)을 할 때, 공전속도 v_K(케플러 속도) 또는 공전각속도 Ω_K(케플러 각속도)는 행성의 질량이 태양보다 훨씬 가벼우므로

$$v_K = a\Omega_K = \sqrt{GM_\odot/a} \tag{6.14}$$

로 주어진다. 여기서 G는 만유인력상수, $M_\odot$은 태양 질량이다.

6.3.1 먼지의 침전과 미행성 형성

먼지는 원반면에 수직한 방향으로 태양 중력과 원심력의 합력을 받아 침강(침전)해 간다. 지구에서는 중력과 자전에 따른 원심력의 합력 방향을 연직 방향이라고 하는데, 이와 비슷하게 원반에 수직한 방향을 연직 방향이라 하며 그 방향에 z축을 둔다. 또 원반의 중심면 내의 동경 방향에 r축을 둔다.

먼저, 층류 상태에 있는 원반 안에 먼지가 침전하면서 합체 · 성장하면 어느 정도의 크기까지 커질지 조사해보자. 먼지가 단위시간당 쓸고 간 부분에 포함되어 있는 미소먼지(그 연직속도는 0이라 가정)의 일부가 합체하여 커진다고 생각하면 성장방정식은

$$\frac{dM}{dt} = f_s \rho_d \pi R^2 \left| \frac{dz}{dt} \right| \tag{6.15}$$

로 쓸 수 있다. 여기서 M, R, z는 각각 먼지의 질량과 반지름, 그리고 원반 중심면에서부터 측정한 먼지의 높이, ρ_d는 미소먼지의 공간밀도(단위공

간부피에 포함된 먼지 질량), 그리고 f_s는 미소먼지의 합체확률(충돌한 먼지 가운데 합체한 것의 질량비)이다.

여기서 $M=(4\pi/3)\rho_{mat}R^3$(ρ_{mat}는 먼지를 구성하는 물질의 질량밀도[10])임에 주의하면, $z>0$에서는

$$\frac{dR}{dz}=\frac{f_s\rho_d}{4\rho_{mat}} \tag{6.16}$$

이며, 이것을 z로 적분하면 원반 중심면에 도달했을 때의 먼지 반지름 R은

$$R=\frac{f_s\Sigma_d}{8\rho_{mat}}\simeq\begin{cases}3f_s\left(\dfrac{\Sigma_d}{\Sigma_d^H}\right)\left(\dfrac{r}{1\,\text{AU}}\right)^{-3/2}\text{mm} & [\text{E}]\\ 40f_s\left(\dfrac{\Sigma_d}{\Sigma_d^H}\right)\left(\dfrac{r}{5\,\text{AU}}\right)^{-3/2}\text{mm} & [\text{J}]\end{cases} \tag{6.17}$$

이 된다. 여기서 $\Sigma_d(r)$은 z 방향으로 뻗은 단위면적 원주 안의 먼지 총질량(면밀도)이고, $\Sigma_d^H(r)$은 최소 질량 모형(하야시 모형, 6.2절)의 먼지 면밀도이다. 또 [E]는 $0.35\,\text{AU}<r<2.7\,\text{AU}$의 영역, [J]는 $2.7\,\text{AU}<r<36\,\text{AU}$의 영역을 나타낸다. (식 6.17)에서 침전과 성장에 따른 최종 먼지 크기는 전체 먼지를 원반 중심면에 틈 없이 채워넣을 때의 평균두께 정도라는 것을 알 수 있다.

실제로 먼지는 층류뿐 아니라 난류에 따라서도 움직이고, 동경 방향으로도 이동하므로 더욱더 성장할 여지가 있다. 그러나 충돌 · 합체만을 반복하여 행성으로 성장하기에는 두 가지 난제가 있다.

10 지구형 행성 영역에서는 암석이 주체로 $3\times10^3\,\text{kg m}^{-3}$, 목성형 행성 영역에서는 얼음이 주체로 $1\times10^3\,\text{kg m}^{-3}$이다.

(1) 먼지 크기가 1 m 전후가 되면 분자 간의 힘이 듣지 않아 합체확률 f_S가 작아지는 점과

(2) 가스 저항시간[11]과 공전시간이 같아지면, 먼지는 가스에 각운동량을 넘겨주고 빠르게 태양 쪽으로 낙하해버린다는 점(6.1절)이다.

이러한 난제를 풀 수 있게 도와준 것이 먼지층의 불안정에 따른 미행성의 형성 모형이다. 원반 중심면 부근에 먼지 농집층(면밀도 Σ_d, 두께 $2H$)이 생기면 자기중력($\sim\pi G\Sigma_d$)에 따라 두께 정도의 수평 파장으로 분열하려 하지만 태양의 조석력($\sim\Omega_K^2 H$)이 분열을 억제한다. 따라서 $\pi G\Sigma_d > \Omega_K^2 H$가 되면 분열하여 수축한다. 계수를 보다 엄밀한 선형해석으로 구하면 분열할 때의 H는 다음과 같다(이하에서는 파장 $\lambda \simeq 2.9\pi H$).

$$H \simeq \frac{0.63\pi G\Sigma_d}{\Omega_K^2} \simeq \begin{cases} 2.3\times10^2\left(\dfrac{\Sigma_d}{\Sigma_d^H}\right)\left(\dfrac{r}{1\,\mathrm{AU}}\right)^{3/2}\ \mathrm{km} & [\mathrm{E}] \\ 1.1\times10^4\left(\dfrac{\Sigma_d}{\Sigma_d^H}\right)\left(\dfrac{r}{5\,\mathrm{AU}}\right)^{3/2}\ \mathrm{km} & [\mathrm{J}] \end{cases} \tag{6.18}$$

이 결과로 만들어지는 덩어리의 질량은 다음과 같다.

$$M = \pi\lambda^2\Sigma_d \simeq \begin{cases} 1.0\times10^{15}\left(\dfrac{\Sigma_d}{\Sigma_d^H}\right)^3\left(\dfrac{r}{1\,\mathrm{AU}}\right)^{3/2}\ \mathrm{kg} & [\mathrm{E}] \\ 8.6\times10^{17}\left(\dfrac{\Sigma_d}{\Sigma_d^H}\right)^3\left(\dfrac{r}{5\,\mathrm{AU}}\right)^{3/2}\ \mathrm{kg} & [\mathrm{J}] \end{cases} \tag{6.19}$$

이렇게 하여 지름이 km 정도의 자기중력 천체(미행성)가 공전시간 정도에서 형성되고, 먼지의 낙하시간 문제는 피해갈 수 있게 되었다.

11 입자가 가스 저항만을 받아 운동할 때 가스와의 상대속도가 초기의 $1/e$이 될 때까지 필요한 시간.

하지만 이 미행성 형성 모형에는 강한 반론이 존재한다. (식 6.18)에서 먼지층의 두께가 태양계 크기에 비해 아주 얇지 않으면 분열이 일어나지 않는다는 것을 알 수 있다. 한편, 먼지를 침전시키는 태양 중력의 z 성분은 z에 비례하고, 중심면 부근에서는 거의 0이 된다. 이는 얇은 먼지층이 아주 약한 난류에도 쉽게 말려 올라가는 것을 의미한다. 그러나 먼지 농집층의 형성은 그 자체에서 난류를 일으킨다. 먼지는 케플러 회전을 하려고 하지만, 가스는 동경 방향 바깥쪽으로 압력기울기를 받기 때문에 먼지보다 천천히 회전한다. 그러므로 원반의 중심면 부근의 먼지 농집층과 상공의 먼지 결핍층에서는 회전속도의 차이가 발생한다. 안정된 밀도 성층(중심면에 가까울수록 밀도가 높은 상태)도 강한 속도 차이가 발생하면 불안정하게 된다(켈빈–헬름홀츠 불안정). 앞에서 말했듯이 중심면 부근은 중력이 약하기 때문에 농집층과 결핍층의 속도 차로 쉽게 불안정해지고, 침전된 먼지는 말려올라가 버린다. 이렇게 되면 자기중력 불안정이 일어나지 않아 미행성은 생성되지 않는다.

이 반론에 대해 아직 명확한 대답이 나오지 않았다. 원반을 관통하는 원주에 포함되는 먼지/가스비가 높아지면, 켈빈–헬름홀츠 불안정이 생기기 전에 자기중력 불안정에 이르는 것이 가능하다. 따라서 먼지의 동경 방향 이동으로 먼지/가스비가 높아지는 영역이 생기고, 거기서 미행성이 생성된다는 모형이 제안된다. 또는 가스 원반에 비교적 안정되게 존재하는 고기압성 소용돌이의 중심에서는 동경 방향의 압력기울기가 없으므로 먼지가 농집하고 침전되어도 켈빈–헬름홀츠 불안정이 생기지 않는다는 주장도 있다. 여러 주장들이 있음에도, 표준 시나리오의 기본을 이루는 미행성 형성이 아직 명확하게 정리되지 않았다는 점에 주의할 필요가 있다.

6.3.2 행성의 폭주 성장

표준 시나리오에 따른 미행성의 행성 집적 과정을 생각해보자.

미행성 두 개(질량: M_1, M_2)가 접근하면 상호중력에 따라 케플러 운동에서 약간 어긋난다(중력 산란). 상호 중력이 태양 중력보다 커지는 영역의 크기(힐 반지름 또는 중력 반지름)

$$r_{\mathrm{H}} = \left(\frac{M_1 + M_2}{3M_\odot}\right)^{1/3} a \tag{6.20}$$

은 미행성의 평균간격에 비해 작기 때문에 두 천체의 중력 산란의 축척으로 미행성의 궤도 요소가 변한다.

미행성은 형성 직후에는 원반의 중심면 부근에서 거의 원궤도이다. 초기에 완전한 원운동을 한다 해도 a의 다름에 따른 각속도 차로 즉시 미행성 간의 접근이 일어나고, 중력 산란으로 e와 i가 생긴다.[12]

중심면 안에서 같은 a를 갖고 케플러 원운동을 하는 계에서 본 상대속도

$$u = (e^2 + i^2)^{1/2} v_{\mathrm{K}} \tag{6.21}$$

을 미행성의 무작위random 속도라고 정의하자. 태양 중력장의 뿌리 부분에서 미행성 집단이 상호 중력 산란을 반복하면 e와 i의 평균값[13]은 $\bar{e} \sim 2.2\bar{i}$라는 관계로 평형에 도달하므로, 앞으로는 이 평균값을 (식 6.21)에 대입한 $\bar{u}$를 사용한다. 또한 미행성이 태양을 공전하고 있는 것은 잠시 잊고, 상자 속을 미행성이 속도 u로 날아다닌다 하고 충돌 · 합체에 따른 행성의 성장

12 미행성 집단에서는 궤도 요소의 나머지 각변수 두 개가 거의 분포가 균일하다고 생각해도 좋다.
13 $\bar{x}$는 x^2의 평균값의 제곱근을 나타낸다.

을 생각해보자. 이는 대담한 가정이지만, 태양 중력장에서의 N체 모의실험과 비교하여 대략 비슷한 정도의 결과를 보이는 것으로 확인되었다.

질량이 다른 미행성끼리는 u가 역학적 에너지 등분배법칙에 따라 $M_1u_1^2=M_2u_2^2$이 되게 진화하고,[14] 무거운 행성일수록 u가 작아진다. 따라서 행성과 미행성의 충돌 상대속도[15]는 미행성의 무작위 속도로 정해진다고 생각해도 된다.

충돌의 상대속도를 미행성 집단이 결정하는 것은 행성이 폭주 성장하는 원인이 된다. 이에 대해 이제부터 살펴보기로 하자.

초기에 미행성 집단(평균질량: m) 중에 질량이 다른 복수의 행성(질량 M, 반지름 R)이 있다고 가정하자. 어떤 행성에 대해서든 $M \gg m$이 성립하고 공통의 미행성 집단과의 충돌 · 합체를 반복하면서 성장할 때, 행성 간 질량비는 성장과 함께 어떻게 변화할지 생각해보자.

행성의 성장방정식은 다음과 같이 주어진다.

$$\frac{dM}{dt} = \pi R^2 \left(1 + \frac{2GM}{R\bar{u}^2}\right) \rho_{\mathrm{p}} \bar{u} \tag{6.22}$$

여기서 $\bar{u}$는 원래 상대속도의 평균값이지만 $M \gg m$이므로, 위에서 설명한 것처럼 미행성 집단의 무작위 속도의 평균값으로 근사할 수 있다. 더욱이 ρ_{p}는 미행성의 공간밀도로 행성 재료물질의 면밀도 Σ_{d}와 미행성 분포의 z 방향 두께 $2ai \sim \bar{u}/\Omega_{\mathrm{K}}$에서

14 상자 속 입자집단의 $\bar{u}^2$은 일정하게 보존되지만, 실제의 케플러 회전계에서는 중력 산란으로 태양 중력에너지를 끄집어내고, 가스 저항이나 비탄성 충돌에 따른 에너지 산란과 균형이 이루어지기까지 미행성 집단의 $\bar{u}^2$는 커진다.

15 충돌 직전의 궤도를 태양 중력을 생각하지 않고 거슬러 올라가 무한히 먼 곳에서의 상대속도를 말한다.

$$\rho_{\rm p} \simeq \Sigma_{\rm d}\Omega_{\rm K}/\bar{u} \tag{6.23}$$

이 얻어진다. 그리고 여기에서

$$\frac{dM}{dt} \simeq \Sigma_{\rm d}\pi R^2\left(1 + \frac{2GM}{R\bar{u}^2}\right)\Omega_{\rm K} \tag{6.24}$$

도 얻을 수 있다.

(식 6.24)의 우변 괄호 안은 행성 중력에 따른 유효충돌단면적의 기하단면적(πR^2)에 대한 확대율을 나타낸다. $\sqrt{2GM/R}$은 상대속도 0으로 입사한 미행성이 행성 표면에 도달했을 때의 속도이다. 이는 거꾸로 생각해보면, 행성 표면에서 쏘아올린 물체가 무한히 먼 곳에 도달하기 위한 초기 속도와 같으며 행성의 탈출속도($v_{\rm esc}$)라고 한다. (식 6.24)의 우변 괄호 안은 $1+(v_{\rm esc}/\bar{u})^2$으로 쓸 수 있는데, $\bar{u}$와 $v_{\rm esc}$의 대소관계에 따라 행성의 성장률이 크게 변화한다.

먼저, $\bar{u} \gg v_{\rm esc}$이면 $dM/dt \propto M^{2/3}$이 된다. 이 경우는 행성의 성장시간, 즉 그 순간의 속도 그대로 성장을 계속하여 현재 질량의 2배가 되는 시간 $t_{\rm grow}=M(dM/dt)^{-1}$은 $t_{\rm grow} \propto M^{1/3}$이 된다. 결국 초기에 가벼운 행성 쪽이 성장시간이 짧고 행성 간 질량비도 감소하는 것을 알 수 있다. 이러한 성장 양상을 '규칙적 성장'이라고도 한다.

거꾸로, $\bar{u} \ll v_{\rm esc}$이면 $dM/dt \propto M^{4/3}$이고 $t_{\rm grow} \propto M^{-1/3}$가 되어 초기에 무거운 행성이 성장시간이 짧고 행성 간 질량비가 커지는 것을 알 수 있다. 이것의 성장이 폭주 성장이라고 할 수 있다.

실제의 행성 성장이 어느 쪽으로 진행될 것인지는 행성의 '씨앗'이 되는 미행성의 무작위 속도 u가 어떻게 결정되느냐에 따른다. 행성 성장 과정의 전반에서 계의 압도적인 질량은 미행성 집단이 차지한다. 이 경우에

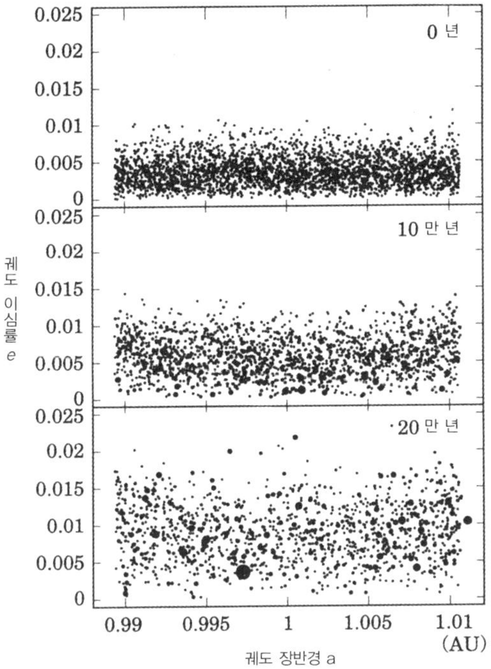

그림 6.7 중력 다체 모의실험에 따른 폭주 성장의 모습. 가로축은 궤도 장반경 *a*, 세로축은 궤도 이심률 *e*이다. 원의 크기는 행성의 반지름을 나타낸다. 초기 질량 10^{20} kg의 미행성 3000개를 계산했고, 가스 저항을 고려했다. 고쿠보 에이이치로의 계산에 따랐다.

각 미행성의 u는 행성에 따른 중력 산란으로 일단 증가해도 그 후 많은 미행성과의 중력 산란으로 운동에너지를 교환하므로, 다음에 다시 행성과 조우하기까지 작아진다. 행성에 따른 중력 산란에서 미행성이 한 번 얻는 u는 v_{esc}보다 작아 위의 조건 $\bar{u} \ll v_{\text{esc}}$이 성립된다.[16] 이렇게 하여 미행성의 무작위 속도가 미행성 집단에 따라 결정되는 동안에 행성은 폭주 성장하여 급속도로 커진다.

그림 6.7에 중력 다체 모의실험(제14권 6.2절 참조)에 따른 예를 나타냈

16 $\bar{u}$는 미행성의 탈출속도 정도가 된다.

다. 초기에 거의 비슷한 질량이던 집단에서 아주 일부 행성만이 폭주 성장하여 커지는 모습을 볼 수 있다. 계산이 끝날 때까지 계 질량의 대부분은 가벼운 미행성이 차지하며, 그 궤도 이심률 e는 비교적 작은 값으로 억제된다. 폭주 성장으로 가벼운 미행성에서 벗어나 커진 행성이 바로 원시행성이다.

6.3.3 원시행성의 과점적 성장

폭주 성장이 진행되면, 여전히 총질량의 대부분을 미행성 집단이 점유한 와중에 원시행성의 중력 산란이 미행성의 무작위 속도를 지배하게 된다.

이는 다음의 설명으로 이해할 수 있다. 중력 산란에 따른 미행성의 무작위 운동에너지 증가율은 상자 속 입자 운동계에서는 산란 전후 속도벡터가 90도 이상 틀어지는 단면적 σ_G에 단위시간에 날아오는 미행성 수에서,[17]

$$\frac{1}{u^2}\frac{du^2}{dt} \sim n\sigma_G\bar{u} \sim \Sigma_n\left(\frac{GM}{\bar{u}^2}\right)^2\Omega_K \tag{6.25}$$

로 계산할 수 있다. 여기서 n과 Σ_n은 미행성의 개수밀도와 면수밀도이다. 중요한 것은 운동에너지의 증가율이 행성 질량 M의 제곱에 비례한다는 점이다. 여기에서 원시행성에 따른 중력 산란이 뚜렷해지는 조건은

$$M^2N > m^2n \tag{6.26}$$

임을 알 수 있다. 여기서 N은 원시행성의 개수밀도이다. 따라서 원시행성

17 실제로는 먼 곳에서의 산란 효과가 있어 보정이 필요하지만, 여기서는 영향이 없으므로 무시한다. 또한 원시행성의 질량은 모두 똑같이 M으로 둔다.

의 총질량(MN)이 계 전체의 질량($mn+MN$)에 비해 작을 때는 폭주 성장을 이끌어내는 가정이 성립되지 않음을 알 수 있다.

이렇게 되면 과점적 성장이라 불리는 다음과 같은 성장 과정으로 진화한다. 원반 가스의 저항에 따라 미행성의 무작위 속도는 원시행성의 탈출 속도의 1/3 정도로 억제되므로, 각 원시행성은 그 세력권에서는 성장 속도가 느리지만 폭주 성장은 계속한다. 하지만 거기서 떨어진 영역에 있는 원시행성들의 질량비는 감소한다. 즉, 원시행성들 사이에서는 규칙적 성장의 양상이 보인다. 그 결과 비슷한 질량의 원시행성이 죽 배열하고, 그 사이에 가벼운 미행성이 분포하는 상황이 나타난다.

중력 다체 모의실험에 따른 결과를 그림 6.8에 나타냈다. 성장시간이 짧은 안쪽에서부터 원시행성이 형성되고, 중력 반지름의 10배 정도 간격으로 배열된 양상을 볼 수 있다. 집적이 진행되면 미행성은 거의 대부분 먹혀버리고 원시행성만 각 영역마다 고립되어 존재한다.

이 고립된 원시행성의 질량(고립 질량)은 간단히 계산할 수 있다. 원시행성이 미행성을 끌어들이는 범위(집적 영역)의 폭을 원시행성 힐 반지름의 f배로 두자. 중력 다체 계산에 따르면 f는 10 정도이며 M에 의존하지 않는다. 집적 영역의 총질량(집적 가능 질량) M_{feed}는

$$M_{\text{feed}} = 2\pi a f r_{\text{H}} \Sigma_{\text{d}} \tag{6.27}$$

이며 집적 영역의 폭에 비례한다.

한편, (식 6.20)에 따라(여기서는 $M_1+M_2=M$이라 한다) 집적 영역의 폭은 $M^{1/3}$에 비례한다. 행성이 성장하면 그에 대응하여 집적 영역의 폭도 넓어지지만, 그것은 $M^{1/3}$에 비례하는 정도밖에 넓어지지 않아 M은 금방 집적 가능 질량에 도달한다. 즉 $M=M_{\text{feed}}$이 고립 질량인 것으로 해석할 수 있다. 이러한 방법으로 고립 질량을 계산하면 다음과 같은 결과를 얻는다.

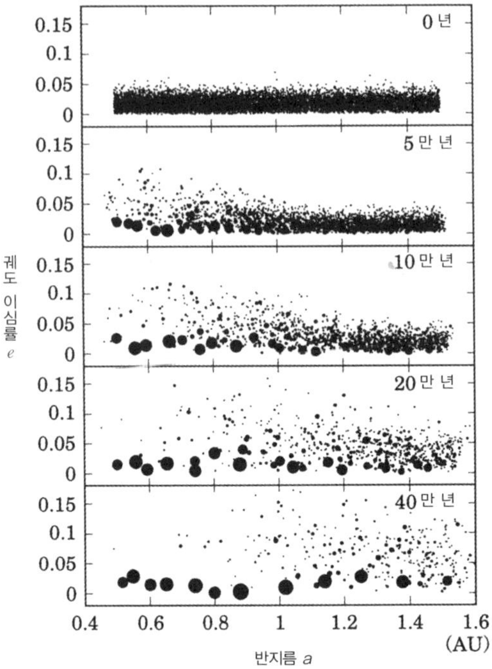

그림 6.8 중력 다체 모의실험에 따른 과점적 성장의 모습. 초기 질량 1.5×10^{21} kg의 미행성 1만 개를 계산했다. 단, 계산 시간을 단축하기 위해 행성 반지름은 6배로 하고, 가스 저항은 고려하지 않았다. 고쿠보 에이이치로가 계산했다.

$$M \simeq \begin{cases} 0.09\left(\dfrac{\Sigma_{\rm d}}{\Sigma_{\rm d}^{\rm H}}\right)^{2/3}\left(\dfrac{a}{1\,{\rm AU}}\right)^{3/4}\left(\dfrac{f}{10}\right)^{3/2} \quad M_\oplus \quad [{\rm E}] \\ 1.7\left(\dfrac{\Sigma_{\rm d}}{\Sigma_{\rm d}^{\rm H}}\right)^{2/3}\left(\dfrac{a}{5\,{\rm AU}}\right)^{3/4}\left(\dfrac{f}{10}\right)^{3/2} \quad M_\oplus \quad [{\rm J}] \end{cases} \tag{6.28}$$

여기서 $M_\oplus$는 지구 질량을 나타낸다. 여기까지의 성장에 필요한 시간 $t_{\rm grow}$는 (식 6.24)에서 $\Theta=1+(v_{\rm esc}/\overline{u})^2$이라는 기호[18]를 도입하면 다음과

18 Θ는 성장시간의 반을 넘게 차지하는 과점적 성장기에는 그 값이 10~20 정도이다.

같이 쓸 수 있다.

$$t_{\rm grow} \simeq \begin{cases} 4\times10^{6}\left(\dfrac{\Sigma_{\rm d}}{\Sigma_{\rm d}^{\rm H}}\right)^{-1/2}\left(\dfrac{a}{1\,{\rm AU}}\right)^{13/4}\left(\dfrac{f}{10}\right)^{1/2}\left(\dfrac{\Theta}{10}\right)^{-1}\ {\rm yr\ [E]} \\ 6\times10^{7}\left(\dfrac{\Sigma_{\rm d}}{\Sigma_{\rm d}^{\rm H}}\right)^{-1/2}\left(\dfrac{a}{5\,{\rm AU}}\right)^{13/4}\left(\dfrac{f}{10}\right)^{1/2}\left(\dfrac{\Theta}{20}\right)^{-1}\ {\rm yr\ [J]} \end{cases} \quad (6.29)$$

행성의 성장시간은 목성형 행성의 영역에서는 매우 길어지고 원반 가스가 흩어지기 직전에서야 겨우 목성형 행성의 핵을 만든다는 것을 알 수 있다.

여기서 또 하나 미해결로 남아 있는 문제점을 살펴보자. 행성이 고립 질량 정도까지 성장하면, 주위의 원반 가스에 밀도파가 생기고 그것에서 각운동량을 교환한다. 일반적인 원반 형태에서는 행성이 각운동량을 잃고 태양 쪽으로 낙하해버린다. 낙하의 시간규모는 성장시간에 비해 매우 짧다. 이는 표준 시나리오에서 큰 문제점이라고 할 수 있다. 또한 이러한 행성의 동경 방향 이동이 있으면 고립질량의 개념이 불명확해지는 것에도 주의해야 한다.

6.3.4 지구형 행성 형성의 최종단계

과점적 성장의 결과 원시행성이 각 영역마다 고립적으로 형성된다. 목성형 행성의 영역에서는 원시행성이 핵이 되고 주변의 원반 가스를 끌어들여 가스 행성을 형성한다. 이 과정에 대해서는 다음 절에서 설명한다.

여기에서는 지구형 행성의 영역에서 행성 집적의 최종단계를 살펴보자. (식 6.28)에서 지구형 행성의 영역에서는 화성 질량 정도의 원시행성이 열 개 이상 형성된다. 이것들은 과점적 성장의 시간규모에서는 안정적으로 보이지만, 한층 긴 시간의 천체역학적인 상호작용으로 궤도가 불안정하게 변한다.

목성 및 토성의 형성은 지구형 행성 형성에도 강한 영향을 미친다.[19] 목성의 직접적인 중력섭동은 소행성대 부근까지밖에 미치지 않지만, 영년공조 위치의 이동이라는 현상에 따라 지구형 행성 영역 전체에 영향을 준다. 이에 대해서는 나중에 다시 설명하도록 하겠다.

행성 궤도의 타원형은 다른 행성이나 원반 가스에서의 중력에 따라 근일점 방향이 천천히 회전한다. 이제 목성과 원반 가스, 그리고 지구형 행성 영역에 있는 원시행성을 생각해보자. 목성의 근일점 방향은 원반 가스의 중력섭동에 따라 회전한다. 한편, 원시행성의 근일점 방향도 원반 가스와 목성의 섭동에 따라 회전하고, 그 속도는 중력섭동이 약해지는 안쪽일수록 느려진다. 목성과 원시행성의 근일점 회전속도가 일치하는 궤도 장반경 a에 원시행성이 존재하면, 주기가 평균 상태인 목성의 섭동력이 항상 일정한 방향으로 작용하므로 원시행성의 궤도 이심률 e가 커진다. 이것을 e에 관한 영년공조라고 한다. 원반 가스가 흩어져서 질량이 감소하면 목성의 근일점 회전속도는 작아져 영년공조 위치가 안쪽으로 이동한다. 최종적으로는 원반 가스가 없어지지만, 토성이 존재하기 때문에 영년공조 위치는 금성 궤도의 약간 안쪽에서 멈추게 된다.

이 영년공조 위치의 이동은 원반 가스의 효과까지 더하게 되면 지구형 행성의 진화 최종단계에서 진화의 양상을 유추할 수 있다. 이동 단계에서는 원반 가스가 아직 남아 있겠지만, 매우 희박(최소 질량 모형의 10^{-3} 정도)하다 해도 가스 저항에 따라 행성 궤도를 원궤도로 만드는 작용을 한다. 따라서 영년공조가 통과하는 부분에 있는 원시행성은 일단 e가 커지지만, 그 후 가스 저항에 따라 원궤도로 다시 돌아가는 동시에 a는 작아진다. 소행성대의 원시행성은 안쪽으로 이동하고, 일부는 지구나 금성 영역까지

19 가스 행성의 형성은 바깥쪽에 있는 원시행성을 좀 더 바깥쪽으로 이동시킨다고 생각된다. 이것이 천왕성과 해왕성이 되었다.

도달하여 집적된다. 한편, 지구나 금성 영역에 있는 원시행성의 e도 일시적으로 커지고, 궤도 교차에 따라 집적이 진행된다. 최종적으로 현재 정도의 질량으로 성장한 지구와 금성은 잔존 가스의 영향으로 원궤도로 돌아왔을 것이다. 영년공조가 통과하지 않는 수성은 원래의 원시행성 크기에서 거의 성장하지 않았을 것이다.

이 가설은 매력적이지만, 목성의 형성과 가스 원반이 흩어지는 시점이나 진행방향 등을 앞으로 검증해야 할 필요가 있다.

이러한 지구형 행성의 최종단계에서의 집적은 천체로서 행성의 초기 진화를 결정한다. 예를 들어, 지구의 달은 화성 정도의 원시행성이 집적 최종단계에서 지구 표면을 스치듯이 충돌한 결과 파편이 지구 주위로 흩어지고, 그것이 다시 재집적하여 형성되었다는 '자이언트 임팩트' 가설이 유력하다. 이 가설은 달의 암석에서 나타나는 철(Fe)의 결핍 같은 화학조성을 정성적으로 설명할 수 있을 뿐 아니라 지구 중심핵의 형성이나 바다 증발 등 지구의 초기 진화 양상을 설명할 수 있다. 과점적 성장의 결과로 원시행성의 추가 집적이 행성 형성의 최종단계에서 일어난다는 위 모형은 이 가설과 잘 맞아떨어진다.

6.4 목성형 행성의 형성

목성형 행성의 특징은 중심핵을 둘러싼 대량의 수소·헬륨 가스(껍질, envelope)의 존재라고 할 수 있다(3장). 6.1절에서 설명했듯이, 이 껍질의 기원은 '코어 집적 모형'에 기초하여 논의되고 있다. 즉, 미행성의 집적(6.3절)에 따라 성장한 고체의 원시행성(원시 코어)이 중력적으로 원반 가스를 포획했다는 주장이다. 이 절에서는 그 원반 가스의 포획 과정에 대해 설명한다.

6.4.1 대기를 만들기 위한 필요조건

원시행성계 원반 내에서 만들어지는 원시 코어는 항상 원반 가스로 둘러싸여 있다. 그러나 원반 가스를 대기(원시껍질)로 보유하려면 원시 코어가 특정 질량 이상이 되어야 한다. 가스는 복잡한 열운동을 하고 있으므로 그것을 중력으로 제어할 수 있어야 비로소 대기를 가질 수 있기 때문이다. 물리적으로 말하면, 원반 가스의 엔트로피와 행성에서 받는 중력 퍼텐셜의 합[20]이 음수가 되는 경우에 한하여 원반 가스가 중력적으로 속박된다.

이 둘의 크기가 같아지는 (원시 코어의 중심에서부터 잰) 거리를 $R_{\rm acc}$라고 하면,

$$R_{\rm acc} = \left(1 - \frac{1}{\gamma}\right) \frac{GMm}{kT} \tag{6.30}$$

이라고 쓸 수 있다. 여기서 M은 원시행성의 질량, m은 원반 가스 분자 1개의 평균질량, γ는 원반 가스의 비열비이다. 즉, $R_{\rm acc}$가 원시 코어의 반지름($R_{\rm c}$)보다 큰 경우에는 원시 코어가 대기를 가진다. 예를 들어, 원반 가스가 수소분자로 이루어진 이상기체를 생각해보면, 온도 T로 $T^{\rm H}(5.2\ {\rm AU}) = 120\ {\rm K}$를 이용하면 원시 코어의 질량($M_{\rm c}$)이 약 $0.01 M_\oplus$ 이상인 경우에 이 조건을 만족한다는 것을 알 수 있다.

6.4.2 원시껍질의 구조와 질량

다음으로, 원시껍질의 구조에 대해 알아보자. 원시껍질은 원반 가스와 이어져 있고, 그 경계는 $r = R_{\rm acc}$에 있다(식 6.30). 껍질 형성의 시간규모에서

20 가스는 이동할 때 주위 가스와 압력을 통해 에너지를 주고받으므로 에너지 보존법칙에는 내부 에너지가 아닌 엔트로피가 나타난다.

원시껍질은 항상 정유체압력 평형상태에 있다고 근사해도 좋아, 그 역학적 구조는 다음과 같이 쓸 수 있다.

$$\frac{\partial P}{\partial r} = -\frac{GM_r}{r^2}\rho \tag{6.31}$$

여기서 M_r은 반경 r의 안쪽에 존재하는 질량으로, 다음과 같이 정의한다.

$$M_r = \int_0^r 4\pi r'^2 \rho dr' \tag{6.32}$$

(식 6.31)을 적분할 때 필요한 P와 ρ의 관계는 상태방정식으로 주어진다. 일반적으로 상태방정식은 온도를 포함한다. 원시껍질 내의 온도분포는 공급되는 에너지(열원)와 에너지 운반에 따라 결정된다. 원시껍질의 주된 열원은 미행성이 내는 운동에너지와 껍질 자체의 수축으로 나오는 중력에너지이다. 반지름 r의 구면을 단위시간에 통과하는 에너지 플럭스 L로 나타내면,

$$L \simeq \frac{GM_c\dot{M}_c}{R_c} - \int_{R_c}^r T\frac{\partial s}{\partial t}dM_r \tag{6.33}$$

으로 쓸 수 있다. 제1항은 전자, 제2항이 후자를 나타낸다. 여기서 $\dot{M}_c$는 미행성의 집적률, s는 엔트로피를 나타낸다. 에너지 운반은 복사 또는 대류에 따라 이루어진다. 복사가 우세한 영역에서는 온도가

$$\frac{\partial T}{\partial r} = -\frac{3\kappa\rho}{16\sigma T^3}\frac{L}{4\pi r^2} \tag{6.34}$$

로 결정된다(σ는 스테판 볼츠만 상수). κ는 흡수계수로, 원시껍질에서는 먼

지와 가스, 이 두 가지의 기여가 있다. 한편, 대류가 우세한 영역에서는 온도분포가 단열 온도분포에 아주 가깝다.

이 방정식들을 근사적으로 풀고, 폭주적 가스 포획(다음 절에서 설명)이 발생하기 이전의 원시껍질 구조를 살펴보자. 폭주적 가스 포획이 발생하기 이전에는 원시껍질의 질량이 코어 질량에 비해 작아, (식 6.31)에서 $M_r \simeq M_c$로 둔다. 또한 이 시기의 원시껍질을 구성하는 가스는 이상기체라고 보아도 무방하다.

$$P = \frac{k}{m}\rho T \tag{6.35}$$

열원에 관해서는 폭주적 가스 포획 이전은 미행성의 기여가 우세하므로 (식 6.33)에서 제2항을 무시할 수 있다. 또한 단순하게 하기 위해 에너지 운반으로 복사만을 생각하고, 흡수계수 κ를 공간적으로 일정하다고 가정한다. 이때 원시껍질의 구조는 해석적으로 풀 수 있으며, 특히 껍질 깊은 곳에서의 밀도분포는

$$\rho \simeq \frac{\pi\sigma}{12\kappa L}\left(\frac{GM_c m}{k}\right)^4 \frac{1}{r^3} \tag{6.36}$$

으로 주어진다. 또한 (식 6.36)에 $4\pi r^2$을 곱하여 R_c에서 R_{acc}까지 적분하면 근사적으로 원시껍질의 질량을 얻을 수 있다.

$$M_{env} \simeq \frac{\pi^2\sigma}{3\kappa L}\left(\frac{GM_c m}{k}\right)^4 \ln\left(\frac{R_{acc}}{R_c}\right) \tag{6.37}$$

(식 6.37)에서 중요한 정보 몇 가지를 얻을 수 있다. 먼저, 원시껍질의 질량(M_{env})은 코어 질량(M_c)에 강하게 의존한다. 그리고 M_{env}은 L(즉, $\dot{M}_c$)

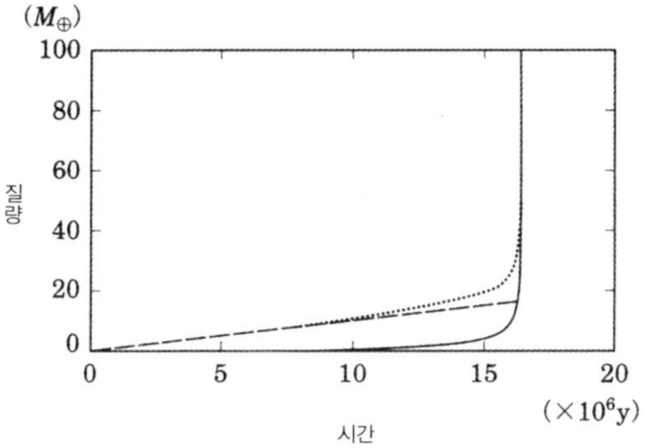

그림 6.9 원반 가스의 포획 과정. 원시껍질의 질량(실선)과 원시 코어의 질량(파선), 원시행성의 총질량(점선)을 시간의 함수로 나타냈다. 여기서 $\dot{M}_c = 1\times10^{-6}M_\oplus y^{-1}$, $f=1$을 적용했다(본문 참조).

과 κ에 반비례한다. 이는 껍질의 보온효과와 관계가 있다. 간단히 말하면 보온효과가 강할수록(L 또는 κ가 큰) 껍질이 팽창하는 구조를 갖는데, 그 결과 껍질의 질량이 작아진다. 또한 $\ln R_{acc}$라는 약한 의존성을 빼면 식 (6.37)은 원반 가스의 정보(원반의 온도나 밀도, 원시행성의 위치)를 포함하지 않는다는 것을 알 수 있다.

6.4.3 폭주적 가스 포획과 임계 코어 질량

원시껍질 질량의 진화를 수치 모의실험에 따라 계산한 예를 그림 6.9에 나타냈다. 여기서는 단순화하여 미행성 집적률은 일정하다고 가정했다. 그림에서 나타낸 것처럼, 원시껍질의 질량은 코어 질량의 증가와 더불어 커지지만, 코어 질량이 특정 값에 도달했을 때 한번에 증가한다. 이 과정을 '폭주적 가스 포획'이라 한다. 그리고 이때의 코어 질량을 '임계 코어 질량'이라 한다.[21]

21 엄밀히 말하면, 식 6.33의 우변 제1항만을 고려하여 원시껍질의 구조를 해석한 경우에 평형해가 존재하는 최대 코어 질량으로 정의된다.

이 폭주 과정은 다음과 같이 이해할 수 있다. 원시껍질 안에서는 코어의 질량을 가스의 압력으로 지탱하고 있다. 이 압력을 유지하려면 지속적인 열의 공급이 필요하다. 임계 코어보다 작은 코어에 속박되어 있는 비교적 희박한 원시껍질은 미행성이 내는 운동에너지를 열원으로 삼아 따뜻해진다〔(식 6.33) 제1항〕. 그 후 코어가 성장하여 원시껍질의 질량이 커지면 껍질의 깊은 곳도 중력원이 되어 그 상층부를 끌어당기게 된다. 이것을 원시껍질의 '자기중력自己重力'이라고 한다. 원시껍질의 자기중력이 우세해지면, 이제 미행성이 공급하는 에너지만으로는 부족하여 원시껍질이 수축을 시작하는데, 그 자체 중력에너지의 방출〔(식 6.33) 제2항〕에 따라 정유체압력 평형상태를 유지한다. 그리고 수축의 결과로 원시껍질 깊은 곳의 밀도는 더욱 높아진다. 그 결과, 자기중력은 더욱 커지고 원시껍질은 다시 수축하면서 원반 가스를 더 포획한다. 이러한 과정으로 폭주적인 원반 가스 포획이 일어난다.

간단히 말하면, 자기중력이 효과를 나타내는 것은 껍질의 질량이 코어 질량과 비슷하게 될 때이다. 따라서 (식 6.37)로 주어지는 M_{env}을 M_{c}와 같게 둠으로써 임계 코어 질량(M_{c}^{*})을 근사적으로 구할 수 있다. 즉, 다음과 같다.

$$M_{\mathrm{c}}^{*} \sim A\dot{M}_{\mathrm{c}}^{3/7}\,\boldsymbol{\kappa}^{3/7} \tag{6.38}$$

여기서 $A^{-7/3} = (\pi^2 G^3 \sigma/3)(m/k)^4\ (3/4\pi\bar{\rho}_{\mathrm{c}})^{1/3}\ln(R_{\mathrm{acc}}/R_{\mathrm{c}})$로 두었다.

전형적인 값인 $\dot{M}_{\mathrm{c}} = 1\times10^{-6}M_{\oplus}\mathrm{y}^{-1}$, $\boldsymbol{\kappa} = 0.01\mathrm{cm}^2\,\mathrm{g}^{-1}$, $m = 3.9\times10^{-24}\mathrm{g}$, $\bar{\rho}_{\mathrm{c}} = 4\mathrm{gcm}^{-3}$, $\ln(R_{\mathrm{acc}}/R_{\mathrm{c}}) = 100$을 대입하면 $M_{\mathrm{c}}^{*} = 14M_{\oplus}$을 얻는다. 그림 6.10에 수치계산의 결과를 나타냈다. 여기서 f는 먼지에 따른 흡수계수의 크기와 관련한 변수이고, 원반에 원래 존재했던 먼지와 비슷한 정도의

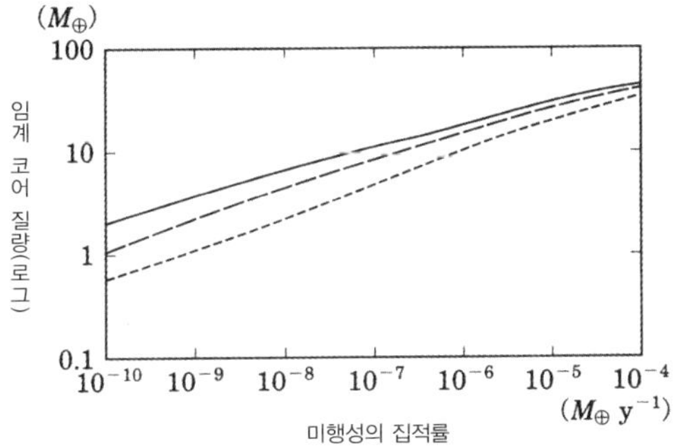

그림 6.10 임계 코어 질량의 미행성 집적률에 대한 의존성. 각 선들은 먼지의 흡수계수 차이에 따라 나타나며, 실선, 파선, 점선은 각각 $f=1$, 0.1, 0.01인 경우에 해당한다(본문 참조).

크기와 양을 갖는 먼지가 원시껍질에 존재하는 경우를 $f=1$로 두었다. 이것은 $\kappa \sim 1\mathrm{cm}^2\mathrm{g}^{-1}$에 해당한다. 원반에 존재하던 먼지는 고체 코어로 끌려들어가기 때문에 $f<1$라고 생각되지만, 얼마나 작은가에 대해서는 아직 확실한 결과가 없다. 또한 f가 0.01보다 작으면 가스의 기여가 우세하게 되는 것에도 주의해야 한다. 실제 구조에서는 대류 영역이 존재하므로 $\dot{M}_c$와 f에 대한 M_c^*의 의존성은 (식 6.38)보다 약해 $M_c^* \propto (f\dot{M}_c)^{0.2-0.3}$이다(그림 6.10).

(식 6.38)에서 알 수 있듯이, $\dot{M}_c$가 작아지면 M_c^*도 작아진다. 즉, 미행성의 집적이 둔화되면 폭주적 가스 포획이 일어난다. 그러한 의미에서 보면, 6.3절에서 설명한 고립 질량이 실제의 임계 코어 질량에 해당한다고 생각할 수도 있다. 하지만 그 경우에 주의해야 할 것은 원반 가스 포획에 필요한 시간이다. 코어 질량이 작으면 중력도 작아 원반 가스 포획에 시간이 더 걸린다. 수치계산의 결과에 따르면, 그 의존성은 매우 크고 가스 포획의 전형적인 시간규모는 약 $1\times10^{10}f(M_c^*/M_E)^{-3.5}$년이다. 원반 가스의 수명이 10^7년 정도라고 알려져 있으므로 적어도 약 $\sim 7f^{2/7}M_\oplus$보다 큰 코어가 필요하다.

6.4.4 원반 가스 포획의 끝

원반 가스의 포획은 언제까지나 지속되지는 않는다. 언젠가 원반 가스의 공급이 멈추고, 껍질의 질량 증가도 끝나버린다. 원반 가스 포획이 멈추는 메커니즘에는 크게 나누어 두 가지가 있다. 첫 번째는, 행성이 원반 가스를 중력적으로 산란시킴으로써 행성 부근의 원반에 틈gap을 만드는 경우이다. 다른 하나는 원반 가스의 흩어짐이 빠르게 일어나 껍질의 재료물질이 없어져 버리는 경우이다.

행성에 따른 원반 가스의 중력 산란은 항상 일어난다. 하지만 행성 부근의 원반 가스가 희박해짐에 따라 큰 압력기울기가 생기고, 그에 따라 다시 메워진다.[22] 또는 점성 확산에 따른 메워짐[23] 등의 효과로 행성의 질량이 작은 경우에는 원반에 틈이 생기지 않는다. 일반적인 원반에서는 이 두 가지의 효과 중 전자가 행성에 대해 작용한다는 것이 알려졌다. 상세한 설명은 생략하고, 원시행성의 중력권 반지름($\sim r_{\mathrm{H}}$, 6.3절)이 원반의 두께($\sim h$, 6.2절)보다 커졌을 때 압력기울기에 따른 메워짐이 중력 산란을 따라가지 못해 틈이 생기기 시작한다고 알려졌다. 이 조건($r_{\mathrm{H}} \sim h$)을 행성 질량에 대해 바꾸어 쓰면

$$M_{\mathrm{gap}} \sim 3\left(\frac{h}{a}\right)^3 M_{\odot} \qquad (6.39)$$

가 된다. 이 조건을 틈 형성의 '열적 조건'이라 한다. 또한 원반 모형으로 하야시 모형을 이용하면,

22 틈gap 부근에 발생하는 밀도기울기에 따라 압력기울기가 생기고, 그 압력기울기에 따라 틈 밖의 가스가 틈 안으로 밀려든다.

23 난류가 기원인 점성에 따라 각운동량의 운반이 일어나고, 그에 따라 가스가 틈 안으로 유입되는 현상.

$$M_{\text{gap}} \sim 1 \times 10^{-3}\, M_\odot \left(\frac{a}{5\,\text{AU}}\right)^{3/4} \tag{6.40}$$

이 되고, 이 값은 목성의 질량(약 $1 \times 10^{-3} M_\odot$)과 일치한다.

이처럼 틈 형성의 열적 조건은 태양계의 목성 질량을 잘 설명한다. 한편, 이 조건은 목성형 행성의 질량이 태양에서 멀어짐에 따라 커진다는 것을 나타낸다. 하지만 현재의 태양계에서는 토성의 질량이 목성보다 작고, 더 바깥의 천왕성 및 해왕성은 토성보다도 작다. 따라서 적어도 토성과 천왕성, 해왕성에 관해서는 위에서 설명한 두 번째의 메커니즘으로 질량이 결정되었다고 생각하는 것이 자연스럽다. 실제로 코어의 형성 시간은 태양에서 멀어질수록 길어진다. 따라서 토성보다 먼 행성에서는 원반 가스의 흩어짐에 비례해 코어 형성이 늦어지고, 대량의 원반 가스를 획득할 수 있는 크기가 되었을 때에는 이미 원반 가스의 양이 부족하게 되었다고 생각할 수 있다.

6.4.5 남아 있는 과제

앞에서 말했듯이, 현재의 이론은 태양계의 목성형 행성의 특징을 정성적으로는 설명할 수 있다. 하지만 정량적으로는 아직 풀어야 할 과제들이 남아 있다. 그중 하나가 현재 목성 코어 질량 문제이다. 6.4.3절에서 설명했듯이 대량의 원반 가스를 획득하기 위해 필요한 코어 질량(임계 코어 질량)은 코어의 미행성 집적률에 의존한다. 지금까지 제안된 거의 모든 이론 모형에서는 그 코어 질량이 $10M_\oplus$ 이상이다.[24] 한편, 3장에서 설명했듯이 현

24 단, 원반이 흩어지기 전까지 지구 질량 $1\sim2M_\oplus$에 도달하고 또한 코어의 집적이 멈추면 그 정도의 코어에서도 충분한 원반 가스를 획득하는 것도 가능하다. 하지만 실제로 이것을 보여주는 수치계산의 결과는 아직 없다.

재의 내부 구조 모형의 대부분이 목성의 중심에 $10M_{\oplus}$보다 작은 코어가 있음을 나타내고 있다. 또한 6.4.4절에서 설명한 목성형 행성의 질량에 관해서도 정성적으로는 이해할 수 있지만, 원반의 흩어짐과 행성 형성 시기와의 관계는 아직 확실한 결과가 나오지 않고 있다. 더욱이 태양계의 목성형 행성의 형성 시나리오와 200개 이상 발견되고 있는 외계 거대행성의 특징을 설명하는 시나리오를 어떻게 연관 지을 수 있는지도 중요한 과제로 남아 있다(7장 참조).

6.5 대기의 기원

각각의 행성들에 대한 특징으로 그 크기나 궤도 외에 대기의 존재를 들 수 있다. 우리가 행성을 관측할 때 가장 많은 정보를 얻을 수 있는 것이 바로 대기에 관한 부분이다. 그러므로 각 행성의 대기가 어떻게 생기게 되었는가를 조사하고, 태양계 전체의 기원과 진화에 어떻게 관련되어 있는지 살펴보자.

6.5.1 행성 대기의 특징

행성 대기의 특징은 크게 두 가지로 나눌 수 있다. 행성 전체의 질량과 비교했을 때 미량의 대기밖에 가지지 못하는 지구형 행성과 행성 질량에 견줄만 한 대기를 가진 목성형 행성으로 나뉜다(표 6.1). 또한 대기의 주성분도 두 경우에 많은 차이를 보인다. 목성형 행성은 수소와 헬륨이 주성분인데 비해, 지구형 행성은 탄소, 질소, 산소로 구성되어 있는 화합물이다. 이것에서 대기의 기원이 목성형 행성과 지구형 행성에서 많은 차이가 있음을 알 수 있다.

목성형 행성의 대기는 지구 질량 10배 정도의 고체 원시행성(원시 코어)

표 6.1 행성 대기가 차지하는 비율과 주성분

지구형 행성				목성형 행성			
	대기의 비율	주성분(부피비)			대기의 비율	주성분(부피비)	
수성	~0	희박한 Na, K대기		목성	97~100%	H_2	86.3%
금성	9.9×10^{-5}	CO_2	96.5%			He	13.5%
		N_2	3.5%	토성	76~92%	H_2	89.7%
지구	8.5×10^{-7}	N_2	78.1%			He	9.9%
	(0.023%	O_2	20.9%	천왕성	5~15%	H_2	83%
	:바다)	^{40}Ar	0.94%			He	15%
		H_2O	0-2%			CH_4	2%
화성		CO_2	95.4%	해왕성	5~15%	H_2	79%
	3.9×10^{-8}	N_2	2.7%			He	18%
		^{40}Ar	1.6%			CH_4	3%

태양 조성: H_2 84%, He 16%

이 원시태양계 원반 가스를 폭주적으로 중력 포획하여 생긴 것으로 여겨진다(6.4.3절 참조). 따라서 목성형 행성 대기의 조성은 원시태양계 원반 가스의 조성, 즉 수소와 헬륨이 주성분인 태양 조성과 비슷하다.

한편, 지구형 행성 대기의 조성은 어떻게 이루어질까. 그림 6.11에 지구형 행성 대기의 원소 존재도를 태양 광구면에서 관측된 태양의 조성(이후로 태양 조성이라 한다)으로 규격화한 것을 나타냈다. 그림에서 알 수 있듯이, 지구형 행성 대기의 원소 존재비는 태양 조성의 존재비와 많은 차이를 보인다. 분명한 것은, 화학반응성이 낮은 비활성기체(Ne, Ar, Kr, Xe)가 비슷한 질량 수를 갖는 다른 원소(H, N, C)에 비해 뚜렷하게 적은 것을 알 수 있다. 또한 무거운 원소일수록 태양 조성과 비교해 많이 함유되어 있는 경향을 보인다. 각각의 지구형 행성에서 대기량은 다르지만 그 원소 존재비의 형태는 유사한 것을 알 수 있다. 단, 수소의 경우에는 지구에서만 많이 존재한다. 이는 물분자 내의 수소를 모두 포함한 양이며, 현재 지구에서만 바다가 존재하기 때문에 다른 행성에 비해 존재비가 큰 것이다.

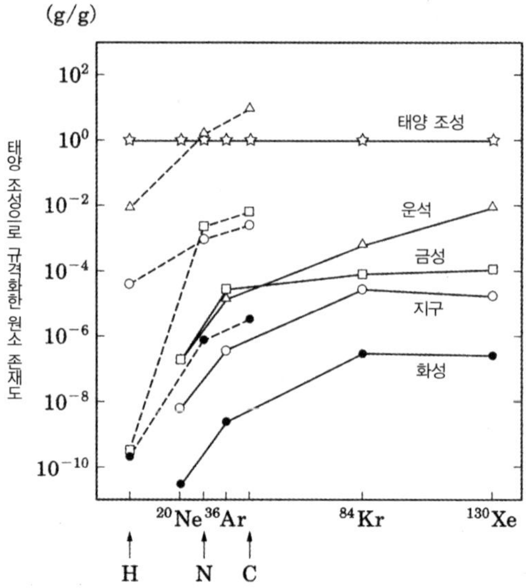

그림 6.11 태양 조성으로 규격화한 지구형 행성 대기와 탄소질 콘드라이트 운석의 원소 존재도. 지구 대기에서는 바다의 물 분자에 있는 H와 탄산염 암석 안에 있는 C를 포함했다. 실선은 비활성기체의 존재도 형태, 파선은 비활성기체 이외의 H, N, C의 원소 존재도 형태를 나타낸다. 지구형 행성 대기의 원소 존재도는 태양 조성과 매우 다르지만, 운석의 형태와는 비교적 유사한 것을 알 수 있다.

위의 설명에서 지구형 행성의 대기는 태양 조성인 원시태양계 원반 가스의 포획으로는 직접 설명이 불가능하다는 것을 알 수 있다. 포획했다 하더라도 어떠한 메커니즘으로 그 대부분을 잃어버렸을 것이다.[25] 어쨌든 지구형 행성 대기의 원소 존재비에는 유사한 무언가의 공급원이 필요하다. 그 공급원의 후보로, 소행성대에서 지구로 날아오는 원석이 있다. 휘발성 원소를 많이 함유한 탄소질 콘드라이트 운석의 원소 존재비를 그림 6.11에 나타냈다. 탄소질 콘드라이트 운석의 원소 존재비 형태는 지구형 행성

25 가능한 메커니즘으로 대기의 유체적 탈출hydro-dynamic escape이 거론되고 있다. 어린 태양에서 복사된 강한 극자외선과 X선이 행성 대기의 상층부를 가열하고, 이로써 가벼운 수소가 대규모로 흩어지게 되었다는 주장이다.

대기와 비슷한 것을 알 수 있다.[26] 지구형 행성 대기의 기원이 탄소질 콘드라이트 운석 안에 있는 휘발성 원소라는 부분은 아직 정확하게 결론 나지 않았지만, 원시태양계 원반 가스 안에서 고체 성분이 된 규산염(암석)에 휘발성 원소가 달라붙고, 그 휘발성 원소가 지구형 행성 대기의 기원이 되었을 가능성이 높다. 비활성기체가 규산염 암석에 거의 달라붙지 않았던 것은 비활성기체 자체의 낮은 반응성 때문이었을 것이다.

6.5.2 지구 대기의 형성

지구형 행성의 대기는 언제 어떻게 형성되었는가? 시료를 직접 손에 넣어 조사할 수 있는 지구 대기에 대해서는 예전부터 많은 연구가 진행되었다. 1950년대 루베이W. W. Rubey는 지표 부근에 있는 휘발성 원소의 총량과 그 순환의 수지를 계산하여, 지구 대기는 화산 가스의 분출에 따라 오랜 지구의 역사를 거치는 동안 서서히 연속적으로 탈脫가스가 진행되어 왔다고 결론지었다. 확실히 지금도 탈가스는 일어나고 있다. 하지만 지구 대기의 형성과 관련한 탈가스가 지구 역사에서 아주 초기에 집중적으로 일어났다고 알려졌다.

이러한 사실은 아르곤(Ar) 동위원소비로도 알 수 있다. 지구 맨틀 내의 $^{40}Ar/^{36}Ar$비는 10^3~10^4의 값이며, 이는 원소가 합성될 때에 이론적으로 기대되는 값 10^{-4}에 비해 매우 크다. 이렇듯 큰 $^{40}Ar/^{36}Ar$비는 암석에서 ^{40}K의 붕괴(반감기 약 13억 년)로 생긴 ^{40}Ar이 지구 맨틀 안에 쌓였기 때문이다. 따라서 현재의 지구 대기에 있는 Ar이 지구 맨틀에서 탈가스에 따라 아주 최근에 형성되었다면, 현재의 맨틀과 비슷한 정도의 $^{40}Ar/^{36}Ar$비를 가진 대기가 관측될 것이다. 하지만 현재 지구 대기의 $^{40}Ar/^{36}Ar$비는

26 엄밀히 말하면 Xe/Kr비나 Ne 동위원소비 등 몇 가지 다른 점이 존재한다.

295.5로 매우 낮다. 이는 맨틀 내 ^{40}K의 대부분이 붕괴하기 전에 탈가스가 되었다는 것을 의미한다. 자세한 모형에 따르면, 현재의 대기 중 Ar의 80% 이상이 지구 형성 후 수억 년 이내에 탈가스를 해야 한다.

Xe(제논) 동위원소비에 관해서도 비슷한 연구가 있었고, 그 결론도 거의 동일하게 얻었다. 탈가스가 일어날 때, Ar이나 Xe만이 선택적으로 대기에 방출되었다고 생각하기는 힘들다. 따라서 지구 대기는 지구 형성 후의 아주 초기 단계에서 형성되었을 것이다.

또한 바다에 대해서도 아주 초기부터 존재했다는 것을 보여주는 지질학적 증거가 발견되고 있다. 예를 들어 대량의 물이 없으면 형성되지 못했을 퇴적암이나 물속에서 용암이 분출되어 굳었을 때 생기는 침상용암 등이 38억 년 전의 지층에서 발견되고 있다.

6.5.3 휘발성 원소의 공급

아주 초기부터 지구 대기와 바다가 형성되었다는 것은 거의 틀림없지만, 대기와 바다를 구성하는 휘발성 원소가 지구에 어떻게 공급되었을까? 크게 두 가지 가능성이 거론된다. 첫 번째는 지구 본체를 형성한 지구 궤도(1 AU) 부근의 미행성에 미량의 휘발성 원소가 함유되어 있었다는 설이다. 이 경우, 원시지구가 달 정도의 크기까지 성장한 단계에서 대기가 형성되기 시작했다고 생각된다. 두 번째는 1 AU 부근의 미행성에 휘발성 원소가 전혀 포함되어 있지 않음을 가정하고, 휘발성 원소를 함유하고 있는 소천체가 소행성대보다 먼 곳에서 지구로 날아왔다는 설이다.

첫 번째의 경우, 미행성에 휘발성 원소가 포함되려면 원시태양계 원반 가스 내에서 1 AU 부근의 온도가 저온이어야 한다. 원시태양계 원반이 광학적으로 매우 얇다고 가정한 고전적인 원반 모형(6.2.1절 참조)에서는, 1 AU 부근에 그러한 저온 상태가 될 수 없다. 하지만 먼지처럼 태양광을 차단하는 물질이 많이 떠다닌다면 저온 상태가 될 가능성이 있다. 두 번째의 경우, 대략적인 지구 대기와 바다의 총량(1.4×10^{21} kg)은 지구 본체(6×10^{24} kg)에 비해 매우 작아 휘발성 원소를 가진 소천체가 얼마 되지 않더라도 지구로 공급되면 가능하다. 어느 쪽의 메커니즘이 작용했을지는 지금 단계에서 알기 힘들다. 경우에 따라서는 두 가지 모두 작용했을 가능성도 충분히 있다.

6.5.4 그 밖의 지구형 행성

지구 이외의 지구형 행성 대기의 기원에 대해서는 어떨까. 정도의 차이는 있겠지만, 거의 지구와 비슷한 양상으로 대기가 형성되었을 것으로 생각한다. 그리고 현재의 지구형 행성 대기에서 대부분의 차이는 대기 형성 후의 진화에 따라 생겼을 것으로 추정된다.

수성은 일단 대기가 형성되었다 해도, 질량이 작아 중력적으로 오랫동안 대기를 보유하는 것이 어렵고, 현재와 같이 거의 대기가 없는 행성이 되었다(2.1.2절 참조). 화성은 수성보다는 질량이 크지만 지구에 비해 1/10 정도밖에 되지 않아 마찬가지로 현재와 같이 대기가 희박하다. 한편, 지구와 거의 같은 크기인 금성(지구 질량의 0.8배)에 대해서는 지구와 비슷한 대기 형성 및 진화를 겪었을 가능성이 높다. 하지만 금성은 지구보다 태양에 가까워 지표면 온도가 지구보다 높아졌고, 바다가 수증기 상태로 우주 공간으로 흩어져 버렸다고 생각된다(2.4절 참조).

지금까지 설명한 것들을 생각해보면, 지구라는 행성은 생명의 탄생과 진화에서 매우 적당한 질량과 궤도를 가진 천체라고 할 수 있다.

제7장
외계 행성계

우리 태양계는 어떻게 해서 생겨났을까? 그리고 지구나 목성과 같은 행성은 태양계 외에도 존재할까? 그곳에서는 생명체가 살고 있을까? 다른 행성계는 태양계와 얼마나 차이가 있을까? 모습이 다른 행성계에서는 다른 생명체가 살고 있을까? 태양계 그리고 지구는 특별한 것일까, 아니면 보편적인 것일까? 이와 같은 의문들은 과학자만의 관심이 아닌, 인류 · 사회가 우주 · 생명에 대해 가진 근원적인 의문일 것이다.

이렇듯 오랜 시간에 걸쳐 사람들의 마음에 품고 있는 의문들에 우리는 간신히 과학적으로 대답할 수 있게 되었나. 그 시작은 뭐니 뭐니 해도 1995년에 주계열성을 공전하는 외계 행성의 발견이라고 할 수 있다. 그로부터 2006년까지 약 200개에 이르는 '외계 행성(태양이 아닌 다른 항성의 주위를 도는 행성)'이 발견되었고, 지구 질량의 100배 이상인 목성 정도의 거대 행성뿐만 아니라 지구 질량의 10배 이하인 행성도 발견되었다.

7.1 외계 행성의 관측 현황

7.1.1 외계 행성의 발견

외계 행성의 탐색이 천문학적인 방법에 따라 본격적으로 시작된 것은 20세기 중반의 일이다. 행성은 항성과는 달리 스스로 빛나지 않으므로 행성 자체를 직접 검출하는 것이 매우 어렵고, 탐색은 오로지 간접적인 방법으로 이루어졌다. 먼저 1940년대부터 1960년대에 걸쳐 행성에 따라 일어나는 중심별의 고유운동 흔들림을 포착하는 위치천문astrometry법(7.1.2절 참조)을 이용하여 땅꾼자리 70번 별, 백조자리 61번 별 등 차례차례 행성을 발견했다. 그중 유명한 행성은 네덜란드 천문학자로 미국에서 활동한 반 데 캄프P. van de Kamp가 수십 년에 걸쳐 관측하여 행성을 발견했다고 발표한 버나드별Barnard' star이다. 이 발견은 당시의 과학서적에 실릴 정도로 유명했지만, 그 후 미국의 게이트우드G. Gatewood 연구진의 추가 관측에서 검증에 실패해 부정되었나. 마찬가지로 그때까지 위치천문법으로 발견했다고 보고된 다른 항성의 행성도 모두 추가 관측에서 검증이 되지 않아 이후 위치천문법에 따른 외계 행성 탐색은 2006년 현재에 이를 때까지 지상에서의 성과는 없다.

1980년대에 들어서서 항성 시선속도의 흔들림을 포착하는 도플러 이동법(7.1.2절 참조)이 외계행성 탐색에 쓰이기 시작했다. 그때까지의 시선속도 측정 정밀도는 기껏해야 100 $m\,s^{-1}$ 정도라 갈색왜성[1]을 검출하기에는 한계가 있었지만, 1979년에 캐나다의 캠벨B. Campbell과 워커G. A. H. Walker가 가스흡수 셀(7.1.2절 참조)을 이용한 방법을 개발하여 단번에 정밀도가 10 $m\,s^{-1}$까지 향상되었고 이에 따라 외계 행성의 검출을 기대하게 되었다. 워커 등은 1980년부터 12년간 이 방법을 이용해 태양을 닮은 21개 항성을 대상으로 외계 행성 탐색을 시도했지만, 주기 15년 이내의 궤도로 목성의 1~3배 이상의 질량을 가진 행성을 발견하는 것이 가능하지 않았다고 보고하면서 1995년에 매듭지었다. 비슷한 시기에 관측하던 다른 연구진도 마찬가지로 똑같이 비관적인 결과였다.

그런데 이 워커의 결과가 출판된 직후, 스위스의 마이어M. Mayor와 퀼로츠D. Queloz가 도플러 이동법을 이용해 처음으로 외계 행성 발견에 성공했다. 이는 질량이 목성의 0.45배인 행성이 태양형 별인 페가수스자리 51번별의 주위를 불과 4.2일의 주기로 공전하고 있다는 놀라운 발견이었다. 이 발견은 다른 연구진의 검증 관측으로 확인되었고, 인류 최초 (일반 항성계

1 행성보다 질량이 크지만 중심부에서 수소의 핵융합반응을 일으키는 항성보다는 질량이 작은, 다시 말해 행성과 항성의 중간으로 분류되는 별. 일반적으로 수소의 핵융합이 일어나지 않지만 중수소의 핵융합이 일어나며, 질량이 목성의 약 13~80배에 이르는 별이 여기에 속한다.

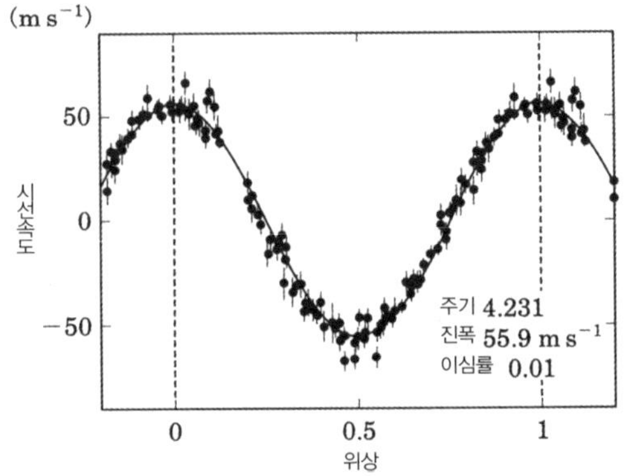

그림 7.1 페가수스자리 51번 별의 시선속도 변화. 가로축은 위상.

에서) 외계 행성 발견이 되었다(그림 7.1). 그 후 관측 규모의 확대와 함께 발견된 수 역시 증가했고, 2002년에는 100개를 넘어 2006년 현재 약 200개가 보고되었다.

7.1.2 외계 행성의 검출

여기서는 외계 행성의 주요 검출방법에 대해 설명한다. 항성에서의 빛을 관측하는 직접 촬영법, 행성 중력이 배경 항성의 빛에 주는 영향을 관측하는 중력 마이크로렌즈법, 그 밖에 행성의 존재가 중심별에 가져다주는 여러 가지 결과를 관측하는 간접법 등이 있다. 현재 가장 널리 이용하는 도플러 이동법과 시선속도 정밀측정 기술에 대해서도 설명한다.

주요 검출법

(1) 직접 촬영법

외계 행성을 직접 검출하는 것은 항성의 반사빛 또는 행성의 열복사 어느 쪽을 찍는 것이지만, 매우 가까운 각거리에 중심별이 있기 때문에 고대비contrast, 고감도, 고해상도를 동시에 실현하는 것이 큰 과제이다(7.3.2절 참조). 2004년 이후 직접 촬영으로 행성 후보천체 몇 개를 발견하여 보고되었지만 아직 확정석이라고는 할 수 없다(7.3.4절 참조).

(2) 위치천문법

행성을 가지고 있는 항성은 행성의 만유인력을 받아 행성과의 공통중심 주위를 공전한다. 이것을 항성 고유운동의 흔들림으로 검출하는 것이 위치천문법이다. 태양계를 10 pc의 거리에서 봤을 때, 태양은 목성의 영향으로 0.5밀리각초milli-arcsecond 흔들린다. 이는 대기의 흔들림에 비해 훨씬 작아 지상에서 검출하기는 힘들다. 위치천문법에서는 중심별에서 멀리 떨어진 무거운 행성일수록 검출하기 쉽다.

(3) 도플러 이동법

행성과의 공통중심 주위를 도는 공전운동은 시선방향의 운동으로도 포착된다. 도플러 이동법에서는 항성에서 나오는 빛의 도플러 이동으로 시선방향의 운동을 검출한다. 태양과 목성계의 경우 태양의 공전속도는 약 13 $m\ s^{-1}$이며, 이 계를 바로 옆에서 보면 태양의 시선속도는 진폭 13 $m\ s^{-1}$로 주기적으로 변한다. 태양과 지구의 경우 그 진폭은 10 $cm\ s^{-1}$이다. 시선방향에 대해 운동하는 천체에서의 빛은 도플러 효과로 운동속도만큼 파장이 변화한다. 속도가 13 $m\ s^{-1}$인 경우는 가시광에서 약 2×10^{-14} m만큼 파장이 어긋나게 검출된다. 1995년 마이어 등은 이 방법을 이용해 페가수스자리 51번 별에서 처음으로 외계 행성을 발견했다. 이처럼 작은 시선속도 변화를 검출하는 관측 기술에 대해 다음 절에서 설명할 것이다.

도플러 이동법에서는 위치천문법과는 반대로 중심별에 가깝고 무거운 행성일수록 검출하기 쉽다. 하지만 이 방법으로는 궤도 경사각을 알 수 없으므로, 행성의 질량은 하한값밖에 구할 수 없다(단, 앙상블 평균ensemble average에서 하한값은 참값의 $\pi/4$~80%로, 부정확성은 그리 크지 않다).

(4) 트랜싯transit법

행성의 궤도면이 우리의 시선방향과 평행한 경우, 즉 그 계를 거의 바로 옆에서(궤도 경사각 90°) 보고 있을 때 행성은 중심별의 전면을 통과한다(transit). 이때 행성이 항성면의 일부를 가려 항성의 밝기가 일시적으로 감소한다. 이러한 광도 변화량은 항성과 행성의 단면적 비로 결정되고, 태양-목성의 경우는 약 1%, 태양-지구의 경우는 약 0.01% 변화한다. 트랜싯이 검출되면 행성의 크기 외에 궤도 경사각의 부정확성이 사라지므로 도플러 이동법과 합치면 행성의 원래 질량을 구할 수 있고, 또한 행성의 밀도를 추정하는 것이 가능하다.

2000년에 샤르보노D. Charbonneau 등은 도플러 이동법의 시선속도 변화와 더불어 HD 209458의 광도 변화를 처음으로 검출했고(그림 7.2), 이는 각기 다른 두 방법에 따라 독립적으로 행성의 존재가 확인되었다.

(5) 펄서 타이밍법

행성과의 공통중심 주위를 공전하는 중성자별에서 나오는 규칙적 신호(펄스pulse)는 도플러 효과에 따라 주기적 변동을 나타낸다. 이것을 전파관측으로 검출하는 것이 펄서 타이밍법이다. 1992년 볼시찬A. Wolszczan이 펄서 PSR 1257+12의 주위를 공전하는 초저질량 천체 두 개를 발견했다. 모두 지구 질량 몇 배 정도의 천체들이다. 정식으로는 이것이 인류가 처음으로 발견한 외계 행성이지만, 펄서의 주위를 돌고 있다는 환경적 요인에 따라 일반 항성 주위의 행성과 구별하여 다룬다.

(6) 중력 마이크로렌즈법

멀리 있는 천체에서의 빛이 도중에 있는 항성의 중력으로 굴절되어 초점을 맺는 것을 중력 마이크로렌즈라고 한다. 렌즈 천체(도중에 있는 항성)가 상대적으로 이동하고 또한 그 빛을 분해할 수 없을 경우 멀리 있는 천

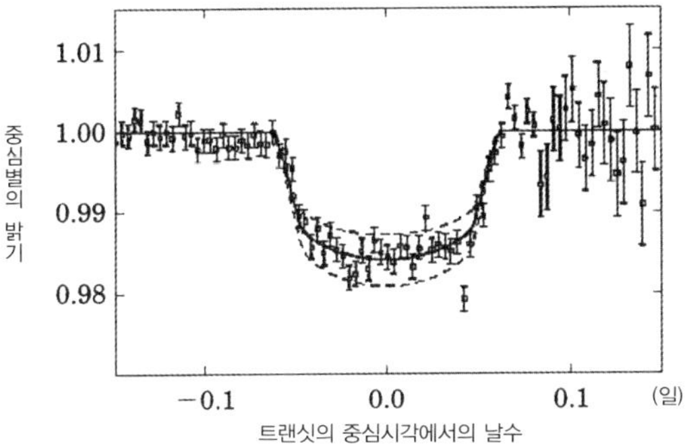

그림 7.2 트랜싯에 따른 HD209458의 밝기 변화. 가로축은 트랜싯의 중심을 0으로 하여 계산한 날수, 세로축은 중심별의 밝기(트랜싯이 아닐 때의 밝기를 1로 두었다)(Charbonneau *et al.* 2000, *ApJ*, 529, L45).

체는 특징적인 증광을 나타낸다. 렌즈 천체가 행성을 가지고 있는 경우에 그 증광곡선에는 날카로운 돌기 모양의 증광이 나타나는데, 이것이 검출되면 행성의 존재를 추측할 수 있다. 2006년까지 4건의 보고가 있었다. 마이크로렌즈 현상에서는 다른 방법으로는 검출이 불가능한, 중심별에서 비교적 멀리 떨어져 있는 작은 행성도 관측이 가능하지만, 일반적으로 이벤트성의 횟수가 제한된 현상이므로 추가 관측에 따른 검증이 어렵다는 문제가 있다.

시선속도 정밀측정

외계 행성의 발견은 항성 시선속도 변화의 정밀측정 기술이 비약적으로 발전함에 따라 가능하게 되었다. 최근 에셀 분광기와 CCD 검출기의 개발로 고분산 및 광대역 파장대의 분광관측이 가능해졌고, 항성에 있는 많은 흡수선들의 시선속도를 측정하여 통계적인 오차를 줄일 수 있게 되었다. 하지만 관측기기 등의 계통적 오차는 이보다 매우 큰데, 이를 최소화하는 방법을 찾는 것이 현재 정밀측정법에서의 과제가 되었다. 여기서는 그 대표적인 방법 중 두 가지를 소개한다.

(1) 가스 흡수 필터법

항성의 빛을 가스 흡수 셀(특정 가스를 주입한 용기)로 분광시키고, 파장이 안정되어 있는 가스의 흡수선을 파장의 기준으로 하여 항성 스펙트럼에 중첩시킨다. 이 기준에 대한 항성의 흡수선 파장 변화를 측정함으로써, 분광기의 온도 변화 등에 따른 검출기상에서의 겉보기 스펙트럼의 이동량을 제거할 수 있다. 이 방법의 원형은 지구 대기(산소 등)의 흡수선을 기준으로 이용하는 방법에서 보인다. 1980년대 전반에 캐나다의 캠벨과 워커가 플루오르화 수소hydrogen fluoride 셀을, 미국의 마시G. W. Marcy와 버틀러R. P. Butler가 요오드를 넣은 요오드 셀을 개발하여 10 m s^{-1} 이하의 정밀도를 달성했다. 마시와 버틀러 연구진은 요오드의 흡수선 윤곽 변화를 이용하여 분광기 자체에서 윤곽의 미묘한 변화(기기 윤곽)를 보정하는 방법을 개발해 1 m s^{-1} 이하의 측정 정밀도까지 달성했다.

(2) 비교광원 동시 취득법

항성의 스펙트럼과 파장 참조용의 비교광원 스펙트럼을 검출기에서 거의 동시에 얻는 방법이다. 각각의 기준이 되는 모형 스펙트럼과의 상대적인 이동분을 구하고, 항성 스펙트럼의 이동분과 비교광원 스펙트럼의 이동분을 보정함으로써 항성 본래의 시선속도 변화량을 구한다. 이 방법에서는 분광기로의 입사광 형태나 분광기의 기기 윤곽의 모양을 일정하게 유지하는 것이 중요하다. 1990년대에 들어서서 스위스의 마이어 연구진은 분광기의 빛 도입부에 광섬유를 이용해 입사광 형태를 안정화했고, 분광기 자체의 온도 관리를 꼼꼼하게 하는 고분산 분광기 ELODIE를 개발해 10 m s^{-1}의 측정 정밀도를 달성했다. 그리고 이 연구진은 그 후에도 더욱 높은 정밀도로 온도 관리를 하는 같은 모양의 분광기를 개발하여 1 m s^{-1}

이하의 정밀도를 실현했다.

7.1.3 외계 행성의 성질

2006년 현재, 주로 도플러 이동법에 따른 탐사로 외계 행성이 약 200개 발견되었지만, 그 외계 행성들은 우리 태양계와는 양상이 크게 다르며, 다양성이 풍부하다는 것이 밝혀졌다. 여기서는 그 성질을 간단하게 정리한다(다음의 데이터는 2006년 현재의 자료이다). 궤도 장반경이 큰 행성이 발견됨에 따라 태양계의 목성과 토성에 가까운 궤도나 질량의 행성도 점점 발견되지만, 태양계와 판박이인 행성계는 아직 발견되고 있지 않다.

(1) 빈도

2006년 현재, 태양형 별 약 3000개에서 도플러 이동법에 따른 행성 탐사가 이루어졌고, 행성이 발견되는 빈도는 5~10% 정도이다. 그러나 이는 어디까지나 현재의 관측 정밀도 및 관측 기간으로 검출 가능한 행성의 빈도로 하한값이라 할 수 있다.

(2) 질량

지구 질량의 7배 정도에서부터 목성 질량의 15배 정도까지 발견되고 있다〔그림 7.3(왼쪽 위)〕. 질량이 커짐에 따라 급격하게 수가 감소하고, 목성 질량의 13배를 넘는 갈색왜성 후보는 거의 발견되지 않는다. 이는 갈색왜성과 행성의 형성 과정이 다름을 반영하는 것으로 생각할 수 있다. 도플러 이동법의 관측 정밀도 향상에 따라 2004년경부터 질량이 작은 해왕성 정도(~20 지구 질량)의 행성 발견 수도 늘어났다.

(3) 궤도 장반경

궤도 장반경 a는 타원궤도 긴지름의 절반으로, 중심별에서의 거리를 궤도주기로 평균한 것과 거의 같다. 발견된 행성의 a는 0.02~6 AU(천문단위)이고, 주기로는 2일에서 15년의 범위로 분포한다〔그림 7.3(오른쪽 위)〕. 주기가 긴 행성은 관측 기간에 따라 물리량의 관측에 제한이 있다. (엄밀한 정의는 아니지만) 0.1 AU 이내의 거대행성은 '뜨거운 목성hot jupiter' 등으로도 불리고 그 주기는 3일 부근에 많이 분포한다. 이러한 행성은 전체 외계 행성의 20%를 차지한다. 0.3 AU보다 먼 곳에서는 궤도 장반경이 커짐에 따라 그 수가 증가한다. 관측적으로는 궤도 장반경이 커질수록 발견하기 힘들어, 이러한 경향은 사실이라고 말할 수 있다. 도플러 이동법에 따른 탐사에서는 주기가 하루 정도인 행성도 발견되고 있다.

(4) 이심률

이심률 e는 궤도의 변형을 나타내는 지표이며 0이 원궤도이고 1이 포물선궤도를 나타내는데, 관측되는 행성의 궤도 이심률은 0에서 0.9 정도까지 넓은 범위에 분포하고 있다〔그림 7.3(왼쪽 아래)〕. 이심률이 큰 행성은 중심별과의 조석작용이 효과가 있는 근점거리($r_{min}=a(1-e)<0.1$)의 궤도에는 대부분 존재하지 않는다. 0.1 AU보다 안쪽에 있는 행성은 거의 원궤도인데, 중심별과의 조석작용으로 원궤도가 되었다고 생각할 수 있다. 0.1 AU보다 먼 곳에는 이심률이 큰 것이 대부분을 차지한다. 이심률이 비교적 큰 행성을 '이심 행성Eccentric Planet'이라고도 하는데 크다고 하는 절대적인 기준값은 명확하지 않다.

(5) 다중 행성계

항성 하나에 행성이 여러 개 존재하는 다중 행성계는 20건 정도 보고되고 있다(행성계 2개 : 14별, 행성계 3개 : 4별, 행성계 4개 : 2별). 이것들 가운데 공전주기가 2 : 1이나 3 : 1 등의 공명관계에 있는 궤도를 가진 행성계도 있다.

(6) 중심별의 금속량

중심별의 금속량과 행성의 빈도와의 관계로, 금속량이 많은 항성일수록

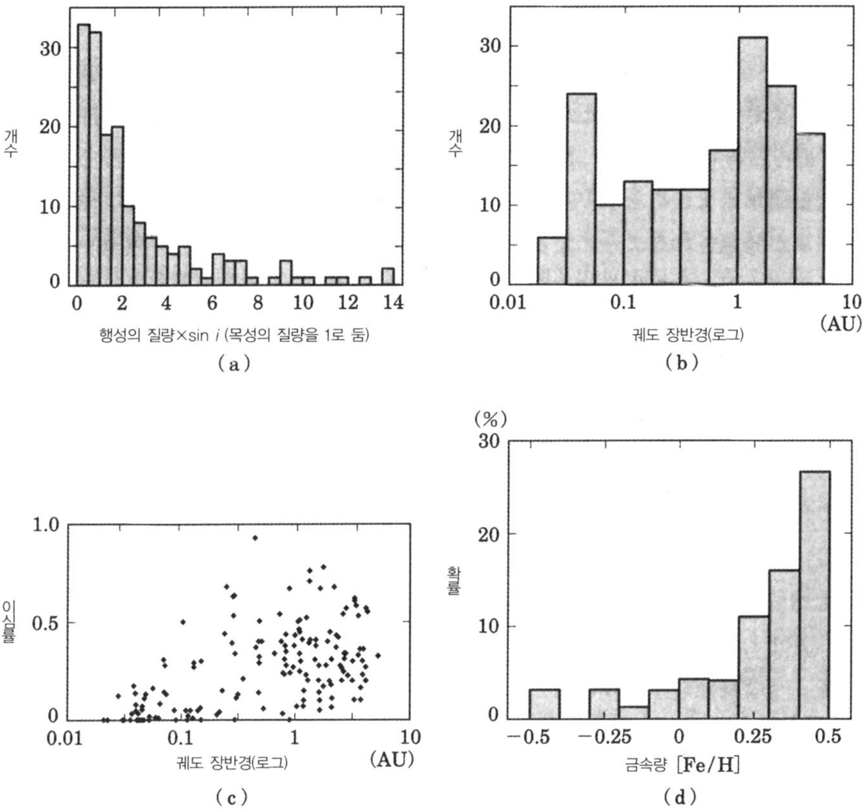

그림 7.3 지금까지 발견된 외계행성의 성질. (왼쪽 위) 질량분포. *i*는 궤도 경사각. (오른쪽 위) 궤도장 반경 분포. (왼쪽 아래) 궤도 장반경과 이심률의 분포. (오른쪽 아래) 중심별의 금속량과 행성의 발견 확률의 관계.

행성이 발견되는 확률이 높다. [Fe/H]> +0.2의 항성에서 행성이 발견되는 확률은 10% 이상인 데 비해, [Fe/H]< 0의 항성에서는 수 % 이하이다 〔그림 7.3(오른쪽 아래)〕. 이 상관관계는 행성 형성 모형으로 코어 집적 모형(7.2.1절, 금속량이 많은 환경일수록 고체 재료가 많은 행성이 형성되기 쉽다)을 지지하는 근거의 하나로 생각된다.

(7) 중심별의 차이

현재 행성 탐색이 집중적으로 이루어지는 대상은 스펙트럼형이 FGK형의 왜성, 이른바 태양형 별이다. 질량이 작은 M형 왜성에서도 수백 개를 대상으로 하여 행성 탐색이 이루어지고 있지만 목성 정도의 행성은 2개밖에 발견되지 않았다. 한편, 조기형 주계열성은 스펙트럼에 흡수선의 수가 적고, 고속 자전에 따라 그 선폭도 퍼져 있어 도플러 이동법에 따른 행성 탐색은 어려우며, 태양보다 질량이 큰($\gtrsim 1.5M_{\odot}$) 항성의 행성계에 관해서는 아직 잘 알려지지 않았다. 그리고 거성 주위의 행성도 몇 개 보고되고 있다.

지금까지 발견된 외계행성 중에 쌍성계에서 발견된 것은 약 20개이다. 이 행성들은 모두 쌍성계 중 어느 쪽의 항성 주위를 돌고 있으며, 관측적인 제약으로 쌍성간 거리가 일정 정도 이상 떨어진 것($\gtrsim$20 AU)에서만 발견된다. 이것들은 모두 단독별 주위 행성과 성질(질량, 궤도 장반경, 이심률 분포)에서 차이를 보인다.

(8) 행성 반지름, 밀도, 대기 등등

트랜싯법과 도플러 이동법 두 가지 모두에서 확인된 행성은 9개로, 이 행성들에 대해서는 반지름과 밀도가 추정되었다. HD 209458b[2]는 이론적인 예상보다 반지름이 크고 밀도는 낮다(1.3 목성 반지름, 0.4 g cm^{-3}), 반대로 HD 149026b는 작고 고밀도이다(0.7 목성 반지름, 1.2 g cm^{-3}). 트랜싯을 보이는 행성계에서는 트랜싯 가운데 행성의 대기가 항성의 빛 일부를 흡수하는 것을 이용하여 행성 대기의 성분 검출이 가능하며, HD 209458b에서 나트륨과 행성의 주위에 퍼져 있는 수소가스 등이 검출된 보고가 있다. 또 HD 209458b와 TrES-1b에서는 행성이 항성의 뒤쪽에 숨어 있을

2 외계 행성의 이름은 중심별의 이름에 알파벳 소문자를 붙여서 나타낸다. 그 별에서 최초로 발견된 행성이 b, 두 번째가 c, 3번째가 d의 순서이다.

때secondary eclipse에 계 전체에서의 적외선 세기가 감소하는 것을 이용해 행성에서 나오는 열복사 성분을 분리하는 것에 성공했다.

7.2 외계 행성의 다양성

7.2.1 태양계 형성 표준모형과 외계 행성의 모순

6장에서 태양계 형성 과정의 표준모형에 대해 설명했다. 행성계는 원시행성계 원반에서 생겨난다. 이 원반은 수소, 헬륨가스가 전체 질량의 약 99%를 차지하며, 나머지는 고체먼지로 구성된다(6.2절). 먼지에서 미행성이 형성되고, 그 미행성이 합체 집적하여 지구형 행성이나 목성형 행성의 코어가 만들어진다(6.3, 6.4절). 코어에 원반의 수소, 헬륨가스가 흘러들어가고, 수소 및 헬륨가스가 주성분인 거대한 목성형 행성이 형성된다. 원반 가스가 유입되려면 코어가 지구의 몇 배 이상이 되어야 한다(6.4절). 일반적으로 코어의 궤도 주변에 있고 코어로 집적되는 영역의 고체물질의 양은 원반의 바깥쪽으로 갈수록 많다. 이에 따라 원반의 바깥 영역에 커다란 코어가 형성되며, 목성형 행성이 형성되기 쉽다(단, 지나치게 바깥쪽으로 가면 중심부의 형성 시간이 원반 가스의 존재 시간을 넘어서므로 목성형 행성의 형성이 어렵다). 특히 온도가 150~170 K 이하로 얼음이 응축하는 영역(태양계의 경우는 소행성대보다 먼 곳)에서는 더욱더 고체물질의 양이 많아지므로 목성형 행성이 형성되기 쉽다. 그리고 원운동을 하는 원반 가스를 집적하여 형성되기 때문에 목성형 행성의 궤도도 거의 원궤도(궤도 이심률 $e \ll 1$)가 되기 쉽다.

이 코어 집적 모형은 원반에서의 형성에서 자연적으로 유도된 것이라 태양계의 지구형 행성 및 목성형 행성의 배열을 잘 설명한다. 그런데 앞

절에서 보았듯이, 발견된 외계 행성의 대부분은 질량이 토성 이상이며 목성형 행성이라 생각할 수 있지만, 궤도 장반경이 극단적으로 작고 '뜨거운 목성'과 이심 행성이 다수를 차지하고 있다. 이 행성들은 앞에서 말한 태양계의 표준형성 모형과는 뚜렷하게 모순되며, 발견 당시에 원반이 자기 중력이나 다른 항성이 통과한 영향에 따라 분열되어 행성이 형성되었다는 주장도 있었다. 이러한 점을 생각하면, 목성형 행성은 행성계의 바깥 영역에 원궤도로 형성되지 않아도 된다.

그러나 이 원반 분열 모형은 태양계의 표준형성 모형이 확립되기 전에 있었던 '고전적' 모형이며, 현재의 태양계 행성을 제대로 설명할 수 없다는 단점으로 사라졌던 모형이다. 원반 분열 모형에서 행성의 조성은 중심별과 같을 것이므로 지구형 행성이나 천왕성, 해왕성 등의 얼음 행성과는 확실하게 모순되는 점이 있다.

목성이나 토성도 태양보다 중원소가 풍부하다. 태양은 은하계 원반에서 볼 때 평범한 항성의 하나일 뿐이며, 현재의 행성 분포에서 추정되는 원시 태양계 원반은 T-타우리형 별의 평균적인 원반의 모습에 가깝다(6.2절). 관측되는 외계 행성의 대부분은 태양형 별의 주위에서 발견되었으므로 태양계와 같은 방법으로 생겨났으리라는 생각이 가장 합리적일 것이다(일부의 외계 행성은 분열로 생겼다고 해도 되지만).

뜨거운 목성이나 이심 행성 등의 다양한 목성형 행성의 기원에 관해 가장 지지를 받는 주장은, 이 행성들이 태양계의 목성이나 토성처럼 비교적 큰 궤도 장반경인 원궤도($e \ll 1$)에서 생겨났지만 그 후에 궤도가 변화했다는 것이다. 이렇게 생각하면 태양계 형성 표준모형과 외계 행성의 모순점이 해소될 가능성이 있다. 다음에서는 각각의 행성에 대해 어떠한 궤도 변화가 예측되는지 살펴보자.

7.2.2 뜨거운 목성의 기원

뜨거운 목성의 기원에 관한 가장 유력한 모형은, 중심별에서 떨어진 장소에서 형성된 목성형 행성이 원반 중심별 쪽으로의 강착에 이끌려 중심별 근처까지 이동한다는 모형이다. 목성형 행성의 가스 성분이 원반 가스를 포획한 것이라면, 목성형 행성이 형성될 때 원반 가스가 존재한다고 할 수 있다. 행성 질량이 지구 질량의 수십 배 이상이면 행성 중력으로 행성 궤도 근처의 원반 가스가 날아가버려 틈이 생긴다. 반대로 행성은 틈의 가장자리에서 멀어지므로, 결과적으로 행성 궤도는 틈 안에 고정되고 원반과의 상대운동은 멈춘다. 그러나 원반 자체는 난류점성에 따라 중심별로 천천히 강착되기 때문에(6.2절), 행성도 같이 이끌려서 중심별 방향으로 이동한다고 생각할 수 있다. 이동하는 데에 걸리는 시간은 그 장소에서 원반이 확산하는 시간규모와 비슷하다.

확산시간은 점성을 ν, 궤도 반지름을 r이라 하면 r^2/ν로 주어지고, 일반적으로 ν는 r^2보다 r에 대한 의존성이 약한 것을 알 수 있다. 따라서 확산시간은 r이 작을수록 짧아지므로 행성의 이동은 가속도적으로 진행되어 원반의 안쪽까지 한번에 도달한다. 원반 안쪽까지 도달하면 원반 가스는 열 이온화하여 중심별의 자기장을 따라 중심별로 흘러들어가지만 행성은 남겨진다. 게다가 중심별에 따른 조석력도 이동을 멈추려고 한다. 이러한 효과들에서 중심별 근처로 이동해온 목성형 행성이 원반 안쪽 부분에 모여 있는 경향이 있고, 그것이 뜨거운 목성으로 관측된다고 할 수 있다.

7.2.3 이심 행성의 기원

목성형 행성의 궤도를 원에서 타원으로 변화시키려면 무언가의 중력섭동이 필요하다. 섭동원으로는 가스 원반, 쌍성계의 동반별, 근접 통과하는

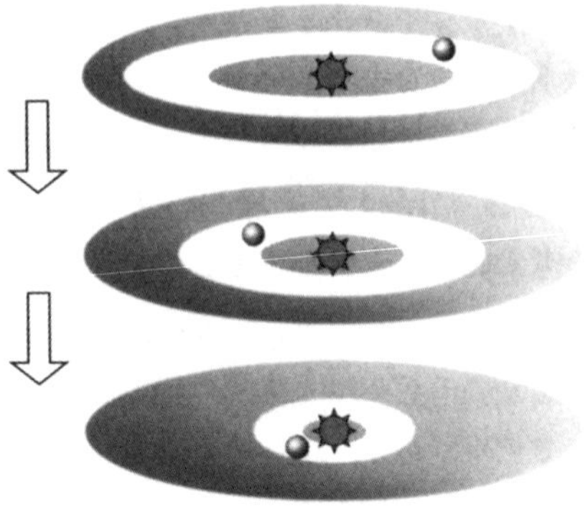

그림 7.4 행성의 이동 모식도. 행성이 원반에 틈을 만들고, 원반이 중심별 쪽으로 강착됨과 더불어 함께 안쪽으로 이동한다.

다른 항성과 다른 행성 등을 생각할 수 있다. 그림 7.3에 따르면, 관측된 외계 행성 가운데 궤도 이심률이 0.5를 넘는 것도 여럿 존재한다. 이처럼 궤도 이심률이 큰 것은 쌍성계의 동반별 또는 다른 행성의 존재 때문이다. 이심 행성의 대부분이 단독별의 주위에서 발견되고 있어 결국 다른 행성의 중력섭동이 기원이라고 생각하는 것이 타당할 것이다.

그 정도로 큰 이심률을 생기게 하는 중력 상호작용이 강하게 작용하는 불안정한 배치에서 행성이 형성되는지에 대한 문제가 있지만, 행성이 형성될 때에는 서로 중력의 영향을 받지 않고 원궤도에서 형성되고, 형성 후에 강하게 영향을 주어 타원궤도로 변화시키는 것이 가능한 메커니즘으로는 다음에 설명할 궤도 불안정 모형이 있다. 행성의 궤도가 타원이 되어 서로 교차하면 근접 산란이 일어나고, 안쪽에 있던 행성이 바깥쪽으로 이동하기도 하고, 어떤 행성은 외계로 방출되기도 한다. 또 행성끼리의 충돌도 일어난다.

원래 궤도가 교차하지 않았던 행성들이 교차하게 되는 것을 '궤도 불안정'이라 한다. 행성이 두 개의 경우는 궤도 간격이 행성 질량에 따라 정해

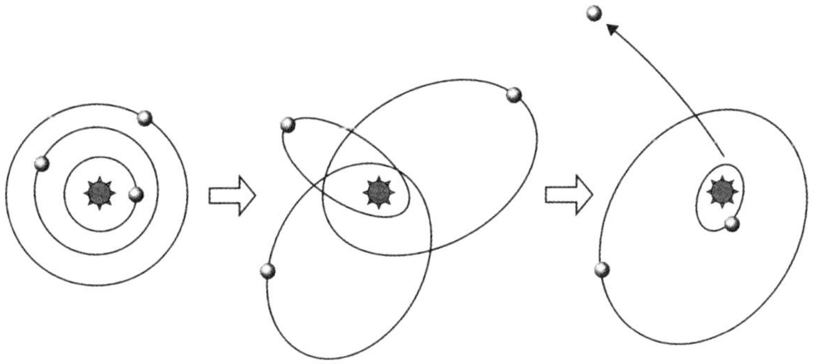

그림 7.5 행성의 궤도 불안정 모식도. 거대행성 세 개가 거의 원궤도를 형성한 뒤에 상호중력의 영향으로 궤도가 일그러져 궤도 교차가 일어난다. 행성 하나가 방출되고, 두 개는 안정된 타원궤도 행성으로 남는다.

진 어느 한계값 이하가 되면, 궤도가 불안정해지고 바로 이심률이 커져서 궤도 교차가 일어난다. 반대로 그 이상의 궤도 간격에서는 이심률이 작은 폭으로 진동할 뿐이어서 궤도가 안정된다. 이처럼 안정된 궤도 간격일 때 행성이 형성되고, 그 후로도 궤도는 안정된 상태를 유지하고 있어서 이심 행성은 형성되지 않는다.

그러나 행성이 3개 이상이면 상황이 바뀐다. 수치계산에 따르면, 행성이 3개 이상인 행성계에서는 행성의 궤도 간격이 아무리 커져도 일정한 시간에 갑자기 궤도 불안정이 일어나는 것으로 알려졌다. 그 불안정이 일어날 때까지의 시간은 궤도 간격과 행성 질량의 함수로 주어진다. 즉, 이 경우는 목성형 행성의 형성 시간규모(10^5~10^7년)에서는 궤도가 안정되어 있지만, 중심별의 주계열 단계의 수명인 약 10^{10}년 이내에 불안정해지는 것이 충분히 가능함을 알 수 있다.

일단 궤도 교차가 일어나면 대부분의 경우, 행성 하나가 외계로 날아가 버리고 큰 궤도 이심률을 가진 나머지 행성이 남는다. 3개 행성이 궤도 교차하는 경우 남는 행성은 2개로, 그 궤도 간격이 크고 타원궤도인 상태이지만 안정된 경우가 많다. 바깥쪽에 남는 행성의 궤도 장반경은 매우 커지는 경우가 많고, 가장 안쪽에 남은 것만이 도플러 이동법으로 검출될 가능성이 높다. 이는 2006년까지 발견된 이심 행성의 대부분이 단독으로 있는 것과 모순되지 않는다.

7.2.4 외계 행성계 다양성의 기원

태양계에서는 목성이나 토성이 태양에서 멀리 떨어진 장소에서 거의 원궤도로 머물러 있다. 외계 행성에서도 궤도 장반경이 큰 것이 존재한다. 7.2.2절의 이론이 올바르다면 목성형 행성은 모두 뜨거운 목성이 된다고 생각할 수 있다. 하지만 사라져가는 원반에서 목성형 행성이 형성된다고 해보자. 목성형 행성으로 가스가 유입되고 남은 원반의 질량이 충분히 가볍다면 그 목성형 행성은 끌려가지 않고 그 자리에 머물 것이다.

원반은 확산하여 대부분이 소실된다고 알려졌다. 원반 전체의 소실시간은 원반 반지름 지점에서의 확산시간과 같다(그보다 안쪽에서의 확산시간은 짧지만 그곳에 있던 물질이 모두 확산해버리는 것과 동시에 바깥쪽에서 확산하여 들어오므로, 그 장소의 원반 가스는 원반 전체가 없어지지 않는 한 감쇠하지 않는다). 관측적으로는 태양계를 만든 원반보다 무거운 원반들이 다수 존재하고, 충분히 무거운 원반에서는 얼음이 응축하지 않는 안쪽 영역에도 큰 코어가 빠르게 생겨 목성형 행성이 형성될 것이다. 그러한 안쪽 영역의 확산시간, 다시 말해 행성 이동시간은 원반의 소실시간보다도 짧아 목성형 행성이 이동하여 뜨거운 목성이 된다. 한편, 원시태양계 원반에서는 바깥쪽의 얼음이 응축하는 제한된 영역에서 원반을 소실하기 전에 겨우 목성형 행성이 형성되었으므로 움직이지 않았다고 생각할 수 있다.

태양계에서는 지구 질량 100배 규모의 거대한 행성이 목성과 토성 2개뿐이라 7.2.3절의 이론에 따르면, 궤도가 안정적이라고 할 수 있다. 태양계 원반보다 무거운 원반에서는 원반 확산 전에 거대행성이 3개 이상 생기고, 그에 따라 궤도 불안정이 일어나는 경우가 많을 것이다. 다음의 거대행성이 형성되기 전에 이동하면 뜨거운 목성이 되고, 이동 전에 다음의 거대행성이 형성되면 이심 행성이 된다.

이처럼 뜨거운 목성 또는 이심 행성이 형성되거나 태양계처럼 행성계가 되는 등 다양성의 기원은 행성의 형성시간과 원반의 확산시간의 관계에서 결정되며, 이는 결국 초기 원반 질량의 차이일지도 모른다. 이 부분은 앞으로 관측 기술의 발전에 따라 검증될 것이다. 또한 뜨거운 목성이나 이심 행성을 만들어내는 메커니즘도 아직 확정된 것이 아니기에 검증이 필요하다. 예를 들면 7.2.3절의 궤도 불안정 모형이 올바르다면, 이심 행성이 발견된 같은 계의 바깥쪽에도 다른 이심 행성이 존재하리라 예측할 수 있다. 이는 직접 촬영법으로 검증이 가능하다.

지금까지 목성형 행성에 대해 설명했지만, 관측 정밀도가 좋아짐에 따라 고체 행성이라 생각되는 비교적 작은 행성의 발견도 늘어나고 있다. 앞으로는 지구형 행성의 다양성에 대해서도 많은 논의가 있을 것이다. 지구형 행성에 대해 직접 촬영법이 가능하면 대기의 조성을 알 수 있다. 대기 조성에는 그 행성의 생명에 대한 정보가 담겨 있으므로 지구형 행성의 다양성의 문제는 궤도만의 문제가 아닌, 대기 조성, 생명의 다양성 문제로까지 연결된다.

7.3 외계 행성의 직접 관측과 그 전망

7.3.1 제2의 지구 및 생명 탐사

현재 외계 행성을 검출하기 위해 지상뿐 아니라 우주에서도 탐사 계획이 제안 및 진행되고 있다. 하지만 탐사방법의 대부분이 간접적인 방법이며(7.1절 참조), 행성 그 자체의 영상을 얻거나 스펙트럼을 조사하는 등의 직접 방법은 아니다.[3] 그러므로 그다음의 중요한 일정에는 다음과 같은 방법들이 있다.

(1) 목성형 행성 그 자체를 직접 촬영하는 것

(2) 지구형 행성을 간접적으로 검출하는 것

(3) 지구형 행성을 직접 촬영하고 생명의 증거를 포착하는 것

젊은 별 주위에 있는 거대 목성형 행성의 직접 검출이라는 주제는, 현재 8~10 m 크기의 지상 망원경이나 최근에 가동하기 시작한 대형 광적외 간섭계에서 가장 중요한 관측적 목표이다. 더욱이 그 행성(유난히 주성에서 떨어진 행성) 대기의 분광은 3~6 m 크기의 우주 적외선 망원경(NASA의 JWST, 일본의 SPICA 계획 등)으로 이루어질 것이다. 그러나 목성 질량의 약 1/300밖에 되지 않는 지구형 행성을 검출하는 것은 직접법은 물론, 간접법에서도 쉽지 않다.

외계 행성 탐사계획에서 가장 어렵지만 중요한 단계인 '지구형 외계 행성의 직접 검출과 생명의 징후 확인'에 도전할 계획도 있다. 예를 들면, 우리 근처에 있는 태양형 별(F, G, K형 왜성)의 주위에서 생명을 키우는 것이 가능한 영역, 다시 말해 생존가능 영역habitable zone에 위치하고 대기가 지구와 비슷한 행성에서의 빛을 검출하는 것을 목표로 하고 있다.

3 '간접 관측'에서는 행성에서부터 온 빛을 항성의 빛과 구별할 수 없다. 행성 존재의 다양한 영향을 검출하는 '넓은 의미의 직접 관측'에서는 행성에서 나온 빛을 항성의 빛과 구별할 수 있지만, 영상으로 행성을 구별할 수는 없다. 예를 들어, 행성이 항성으로 가려졌을 때 생기는 열복사량의 미세한 감소량을 검출하는 것이나 행성에서의 반사광 스펙트럼을 분광 및 편광을 이용해 항성의 빛과 구별하는 것은 넓은 의미의 직접 관측에 해당한다. 좁은 의미의 직접 관측은 행성 그 자체를 직접 영상으로 검출하는 것이라고 정의한다.

여기서는 외계 행성 검출방법 중 직접 관측법에 대해 간단히 설명하고, 그와 관련한 계획들의 전망을 알아보자.

7.3.2 외계 행성 직접 검출의 어려움

외계 행성을 직접 관측하기 위해서는 다음과 같이 세 가지를 동시에 실현할 필요가 있다.

(1) 중심별의 반사광 또는 행성 자체의 열복사로 어두운 행성까지 검출할 만큼의 고감도

(2) 중심별 바로 근처에 있는 행성을 구분하기 위한 고해상도

(3) 어두운 행성이 밝은 중심별의 헤일로에 파묻히지 않을 고高대비(contrast 또는 dynamic range)

예를 들면, 우리가 10 pc 떨어진 곳에서 태양계를 본 경우 지구의 밝기는 가시광 파장의 V 밴드(파장 0.6 μm)에서 약 29등급, 중간적외선 파장의 N 밴드(파장 10 μm)에서 약 20등급이다. 그리고 지구와 태양 간의 각거리는 0.1각초밖에 안 된다. 이 둘 각각의 수치만을 보면 현재의 관측 기술로도 달성이 가능하다. 하지만 최대의 문제는 태양 · 지구의 밝기의 비contrast이다. 그림 7.6은 태양계에서 행성과 태양의 스펙트럼 에너지 분포를 보여준다. 행성의 스펙트럼은 파장 0.4~5 μm 영역의 가시광 · 근적외선 파장에서는 태양에서의 '반사광'이 주가 되지만, 파장 7~20 μm 영역의 중간적외선보다 긴 파장에서는 행성 자체의 열복사가 더해지므로, 양쪽 밝기의 비는 다소 줄어든다. 그래도 이 밝기의 비를 현재의 각거리에서 구분할 수 있는 관측장치는 현재 시점에서는 존재하지 않는다.

과거 도플러 이동법을 성공적으로 해내기 위해 분광기술의 발전이 이루어졌듯이, 외계 행성을 직접 검출하기 위한 도전에도 그에 걸맞은 기술 개

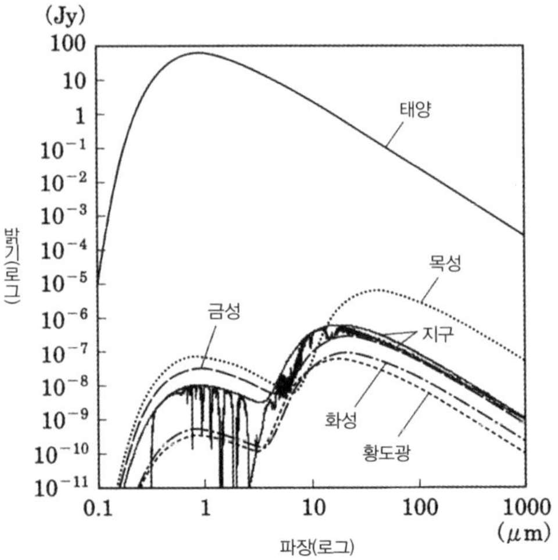

그림 7.6 10 pc 거리에서 본 태양계 스펙트럼 모형. 태양, 목성, 지구, 금성, 화성, 황도광이 표시되어 있다. 행성의 스펙트럼은 태양 반사광과 행성 자체에서 내는 열복사, 이 두 가지의 성분으로 구성된다. 행성 자체의 열복사로 대비가 다소 줄어드는 것은 근적외선 이후의 파장(약 5μm 이상) 영역이다(Traub & Jucks 2002, *AGU Monograph Series*, 130, 369).

발이 필수적이다. 고대비 검출을 향상시키기 위한 기술을 통틀어 '고대비 기술' 이라고 한다.

7.3.3 지상에서의 외계 행성 직접 검출

7.3.2절에서 소개한 항성 · 행성의 대비는 우리 태양계의 약 46억 년 나이에 기초한 것이다. 탐사할 천체의 종류를 선택하는 것으로 이 대비를 낮추는 것이 가능하다. 예를 들어 나이가 100만 년인 어린 항성 주위에 목성형 행성이 존재하면 그 광도는 현재의 목성보다 약 1000배 밝고 대비는 약 10^6~10^7배만큼 줄어든다. 어린 천체는 수축으로만 중력에너지를 내보내고, 수소 핵융합에 따른 항성과 행성의 광도비가 생기지 않기 때문이다. 또한 백색왜성의 주위에 행성이 존재할 경우에도 중심별은 근적외선 파장

을 내고 상대적으로 어두워 대비가 낮아진다. 이러한 행성은 8~10 m 크기의 지상 망원경으로도 검출이 가능하다. 하지만 행성 검출은 일반적인 촬영장치로는 어려움이 있고, 몇 가지 최신 기술을 이용해야 한다.

한편, 파장 선택으로 대비를 낮추는 것은 지상 관측에서는 어렵다. 항성·행성의 대비관계를 고려하면 중간적외선이 유리하지만, 지상에서는 이 영역에서 열잡음이 최대가 되기 때문이다.

보정광학

지상에서 외계 행성을 검출하는 데에 중요한 기술의 하나는, 대기의 흔들림을 실시간으로 보정하는 보정광학adaptive optics이다. 비교천체라 불리는 천체(관측천체 또는 그 근처의 항성)의 파면을 측정하고, 대기 흔들림으로 흐트러진 파면을 변형 가능한 경면(鏡面, surface)을 이용해 시시각각 보정하는 기술이다. 현재는 가시광 파장에서 파면을 측정하고, 적외선 파장으로 천체를 관측한다. 보정광학으로 보정된 별 영상(PSF: Point Spread Function라고도 한다)은 코어라고 불리는 중심 부분과 동심원 형태인 몇 개의 에어리 고리Airy ring 및 헤일로로 이루어지고 이것들의 비율은 보정 정도에 따라 달라진다(그림 7.7).

해상도는 코어의 반값폭(FWHM: Full Width at Half Maximum)으로 표시되고, 관측하는 근적외선 파장의 전부 또는 일부에서 회절한계[4]까지 달성된다. 보정광학으로 망원경의 해상도가 높아질 뿐만 아니라 코어로 에너지가 집중되므로 감도도 향상된다. 행성을 검출하려면 헤일로를 되도록 낮추는 것이 중요하기 때문에 높은 차수까지 파면 보정이 가능한 초다소자 보정광학extreme adaptive optics이 개발 중에 있다.

4 망원경 구경으로 결정되는 해상도(~1.2× 파장/구경).

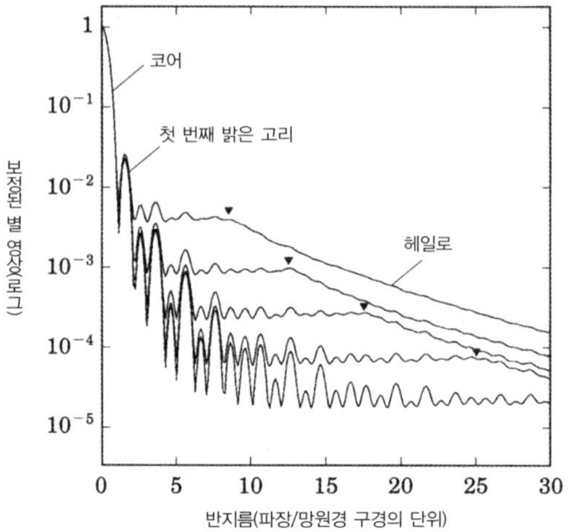

그림 7.7 보정광학을 이용한 경우의 별 영상과 보정 정도에 따른 변화. 곡선은 위에서부터 차례로 18, 26, 36, 51, 71개 소자 순으로 별의 밝기분포를 λ/D의 단위로 나타냈다. 회절한계의 경우와 비교하면 각각 0.30, 0.53, 0.69, 0.82, 0.90의 최대치 비를 보인다(Sivaramakrishnan *et al.* 2001, *ApJ*, 552, 397).

코로나그래프

중심별의 헤일로에 파묻힌 행성을 검출하려면 별도의 기술이 이용된다. 스텔라-코로나그래프stellar coronagraph는 첫 번째 초점면에 차광판을, 조리개면에 '리오스톱Lyot stop'이라 불리는 회절광 가리개를 설치함으로써 밝은 별빛을 막아 헤일로의 빛을 감소시킨다(그림 7.8). 이것을 고전적 리오 코로나그래프라고 하며, 최근에는 새로운 수많은 코로나그래프 방법들이 있다.

중심별에서 온 밝은 빛은 장치 안에서 허상을 만들거나 CCD(charge-coupled device)를 포화시키지만 코로나그래프는 이런 효과도 감소시킬 수 있다. 코로나그래프의 원리는 태양 코로나를 개기일식 때 외에도 관측하기 위해서 프랑스 천문학자 리오Lyot가 개발했다(1939년).

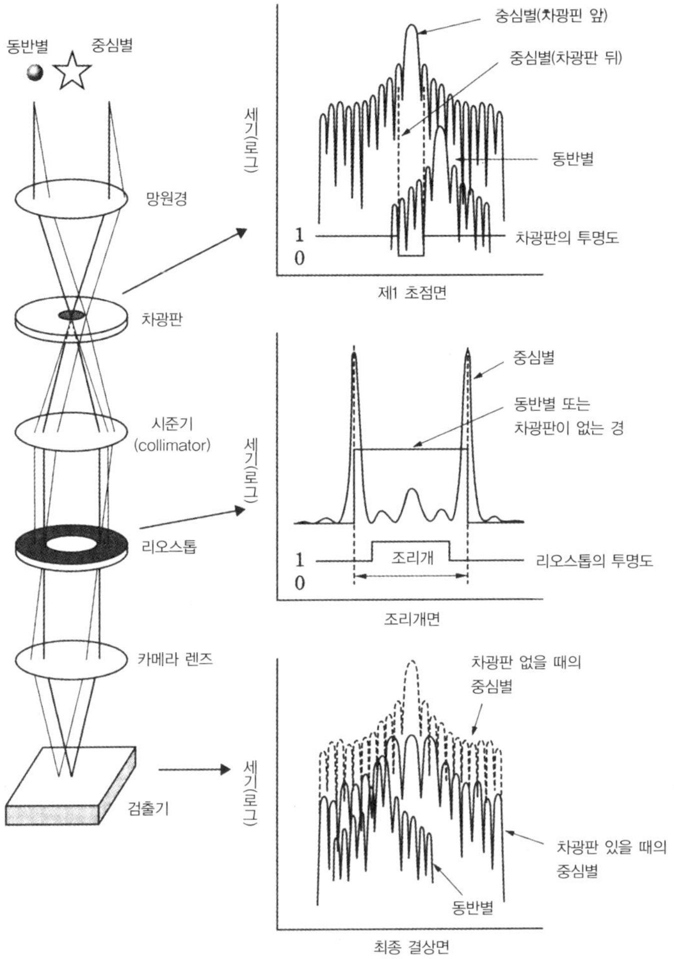

그림 7.8 코로나그래프의 광학계와 각 부분에서의 영상의 변화. 제1 초점면, 조리개면, 최종 결상면에서의 별 영상(Murakawa *et al.* 2004, PASJ, 56, 509).

그 밖의 관련 기술

앞에서 나온 기술들과 같이 이용하거나 또는 독립적으로 헤일로의 효과를 감소시키는 관련 기술도 있다. 동시 다파장 촬영법은 근접한 여러 가지 관측 파장으로 천체를 되도록 같은 광학계를 이용해 촬영하고, 영상의 차이를 분별해냄으로써 잔존 헤일로가 일으키는 반점 모양의 스펙트럼 잡음을 없앨 수 있다. 저온의 행성 대기에서는 메탄가스에 따른 흡수 유무를 이용하여 저온 행성의 검출을 효율적으로 수행할 수 있다. 동시 다편광 촬영법은 직교하는 두 방향의 편광 성분을 되도록 같은 광학계로 얻는다. 이 방법은 항성이나 어린별 주위에 있는 먼지원반 등의 구조를 파악하기 위한 관측에 많이 쓰이며, 행성의 반사광에서 편광된 성분의 검출도 기대된다.

7.3.4 지상 관측의 현주소

2005년 GQLup, DHTau, 2M 1207이라는 어린별 주위에 매우 광도가 낮은 천체가 근접하여 존재한다는 보고가 잇달았다. 이 천체는 거대 망원경을 이용하여 근적외선 파장에서 직접 촬영했으며, 만일 그 질량이 목성의 약 13배 이하라면 좁은 의미에서 세계 최초의 외계 행성 직접 관측이라고 할 수 있다.

이 천체의 광도와 온도에서 천체의 질량을 구하는 데는 별의 진화이론을 이용하지만, 행성과 같은 초저질량 천체에서 초기 진화단계의 이론계산은 불확실성이 크고, 현시점에서 질량을 정확히 구하는 것이 어렵다. 중심별에서의 거리도 100~300 AU 정도로 태양계의 거대행성과 비교하면 먼 거리다.

2M 1207의 경우에는 중심별이 젊은 갈색왜성이다. 광도가 매우 낮고, 중심별에서의 거리가 55 AU로 비교적 가까워 목성 질량의 10배 이하인 행성일 가능성이 높다. 그러나 중심별 주위의 원시행성계 원반에서 생겨

난 행성이라면, 갈색왜성의 원반은 지나치게 가벼운데 목성 질량의 몇 배나 되는 행성을 만들어낸다고 생각하기는 어렵다. 행성이라기보다는 오히려 갈색왜성의 2중 쌍성이며, 어느 한쪽의 가벼운 천체라고 생각할 수 있다.[5]

일본에서는 8~10 m 크기의 스바루 망원경을 이용하여 지상 망원경 중에 빠르게 보정광학 코로나그래프를 실현했지만, 위와 같은 여러 가지 기술을 이용한 제2세대 고대비 장치(스바루 망원경의 HiCIAO, Gemini의 ExAOC, VLT의 PlanetFinder 등)의 개발이, 2008~2012년경에 가동을 목표로 계획 및 진행되고 있다.

간섭계의 행성 검출

항성에서 매우 가까운 곳을 공전하는 거대행성, 이른바 '뜨거운 목성'은 항성과 행성의 대비가 비교적 작지만, 양쪽의 각거리가 상당히 가까워 8~10 m 크기 망원경에서는 이 둘을 구분하여 관측할 수 없다. 그러나 거대 망원경을 여러 개 이용하면 기선base line 길이가 그 구경의 약 10배 정도인 간섭계를 만들 수 있으며, 그 해상도는 약 0.01각초에 이른다(VLT 간섭계, Keck 간섭계, OHANA 간섭계 등). 이를 이용하여 뜨거운 목성이나 동반별처럼 존재하는 갈색왜성의 검출을 계획하고 있다.

7.3.5 우주 공간에서의 외계 행성 직접 검출

만일 망원경의 구경이 같다면, 우주에서의 관측은 대기에 따른 영향이 거의 없어 감도 · 해상도 · 대비 모두가 높아진다. 더욱이 대기의 흡수에서

5 광도가 행성 정도로 어두운 천체가 동반별이 아니라 단독별로 존재한다면, 이미 별탄생 영역에서 그 후보 천체가 여러 개 보고되었다(떠돌이행성Rogue planet이라고 한다). 하지만 중심별이 없는 경우에는 일반적으로 행성으로 분류하지 않는다.

해방되므로 파장의 제한도 사라진다. 즉, 지구와 닮은 대기를 가진 외계 행성을 원격탐사하기 위해서는 지구 대기의 영향이 없는 편이 훨씬 편리하다. 하지만 거대 망원경을 우주에 쏘아올리는 일은 현재의 기술로는 한계가 있다. 그러므로 앞에서 열거한 것들을 모두 고려하면, 우주 공간에서 외계 행성을 탐사하려면 특히 지구형 외계 행성을 직접 검출하기 위한 수단으로 가시광에서 높은 정밀도의 중구경 우주망원경을 이용하거나 또는 적외선에서 우주 간섭계를 이용하는 방법이 가장 알맞다고 생각할 수 있다. 현재까지 NASA의 TPF-C/TPF-I, ESA(European Spacc Agency)의 다윈Darwin, 일본의 JTPF 등의 계획이 2020년경 발사를 목표로 검토되고 있다.[6]

가시광 고대비 망원경

중구경 이상의 우주망원경을 이용해 비교적 가까운 곳에 있는 지구형 행성을 가시광에서 검출하려면 고대비에 깨끗하고 안정된 영상을 얻을 필요가 있다. 가시광 고대비 망원경을 위한 필수적인 기술요소로는, 망원경의 조리개면 또는 영상면에서 들어온 파면의 위상이나 진폭에 여러 가공을 하는, 넓은 의미에서의 코로나그래프 기술을 들 수 있다. 코로나그래프를 효율적으로 작동시키려면 망원경의 설계에서부터 고안이 필요하고(부경 지지부분[7]의 영향을 피하기 위한 비축망원경[8]이나 분할경[9]을 사용하지 않는 등), 그것만으로 없애지 못한 파면 · 진폭 오차를 나중 단계에서 보정해야 한다(보정광학). 허블 우주망원경은 구경이 2.4 m이지만 행성 검출에 필요

6 이 탐사들의 이름은 나중에 수정될 가능성이 있다.
7 망원경의 부경(副鏡, secondary mirror)을 지지하는 구조물을 부경 지지부라고 한다.
8 주경을 기울여서 부경이 빛을 가리지 않게 한 망원경을 비축망원경off-axis telescope이라 한다.
9 주경이 한 장이 아니라 여러 개로 나뉜 거울을 가리킨다.

한 고대비 망원경은 아니다. 외계 행성 탐사를 주목적으로 하는 2 m급 이상의 가시광 우주망원경의 계획은 JTPF 등 몇 가지가 있다. 그중 최대 규모인 NASA의 TPF-C는 구경 8×3.5 m의 가시광 코로나그래프를 쏘아올려 태양 근방에서 35개 항성을 도는 지구형 행성을 탐사하는 것이 목표이다.

적외선 널링 간섭계

소구경의 우주망원경 여러 대를 간섭계로 이용해 고대비를 이루어 적외선으로 태양 근방의 항성을 도는 지구형 행성을 검출하는 것이 가능하다. 예를 들어 망원경 두 대로 이루어지는 천체간섭계를 생각하면, 관측 천체의 방향에 따라 두 개의 망원경으로 들어오는 빛에 광로光路 차가 생긴다. 여기에 인공적으로 광로 차를 만드는 지연선을 이용해 보정하면 각 망원경에서 나온 빛은 광로 차가 0이 되어 서로 간섭한다(일반적인 천체간섭법). 하지만 여기서 한쪽의 빔에 대해 π만큼 위상을 이동하면 광축에 있는 항성에서의 빛이 서로 상쇄간섭을 일으키고, 광축에서 벗어난 방향에서 오는 빛(행성에서의 빛)에는 광로 차가 남아 완전하게 상쇄되는 간섭은 일어나지 않는다. 이것이 바로 널링 간섭계nulling interferometer의 원리이다. 망원경의 수를 늘려서 항성 빛의 상쇄간섭 영역을 넓히거나 코로나그래프와 조합하여 대비를 더욱 높이는 것도 가능하다.

NASA의 TPF-I는 구경 3.5 m 망원경을 40 m의 고정된 기선 길이로 설치하기로 계획하고 있다. 반면, ESA의 다윈은 기선의 길이를 바꾸기 위해 위성 여러 대에 망원경을 탑재할 계획이다.

생존가능지표와 생명존재지표

앞에서 설명한 방법을 이용하여 가시광 또는 적외선으로 행성이 검출되면 그 스펙트럼을 조사함으로써 행성 대기의 정보를 얻는 것이 가능하다. 몇 가지 분자는 생명의 생존가능지표habitability signature나 생명존재지표biomarker로 이용할 수 있다. 대표적인 것으로 물, 산소(또는 오존), 메탄, 이산화탄소, 엽록소 등이 있다. 하지만 행성 표면의 유형(사막, 바다, 구름 등)에 따라 관측되는 스펙트럼이 크게 변하므로, 관측 결과를 바르게 해석하려면 이론적 모형과의 비교가 필수적이라 할 수 있다. 생명존재의 증거까지 포함한 제2 지구의 탐사는 21세기 과학의 최대 주제 가운데 하나이다.

제8장
행성과 생명의 기원

생명의 기원을 생각할 때 천문학 및 행성과학은 빼놓을 수 없는 분야이다. 지구뿐만 아니라 7장에서 언급한 생명발생의 가능성이 있는 외계 행성에서도 중요한 물리 · 화학적 과정을 기초로 그 연구가 한창 진행되고 있다. 여기에서는 생명의 기원과 관련된 몇 가지 내용에 대해 알아본다. 8.1절에서는 생명의 재료인 유기물과 물(얼음)에 대해 실험실의 결과를 바탕으로 기초적인 물리적 성질을 다룬다. 8.2절에서는 생명발생의 장인 초기 지구의 환경과 역사에 대해 소개한다. 그리고 8.3절에서는 주로 실험실에서 행해지는 생명의 재료 생성과 연결된 연구에 대해 알아본다. 이 분야는 상당히 새롭고 학문의 틀 자체도 아직 확립되어 있지 않다. 생물천문학 또는 천문생물학이라는 등 명칭이 가지각색인 점이 그 같은 상황을 잘 보여주며, 그런 만큼 생명의 기원에 대한 접근법이 얼마나 다양한지 알 수 있다.

8.1 얼음 · 유기물

얼음과 유기물은 지구상에서 친근한 물질이다. 하지만 5500 kg m^{-3}이나 되는 지구의 밀도에서 지구는 주로 규산염 광물이나 금속으로 이루어졌고, 물이나 유기물은 지구 표면에만 소량 존재하는 것을 알 수 있다. 한편, 우주에는 대량의 얼음과 유기물이 존재한다. 원소의 우주 존재도를 보면 C, N, O의 존재도는 Si, Mg, Fe보다 10배 이상 크므로 우주에는 얼음이나 유기물이 대량으로 존재한다고 예상할 수 있다. 실제로 분자구름에 있는 고체 미립자가 모여서 생긴 혜성에서 나온 먼지를 관측하면, 얼음:유기물:규산염이 거의 1 : 1 : 1의 질량비로 존재한다.

이 절에서는 얼음과 유기물이 우주의 어디에 있고 어떤 식으로 만들어졌는지에 대해 설명한다. 일반적으로 H_2O 결정을 얼음이라고 하지만, 좀 더 넓은 의미로 '얼음'이라는 용어를 사용한다. 즉, 저온(~150 K 이하)에서 고체물질로 존재하는 CO_2, N_2, CO 등도 얼음이라고 부른다.

다음에서는 처음에 H_2O만으로 이루어진 일반적인 얼음의 특징에 대해 설명하고, 이어서 CO_2, CO 등 H_2O 이외의 분자를 포함한 얼음의 특징을 서술한다. 그리고 얼음보다 고온에서 존재하는 고체물질인 유기물의 생성 과정을 소개한다.

8.1.1 H_2O 얼음

우리가 일반적으로 알고 있는 H_2O만으로 되는 얼음은 그림 8.1에 나타낸 것과 같은 결정구조를 가진다. 커다란 공은 산소원자, 작은 공은 수소원자이며 물분자에서 산소와 수소의 결합은 실선으로, 수소결합은 점선으로 나타냈다. 산소원자는 거의 정사면체에 가까운 배치이며, 상당히 틈이 많은 구조인 것을 알 수 있다. 고체인 얼음이 물보다도 밀도가 작은 원인이 바로 이 구조 때문이다. 0℃에서 얼음의 밀도는 916.4 kg m^{-3}, 물의 밀도는 999.84 kg m^{-3}이다. c축 방향에서 보면 육각 그물구조가 규칙적으로 반복되어 있고, 육방대칭hexagonal의 결정인 것을 알 수 있다. 이것을 얼음 I_h로 표기한다.[1]

한편, 물분자의 배향orientation, 즉 수소원자의 위치를 살펴보면 어질러져 있는 듯한 상태로 규칙성이 없는 배치임을 알 수 있다.[2] 얼음 I의 특이한 물리적 성질은 틈이 많은 사면체 배치, 수소결합, 수소원자의 배열 불

1 얼음에는 구조가 다양한데, 발견된 순으로 로마자를 붙여 표시한다. 단, 얼음 I에는 육방대칭hexagonal 및 입방대칭cubic 구조가 있어 첨자 h와 c를 붙여서 구분하기도 한다. 때때로 얼음 I_h나 얼음 I_c의 'I'를 'ice'를 의미하는 'i'와 혼동하기도 있는데, 여기서 'I'는 로마숫자의 '첫 번째'를 의미한다는 점에 주의하자.

2 수소원자의 위치는 완전히 어질러져 있어 어디라도 좋다는 뜻이 아니며, 얼음의 규칙이라는 다음 두 가지의 조건을 갖출 필요가 있다.
(1) 1개의 산소원자 옆에는 2개의 수소원자가 존재해야 한다(물분자의 완전성).
(2) 2개의 산소원자 사이에 1개의 수소원자가 존재하여 수소결합을 형성한다.

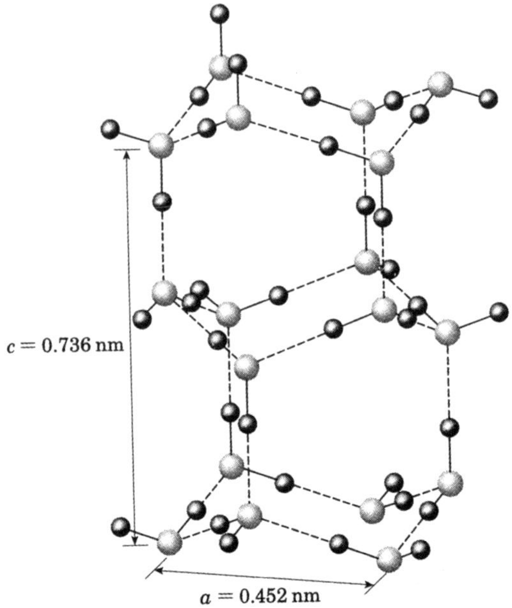

그림 8.1 얼음 I_h의 결정구조. 회색 공이 산소원자, 검은색 공이 수소원자를 나타낸다. 파선은 수소결합을 나타낸다.

규칙성 등이 있는데, 더 자세한 내용을 알고 싶다면 전문서적을 참조하기 바란다.

그림 8.2은 물(H_2O)의 평형상태도를 보여준다. 얼음 I_h는 2×10^8 Pa 이하의 압력, 그리고 273에서 72 K의 온도에서 안정적이다. I_h의 융점이 압력의 증가와 함께 감소(압력 융해)하는 것을 알 수 있다. 이는 다른 물질에서는 거의 볼 수 없는 얼음 I_h만의 특이한 현상이다. 경계면의 기울기가 음인 것은 얼음 I_h가 녹아서 물이 되면 부피가 감소하는(밀도가 커진다) 것을 뜻한다. 72 K 이하에서는 수소원자의 배열이 규칙적인 얼음 XI가 안정적인 상태로 된다. 그러나 얼음 I_h에서 얼음 XI로의 전이는 상당히 느리며(순수한 얼음의 경우 실험실에서 잴 수 있는 시간규모에서는 이 전이가 관찰되지 않

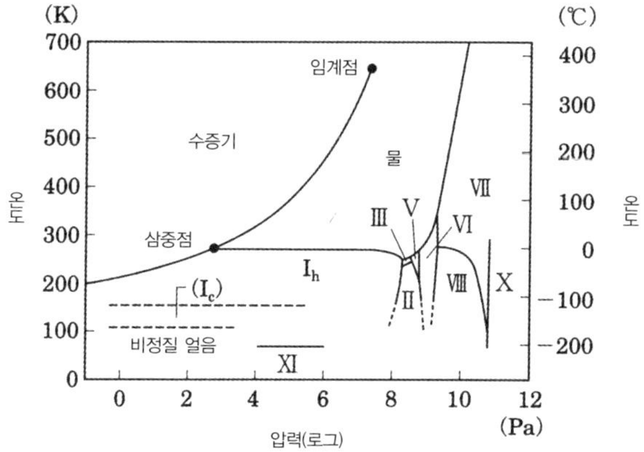

그림 8.2 H_2O의 평형상태도. 파선은 상태 경계가 확실하지 않은 부분을 나타낸다. 준안정 상태는 괄호로 나타냈다.

는다), 72 K 이하에도 얼음 I_h가 준안정적 상태로 존재한다.

고압에서 얼음은 II에서 X까지 여러 가지 결정구조를 가진다. 몇 개 숫자가 빠진 것은 그림 8.2에는 준안정 상태가 포함되어 있지 않기 때문이다. 얼음 I_h와의 큰 차이는, 융점이 압력의 증가와 함께 높아진다는 점이다. 이는 융해로 부피가 증가하는 것을 의미한다. 다시 말해, 고압 얼음은 공존하는 물(액체)에 가라앉는다. 또 고압 얼음은 0℃보다도 높은 온도에서도 존재할 수 있다. 이 현상은 얼음위성의 내부 구조를 연구할 경우에 중요하다. 고압 상태에서도 저온에서 전이속도가 느리므로 저온에서의 안정 상태에 대해 잘 알 수 없다.

저압에서는 고체(얼음 I_h), 액체(물), 기체(수증기)가 안정적이다. 세 가지 상태가 공존하는 것은 +0.01℃, 611.7 Pa이고, 이것을 삼중점이라 한다. 물과 수증기가 공존하는 선, 또는 얼음 I_h와 수증기가 공존하는 선을 증기압 곡선이라 한다. 특히 증기압 곡선은 우주 공간에서 얼음 응축을 설명할 때 기본 자료로 중요하다.

저압에서는 평형상태도에 나타나지 않는 준안정 상태나 불안정 상태가 되는 경우가 있다. 상온의 수증기를 저온 기판基板에 응결(승화응결, 응축, 증착)시키면, 기판 온도가 떨어짐과 함께 얼음 I_h, 얼음 I_C, 비정질amorphous 얼음이 형성된다. 얼음 I_C는 입방대칭cubic의 결정이며 산소원자의 배열은 다이아몬드와 같지만, 수소원자의 배열은 얼음 I_h처럼 흐트러진다. 단, 얼음 I_h보다 조금 에너지가 높은 상태이다. 비정질 얼음에서는 산소원자의 배열에서 얼음 I 결정이 가진 규칙성이 사라지고 흐트러진 배열을 갖는다. 그리고 얼음 I_C보다 더욱 높은 에너지 상태에 있다. 하지만 형성되는 조건에 따라 크게 변하고, 모두 같은 값을 가지지 않는 것에 주의하자. 각각의 상태가 형성되는 조건은, 온도만으로 정해지지 않고 응결속도(성장속도)에도 의존한다. 저온에서 형성된 비정질 얼음은 온도의 상승과 더불어 얼음 I_C, 얼음 I_h로 전이한다. 이 전이는 비가역적이며, 한번 얼음 I_C가 되면 저온으로 돌아가도 비정질 얼음으로는 되지 않는다. 마찬가지로, 한번 얼음 I_h가 되면 저온으로 돌아가도 얼음 I_C나 비정질 얼음으로는 되지 않는다. 그러나 70 K보다 낮은 온도에서 얼음 I의 결정에 자외선, 이온, 전자선 등을 비추면 비정질 얼음이 된다고 알려졌다.

물은 상당히 우수한 용매이며 여러 가지 물질을 녹이는 것이 가능하다. 그러나 얼음 결정은 불순물을 거의 포함하지 않고, 상당히 높은 순도의 결정을 쉽게 만들 수 있다. 여러 물질이 녹아 있는 물을 얼리면 가스는 기포가 되고, 고체물질은 얼음 결정끼리의 경계면으로 석출된다. 얼음 결정에 포함되는 불순물은 소량의 H^+, OH^-, F^-뿐이다. 한편, 비정질 얼음은 물과 마찬가지로 여러 물질을 상당량 포함할 수 있다.

8.1.2 가스 하이드레이트

물분자가 만든 상자형 구조의 수화물水化物을 가스 하이드레이트gas

hydrates라고 한다. 물분자가 만든 상자는 12, 14, 16면체 구조인 것이 있고, 이것들의 조합에 따라 다른 구조의 결정이 생긴다. 상자 내부에 다른 분자를 채움으로써 이러한 구조의 결정이 안정적으로 존재하게 된다. 채울 수 있는 분자로는 CO, N_2, O_2, CH_4 등이 있다. 물분자와 다른 분사의 비율은 그 구조에도 의존하지만, 분자가 모든 상자에 채워져 있는 경우는 5.67~5.75이다. CO, N_2, O_2 등의 가스 하이드레이트는 비교적 고압에서만 안정적으로 존재할 수 있다.

8.1.3 얼음의 응축

우주에 있는 얼음의 화학조성이나 응축온도는 평형응축 모형을 토대로 예측할 수 있다. 표 8.1에 우주조성 및 분자구름 조성 가스가 평형상태를 유지하면서 매우 천천히 냉각된다는 가상적인 경우에 저온에서 응축하는 얼음의 화학조성과 응축온도를 나타냈다. 우주조성 가스는 먼저 H_2O의 얼음이 150 K 부근에서 응축한다. 온도의 감소와 함께 H_2O 얼음 일부가 가스와 반응하여 NH_3 하이드레이트나 CH_4의 가스 하이드레이트가 형성된다. 마지막으로, 남아 있던 CH_4가 17 K에서 응축한다. C, N, O가 모두 H와 화합하여 환원적인 분자 형태로 되어 있다는 점이 화학조성에서의 특징이다.

한편, 가상적인 분자구름 조성 가스에서는 NH_3, CH_4, C_2H_2 등의 환원적 가스와 CO, CO_2, N_2 등의 산화적 가스가 공존한다. 이는 분자구름에서 자외선에 따른 광화학반응이 일어나고, 게다가 분자구름 자체의 압력이 낮아 재평형에 도달할 수 없기 때문이다. 분자구름 가스의 분자조성은 우주조성 가스의 분자조성과는 다르지만, 원소조성은 우주조성 가스와 같다. 평형응축 모형은 평형상태를 가정하므로 응축 또는 반응에서 형성되는 고체도 평형상태에 있는 결정이다. H_2O에서는 얼음 I_h, 그 밖의 분자에

표 8.1 평형응축 모형에 따른 얼음의 응축온도

우주조성 가스	응축온도(K)	분자구름 조성 가스	응축온도(K)
H_2O	150	H_2O	100
$NH_3 \cdot H_2O$	90	HCN	63
$CH_4 \cdot 6H_2O$	55	NH_3	53
CH_4	17	CO_2	45
		C_2H_2	39
		C_2H_4	27
		CH_4	20
		CO	16
		N_2	13

서도 결정상태로 된다고 본다. 얼음이 응축할 때 평형상태로 되는 일은 거의 없지만, 평형응축 모형은 평형에서의 어긋남을 논의할 때 기초가 되기 때문에 중요하다.

8.1.4 비정질 얼음의 생성

이번에는 평형에서 벗어난 경우에 형성되는 H_2O의 구조를 그림 8.3에 나타냈다. H_2O가 응축할 때 비정질 얼음이 형성되므로 수증기의 플럭스 (F)[3]가 임계 플럭스 F_C보다 클 필요가 있다. 게다가 한번 형성된 비정질 얼음이 결정화가 되지 않고 존재하는 것은, 온도가 결정화가 되는 임계온도 T_C보다 낮은 경우이다. T_C는 관측시간에 크게 의존한다. 1시간 정도의 시간규모에서는 130~140 K에 결정화가 일어나지만, 10만 년이나 50억 년이라는 우주에서의 큰 시간규모를 생각하면 결정화 온도는 각각 90, 80 K 정도이다.

3 단위면적, 단위시간당 얼음 표면에 들어오는 물분자의 수

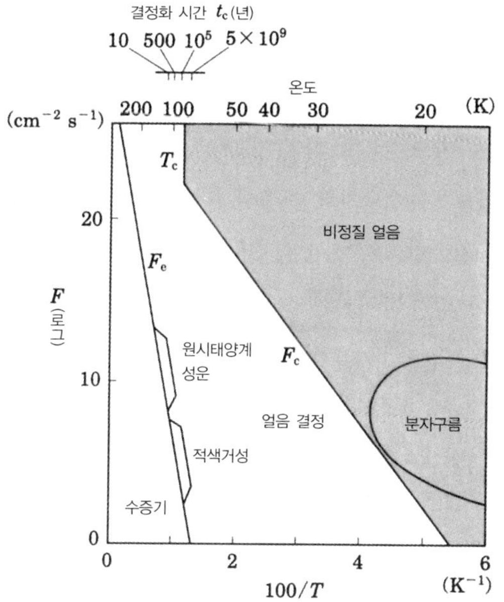

그림 8.3 우주에서 형성되는 얼음의 결정성. F_e는 수증기와 얼음 결정이 평형으로 공존하는 온도 · 압력 조건(평형응축온도) 중에서 압력을 플럭스로 환산하여 표시했다(Kouchi *et al.* 1994, *Astron. Astrophys.*, 290, 1009).

분자구름에서 형성된 비정질 얼음이 원시태양계 성운에서 가열되는 경우, 46억 년 이내에 결정화가 일어나는 것은 토성보다 안쪽에 있는 영역뿐이다. F_C와 T_C 양쪽의 조건을 만족하는 것이 그림의 회색 부분이고, 여기에 비정질 얼음이 존재한다.

그림 8.3에는 적색거성, 분자구름, 원시태양계 성운의 조건이 표시되어 있다. 적색거성 및 원시태양계 성운에서는 수증기의 플럭스가 F_C보다 작아 온도에 상관없이 얼음 I의 결정이 응축된다. 한편, 분자구름에서는 수증기의 플럭스가 F_C보다 크기 때문에 비정질 얼음이 형성된다.

8.1.5 비정질 얼음의 특징

거대한 결함구조와 물리적 성질

H_2O를 저온의 기판으로 응축시켜(증착법) 만들어낸 비정질 얼음은 표면적이 크고(수백 $m^2 g^{-1}$), 여러 가지 결함이 존재한다고 밝혀졌다. 또한 지름 수 nm~수십 nm의 작은 구멍 모양의 결함도 존재하는데, 여기에 다른 분자를 대량으로 포획할 수 있다. 증착법으로 제조된 비정질 얼음의 물성은 얼음 I과는 크게 다르다. 특히 열전도율이나 자기확산계수, 증기압은 얼음 I과 몇 자리 수 이상 차이가 나고, 이는 혜성의 진화나 혜성에서의 증발 가스를 논의할 때에 중요하다.

증발 과정

여러 분자를 포함한 얼음의 증발 과정에 대해 논의할 때 기초가 되는 것은 평형응축 모형이며, 각각의 분자가 평형응축온도에서 증발한다고 가정한다. 모든 분자가 평형상태의 결정이 되었을 때는 이 가정이 올바르지만, 비정질 얼음의 경우에는 적용할 수 없다. 위에서 설명했듯이 구멍 모양의 결함에 대량의 불순물 분자가 포획되거나, 비정질 얼음 안에 불순물 분자가 함유되어 있기 때문이다. 비정질 얼음에 함유된 불순물 분자는 그 분자의 평형응축온도에서 완전하게 증발하지 않고 좀 더 높은 온도까지 존재한다. 하나의 예로 그림 8.4에 CO를 함유한 비정질 H_2O 얼음의 증발 과정을 나타냈다.

처음에는 비정질 CO의 증발이 일어난다(a). 20 K에서 비정질 CO가 결정화 되고 $\alpha-$CO가 되어 30 K 정도까지는 $\alpha-$CO가 증발한다(b). 또한 $\alpha-$CO는 안정된 결정상태이므로 그 증발온도는 평형응축온도에 대응한다. 35~45 K에서는 비정질 얼음 표면에 흡착된 대량의 CO가 증발한

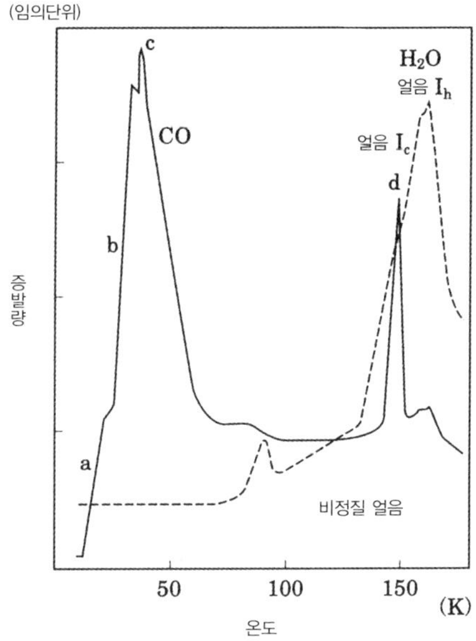

그림 8.4 CO를 함유한 비정질 얼음의 증발 과정(Kouchi 1990, *J. Cryst. Growth*, 99, 1220).

다(c). 140 K 전후에서 비정질 얼음의 결정화가 일어나면, 비정질 얼음 안에 불순물로 포함된 CO가 대부분 증발해버린다(d).

또한 저압에서 가스 하이드레이트를 형성하는 분자, 예를 들면 CH_3OH 등이 포함되어 있으면 증발 과정이 조금 바뀐다. 비정질 얼음의 결정화 온도보다 약간 저온에서 H_2O의 일부와 CH_3OH가 반응하여 가스 하이드레이트가 형성된다. 남은 비정질 얼음은 140 K 전후에서 결정화한다. 이처럼 불순물을 함유한 비정질 얼음은 상당히 복잡한 증발 과정을 보여준다.

얼음의 스펙트럼

그림 8.5에 자외선에서 원적외선 영역까지의 얼음 I_h 스펙트럼을 나타냈다. 가시광 및 근자외선 영역에서 얼음 I_h는 거의 투명하다. 파장

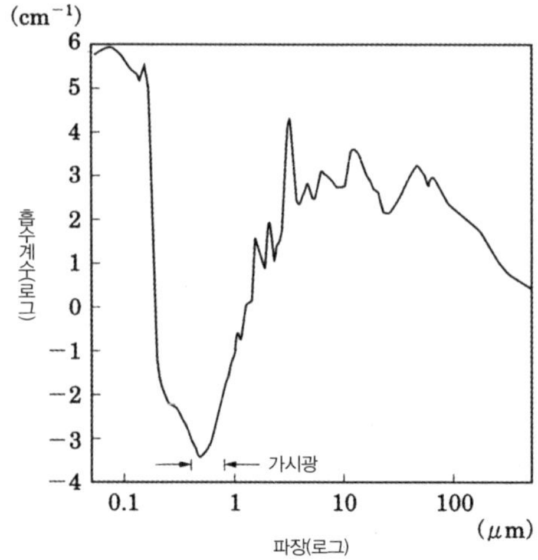

그림 8.5 얼음 I_h의 흡수계수(Warren 1984, *Applied Optics*, 23, 1206).

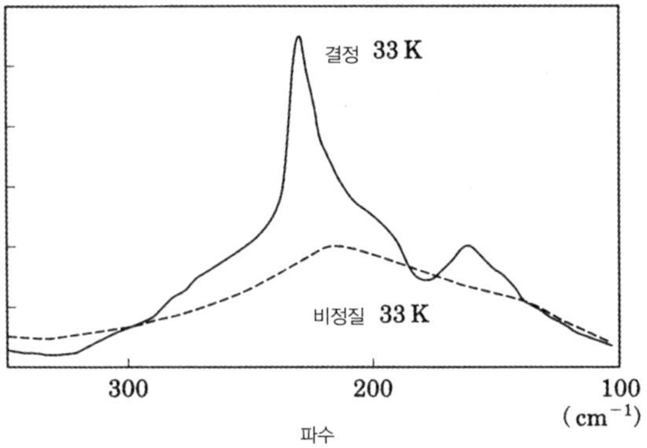

그림 8.6 원적외선 영역에서의 얼음 결정과 비정질 얼음의 적외선 스펙트럼 비교. 파수 k는 파장 λ의 역수로, $k=2\pi/\lambda$의 관계가 있다(Schmitt *et al.* 1988, *Solar System Ices*, Kluwer, 199).

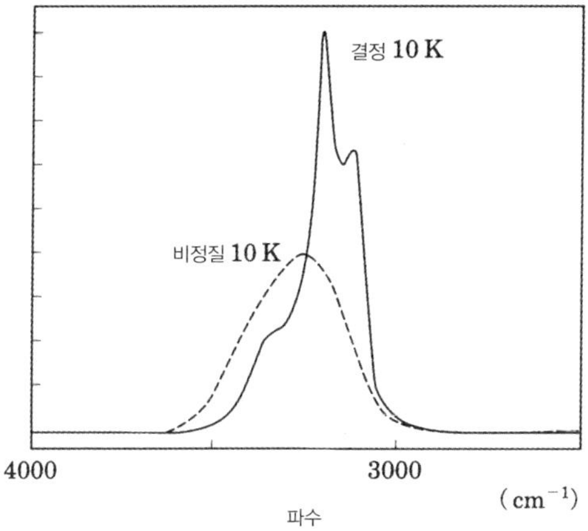

그림 8.7 중간적외선 영역에서의 얼음 결정과 비정질 얼음의 적외선 스펙트럼 비교(Hagen *et al.* 1981, *Chem. Phys.*, 56, 367).

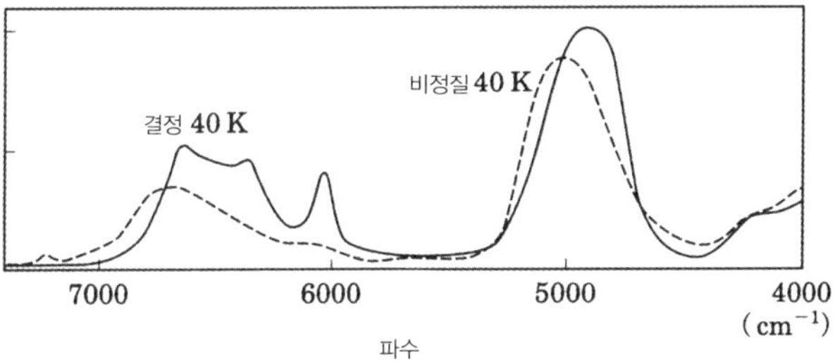

그림 8.8 근적외선 영역에서의 얼음 결정과 비정질 얼음의 적외선 스펙트럼 비교(Schmitt *et al.* 1988, *Solar System Ices*, Kluwer, 199).

160 nm 이하의 자외선 영역에서 흡수계수가 매우 커지는(불투명) 것은 7.8 eV 이상의 에너지를 가진 빛을 물분자가 흡수하여 들뜨게 되고, 그 후 OH와 H로 분해되기 때문이다. 적외선 영역에서는 여러 분자의 진동이나 진동의 중첩 및 격자진동에 따른 강한 흡수띠를 많이 볼 수 있다.

천체마다 어떤 조성, 어떤 구조의 얼음이 존재하는가는 각 천체의 적외선 스펙트럼(흡수 또는 반사)과 실험실에서 만든 얼음의 스펙트럼을 비교함으로써 알 수 있다. 그림 8.6부터 그림 8.8까지는 얼음 결정과 비정질 얼음의 적외선 흡수 스펙트럼을 비교한 결과를 보여준다.

H_2O로 이루어진 얼음 결정의 성질은 1.65 μm, 3.1 μm, 43 μm 부근의 흡수대 모양이나 최댓값의 위치에서 구별할 수 있다. 얼음 I에서는 뾰족한 최댓값 여러 개가 뚜렷하게 보이는 것에 비해, 비정질 얼음에서는 폭이 넓은 띠가 나타난다. 또한 앞에서 설명했듯이, 비정질 얼음은 다른 분자를 포함할 수 있으며, 이 경우에는 각각의 분자에 대응하는 흡수띠가 나타난다.

이 같은 자료를 기초로 각각의 천체에 어떤 조성·구조의 얼음이 존재하는지가 활발히 논의되고 있다. 적색거성 주변의 얼음은 얼음 I의 결정이고, 별에서부터 멀어질수록 자외선에 의해서 비정질 얼음화가 된다. 최종적으로는 성간 자외선에 물분자가 분해되고 얼음은 없어져 버린다. 분자구름의 얼음은 비정질 얼음으로 CO, CO_2, NH_3 등을 포함하고 있다. 분자구름 안에서 막 생겨난 원시별의 스펙트럼은 단일 구조의 얼음으로는 설명할 수 없으므로 얼음 I의 결정과 비정질 얼음의 혼합물이라 볼 수 있다. 원시별과 가까운 곳에서는 분자구름에 있던 비정질 얼음이 고온으로 결정화가 되고, 원시별과 먼 곳에서는 분자구름에 있던 비정질 얼음이 그대로 남아 있기 때문이다.

태양계 천체에도 여러 얼음이 존재하는데, 주로 근적외선 영역의 반사 스펙트럼 관측에서 그 구조와 화학조성을 추정한다. 얼음위성의 표면에는 얼음 I, CO, N_2, CO_2, CH_4 등이 관측되고 있다(자세한 내용은 4장 참조). 얼음위성의 내부에는 얼음 II, V, VI, VII, 가스 하이드레이트, 그리고 액체인 물이 존재한다고 추정된다. 혜성의 얼음은 비정질 얼음이며 CO, CO_2 등을 포함한다(자세한 내용은 5장 참조). 화성 표면에는 얼음 I과 CO_2 존재가 확인되고 있다(자세한 내용은 2장 참조).

8.1.6 유기물의 생성과 변성

우주 공간에서는 다양한 장소에서 유기물과 탄소질 물질의 생성이 일어나고 있다. 여기서는 비교적 큰 천체가 형성되기 전의 단계에서, 어디서 어떤 유기물이 만들어지는지를 간단하게 알아본다.

진화한 별

진화한 별(C/O<1, 예를 들면 적색거성)이 별의 내부에서 핵융합반응을 계속하면 얼마 지나지 않아 별의 외층부는 탄소가 많아지고 C/O>1이 된다. 이처럼 별에서 방출하는 탄소가 주성분인 가스가 급격하게 식으면 탄소질 물질의 초미립자가 형성된다. 이 과정의 재현실험은 일본의 사카다 등이 실시했고, 이 실험에 쓰인 CH_4 플라스마화에서의 급랭 생성물을 QCC(Quenched Carbonaceous Composite)라 한다.

분자구름

(1) 표면 원자반응

분자구름에서는 기체 상태의 이온-분자 반응으로 CO가 생성되지만 그 밖의 분자, 예를 들면 H_2, H_2O, H_2CO 등은 기체 상태의 반응에서는 생성되지 않고, 기체 H, O, C, N 원자가 극저온의 미립자 표면에 흡착한 뒤에 원자끼리 또는 원자와 분자와의 반응, $H+H \rightarrow H_2$, $2H+O \rightarrow H_2O$,

$CO + 2H \rightarrow H_2CO$ 등으로 생성된다고 추정한다. 그러나 이 반응들에 관련하여 실험으로 재현하기에는 어려운 점이 많아 연구의 대부분이 아직 진행되지 않고 있다.

일본의 와타나베 등은 최근, CO에 H가 계속 추가되어 포름알데히드나 메탄올이 생성되는 반응

$$CO \rightarrow HCO \rightarrow H_2CO \rightarrow CH_3O \rightarrow CH_3OH$$

에 대해 실험실에서 연구를 진행했다. 그 결과, 분자구름에서는 H_2CO와 CH_3OH가 상당히 효율적으로 생성된다는 것을 밝혀냈다. $CO \rightarrow HCO$ 및 $H_2CO \rightarrow CH_3O$ 반응의 활성화 에너지는 2000 K 정도이고, 원래 10~20 K 정도의 온도에서는 반응이 일어나지 않지만 실제로 이 반응이 일어난다. 이는 극저온의 수소원자가 2000 K 정도의 퍼텐셜 장벽을 터널 효과로 빠져나감으로써 위의 반응이 일어난 것을 나타낸다. 반응 중간체인 HCO나 CH_3O 라디칼은 반응성이 커서 O, C, N 등 다른 원자와의 반응도 쉽게 일어나고, 그게 따라 각양각색의 유기화합물이 생성될 것이다.

(2) 광화학반응

분자구름에는 항성에서 강한 자외선이 들어오지 않아 표면 원자반응으로 생성된 분자는 비교적 안정 상태로 존재할 수 있다. 그러나 분자구름에는 광원이 전혀 없지는 않은데, 예를 들어 우주선이 수소분자를 들뜨게 하고, 그 들뜸상태에서 안정된 상태로 되돌아갈 때 자외선이 발생한다. 자외선의 플럭스는 10^3개$cm^{-2}\,s^{-1}$ 정도로 작지만, 성간먼지 안에서 화학반응을 일으키기에는 충분한 세기이다. 이 과정의 연구도 실험실에서 주로 이루어지는 재현실험의 주제이다.

H_2O, CO, NH_3, CH_4 등의 혼합가스를 초고超高 진공상태에 있는 10 K

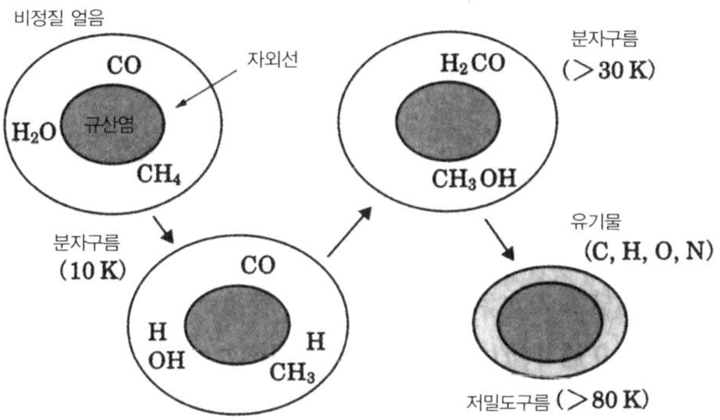

그림 8.9 광화학반응에 따른 유기물의 생성 과정.

의 금속판 위에 응축시켜 비정질 얼음을 만든다. 이 얼음에 자외선을 비추면 H_2O, CH_4, NH_3가 분해되어 여러 가지 이온과 라디칼이 만들어진다(그림 8.9). 이렇게 해서 자외선을 비춰 얼음의 온도를 상승시키면 저온에 동결되어 있던 이온 · 라디칼이 움직이기 쉬워 여러 유기물이 형성된다. 더욱 온도를 높이면 170~200 K에서 얼음이 완전히 증발되지만, 실온이 되어도 안정된 백색~황색의 유기물(분자운 유기물)이 남는다.

비정질 얼음에 자외선을 비춰 형성된 분자구름 유기물의 생성률은 자외선의 양에 비례하지만 얼음의 조성에는 거의 의존하지 않는다는 것이 밝혀졌다. 따라서 분자구름 안에서 유기물이 얼마만큼 형성되는지를 정량적으로 논의할 수 있게 되었다. 생성된 유기물에는 C, H, O, N을 포함하여 알코올, 알데히드, 카르본산, 방향족 탄화수소, 아미노산 전구체[4] 등의 존재가 확인된다. 우주선도 자외선과 같은 효과를 상당히 효율적으로 발휘한다. 그러나 우주선의 플럭스는 자외선보다 아주 작아 분자구름에서의 유기물 생성이라는 관점에서는 우주선의 효과를 무시해도 좋다.

4 8.3.3절 참조.

저밀도 구름에서의 변성

분자구름 유기물은 저밀도 구름에서 더욱 강한 자외선의 영향을 받는다. 이 과정의 재현실험에서 다음과 같은 사실이 밝혀졌다. 백색~황색이었던 분자구름 유기물은 다갈색~흑갈색으로 변했다. 분자구름 유기물에 존재하던 각종 작용기functional group[5]나 O, N이 감소하고, C가 주성분이 된 것이다. 복수의 벤젠고리로 이루어진 다환식 방향족 탄화수소도 몇 종류 포함되어 있다.

이 실험에서 저밀도 구름에서는 분자구름 유기물이 탄소화, 중합화하여 탄소질 물질로 변화한다는 것이 밝혀졌다. 이렇게 하여 형성된 탄소질 물질은 진화한 별에서 형성된 탄소질 물질의 10배 정도이며, 우주에서 탄소질 물질의 주요 공급원이라고 할 수 있다.

8.2 행성 초기의 환경

8.2.1 행성 초기의 환경을 추정하는 것의 중요함과 어려움

행성 초기의 환경을 추정하는 것은 매우 중요하다고 할 수 있다. 지구의 경우 생명의 발생이 반드시 지구 진화의 초기 단계에서 일어났다고 할 수 있으며, 생명 발생의 장을 알기 위해서는 원시지구 환경을 추정하는 것이 필요하기 때문이다. 또한 그 이후 행성 환경 진화의 초기조건이라는 의미로도 초기 행성의 환경이 중요하다. 행성 환경은 진화 후의 시대에도 크게 변동한다고 생각할 수도 있지만, 큰 충돌이 일어나기도 하고 자외선이 강한 초기 환경은 가장 변화를 받아들이기 쉬운 시기이며 그에 따라 그 후

5 물질에 특유의 물성이나 화학반응성을 주는 원자군. 수산기, 알데히드기, 카르복시기, 아미노기 등.

시대의 행성 환경에 큰 영향을 주었을 가능성이 높다.

그러나 행성 초기의 환경을 추정하기에는 많은 어려움이 따른다. 그 이유로 몇 가지를 들 수 있다. 그중 하나는 관측된 수가 적다는 점이다. 지구의 경우에 현재 알려진 가장 오래된 암석은 약 40억 년 전의 것이며, 광물의 경우도 약 43억 년 전이 가장 오래된 광물이다. 지구 형성의 시기는 약 45억 년 전으로 생각하고 있어 초기 수억 년간의 직접적인 자료는 존재하지 않는다. 이 시대의 상황을 추정하기 위해 오래된 암석에서 얻은 동위원소 정보가 이용되지만, 동위원소 데이터 분석이 어려울 뿐 아니라 그 해석이 항상 같은 결과를 보여주는 것은 아니다. 또한 추정에 쓰이는 데이터 자체도 적다. 지구 이외의 행성에서는 초기 환경의 추정이 더욱 어렵다. 금성은 몇억 년보다 더 오래된 표면이 남아 있지 않아 초기 단계의 상황을 추정하는 것이 어렵다. 그나마 화성의 경우에 행성의 초기 환경을 추정할 수 있는 가능성이 있다. 하지만 여전히 시대에 따른 환경의 변화를 나열할 수 있을 만큼의 충분한 정보는 아직 얻지 못하고 있다.

또 다른 하나는 이론적인 어려움이다. 행성이 형성되고 있는 중의 행성 환경은 기본적으로 행성 형성의 과정 그 자체로 규정되어 있다고 생각해도 좋다. 다시 말해, 행성 형성에서 방출된 중력에너지가 행성 환경을 지배한다고 할 수 있다. 한편, 현재의 행성 환경에 관해서는, 그 에너지원은 주로 태양에서 받아들인 복사와 나머지 일부는 행성 내부에서 나온 에너지가 영향을 준다. 형성 초기의 행성에서는 양쪽의 중간쯤에 있는 상황이라고 할 수 있다. 미행성의 집적은 거의 끝나가는 상황이지만, 현재보다는 훨씬 많은 천체 충돌이 일어나 집적 과정에서 가열된 행성 내부가 매우 높은 고온 상태였으므로 현재의 행성 내부 상황과는 크게 다르다고 생각할 수 있다.

또한 지구를 비롯한 태양계의 환경도 크게 달랐을 것으로 생각된다. 첫 번째로, 중심별이 어려서 광도luminosity[6]가 낮고, 그에 비해 자외선 등의 단파장 복사는 강했다고 생각할 수 있다. 행성 초기의 환경도 현재의 행성과 마찬가지로 주로 태양복사와 행성 내부에서의 에너지로 유지되었다고 생각할 수 있지만, 실제의 모습은 현재와 크게 달랐을 가능성이 있으며, 단순하게 현재의 상황을 바탕으로 추정하는 것은 불가능하다.

여기서는 행성 초기의 환경을 규정하는 몇 가지 요인에 대해 알아본다. 현시점에서는 원시지구 환경에 대해서조차 충분히 추정되지 않았으며, 일반적인 행성에서는 초기 환경에 관한 추정이 거의 없다고 생각해도 좋다. 따라서 다음에서는 주로 원시지구 환경을 상정하여 그에 영향을 주는 요인에 대해 검토해보자.

8.2.2 원시대기 문제

행성 환경에 영향을 주는 중요한 요인 가운데 하나는 대기이다. 그러나 현시점에서는 원시지구 대기조차 그 양과 조성에 관해서 충분한 추정이 이루어지고 있지 않다.

여기서는 대기의 산화환원 상태에 주목해보자. 대기의 산화환원 상태는 행성 초기 환경을 생각하는 데 중요한 문제점 중의 하나이다. 일반적으로 생명의 재료물질인 유기물은 환원적인 환경에서 주로 생성되기 쉽다. 한편, 현재의 지구 대기는 생물의 광합성이 기원인 산소분자를 제거한다 하더라도, 대기 중의 탄소가 가장 산화적인 형태인 이산화탄소로 되어 있으므로 상당히 산화적인 대기라 할 수 있다.

6 천체가 단위시간에 복사하는 에너지.

이제까지 지구의 원시대기는 산화적인 상태였다고 생각했다. 지구 대기는 말하자면 2차 대기이며, 원시태양계 안에 충만했던 원시태양계 원반 가스를 포획하여 만들어진 것이 아니라, 어떠한 고체 물질에서 탈가스를 거쳐 형성된 것이라고 생각했다. 이때의 무엇이 대기의 재료인 휘발성 물질을 공급한 고체 물질인지는 잘 모르지만, 태양계 공간에서 휘발성 물질을 풍부하게 가진 고체 물질, 예를 들어 탄소질 운석이나 혜성을 생각하는 경우가 많다.

그런데 이러한 물질들은 금속철을 포함하지 않는다. 다시 말해 모든 철은 산화물로 존재한다. 지구형 행성은 중심부에 금속철을 포함하고 있고, 금속철을 포함하지 않는 물질은 평균적인 재료물질에 비해 상당히 산화적인 물질인 것으로 생각했다. 또한 금속철 없이 오직 산화철만 있는 경우에 공존하는 기체는 수소, 일산화탄소, 메탄 등의 환원적 기체를 거의 포함하지 않는다. 따라서 이러한 물질에서 탈가스 하여 생기는 원시대기도 산화적이며, 이산화탄소나 수증기를 대량으로 포함할 것이라 생각했다. 이런 물질에서는 유기물이 형성되기가 쉽지 않다. 그러므로 이것은 생명의 재료가 되는 유기물이 우주 공간에서 운반되어 유입되었다고 생각하는 하나의 이유가 된다.

그러나 원시대기가 산화적이었는지 아니었는지는 아직 명확하게 밝혀지지 않았다. 그 이유로는 몇 가지가 있다. 첫 번째로, 원시지구에서 행성 형성 과정에서 만들어진 원시대기가 잔존하고 있을 가능성을 생각할 수 있다. 행성 형성 과정에서 만들어진 원시대기가 행성 재료물질 안에 포함된 금속철(현재는 행성 중심핵)과 반응하여 환원되었을 가능성이 있다. 금속철과의 반응이 일어나면 수증기와 수소가 공존하고, 탄소도 이산화탄소보다는 일산화탄소 쪽이 많아진다. 이처럼 원시대기가 잔존했다고 한다면, 반드시 원시대기가 이산화탄소 수증기 대기일 것이라고 생각할 필연성은 없다. 두 번째로, 탈가스 하여 생긴 기체가 반드시 산화적이라고는 단언할 수 없다. 탄소질 운석이나 혜성은 금속철을 포함하지 않으므로 산화적인 물질이라 생각할 수 있지만, 이 물질은 화학적으로 비평형이라서 금속철이 없다고 하여 무조건 산화적이라고 결론지어서는 안 된다. 탄소질 운석은 그 이름대로 최대 5%의 유기탄소를 포함하지만 이것을 모두 이산화탄소로 바꿀 만큼의 산소는 포함하고 있지 않다. 그렇기 때문에 탄소질 암석에서 탈가스 한 기체도 반드시 이산화탄소로 되는 것은 아니다. 실제로 추정해보면, 평형상태에서 탄소질 운석에서 탈가스 한 기체는 오히려 상당한 양의 메탄을 포함했을 것이다(그림 8.10).

이렇게 생각하면, 원시행성 대기는 탈가스에서 생긴다고 해도 산화적인 이산화탄소 수증기 대기가 아니라 오히려 수소와 일산화탄소 또는 메탄을 포함한 대기였다고 생각해도 좋을지 모른다. 이러한 대기였음을 보여주는 직접적인 관측 증거는 아직 발견되지 않았지만, 원시대기는 현재의 대기와는 조성도, 양도 크게 달랐을 가능성이 있다는 점에 주의하자. 다음에서는 그러한 대기가 있었다면 무엇이 일어났을지 간단히 소개한다.

수소, 일산화탄소, 메탄을 포함한 환원적 대기에서 주로 이산화탄소를 포함한 산화적 대기로의 변화에는, 대기에 산화적 물질(산소분자 등)을 추가하거나 또는 대기에서 환원적 물질(수소 등)을 제거하지 않으면 안 된다. 중심핵이 형성될 때 금속철과 공존했던 원시맨틀은 이 시기에는 아직 대기보다 산화적이지 않고, 우주에서 공급된 물질도 앞에서 설명했듯이 산화적이지 않다. 결국 이 변화는 가장 가벼운 환원적 물질인 수소의 산란에 의존한다. 수소가 우주 공간으로 흩어지면 일산화탄소나 메탄은 물 또는 수증기와 반응하고 이산화탄소로 바뀐다. 동시에 물과 수증기는 분해되어 수소가 된다. 그리고 다시 수소는 우주 공간으로 사라진다. 이 변화의 속도는 수소가 산란하는 속도로 결정된다. 수소가 우주 공간으로 산란하려

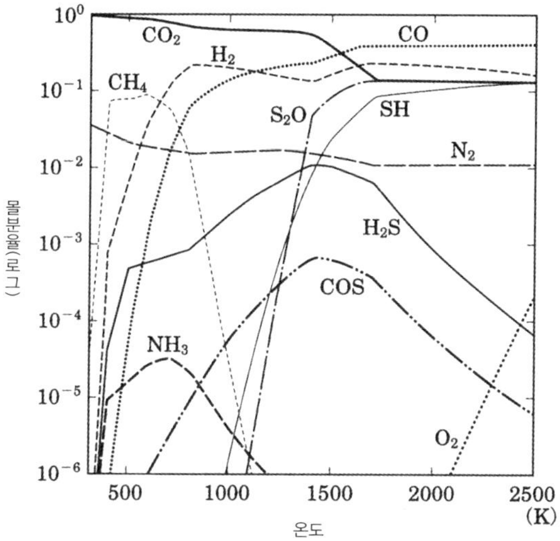

그림 8.10 탄소질 운석에서 추정되는 지구의 원시대기 조성. 1기압의 압력에서 탄소질 운석에서 탈가스하는 기체의 조성을 각 온도에서 화학평형인 상태를 가정하여 나타냈다. 탄소질 운석의 충돌로 발생하는 고온 탈가스 기체는 냉각되면서 반응하여 조성이 바뀌지만, 저온에서는 반응속도가 느려져 어떤 온도 이하에서는 사실상 조성이 변하지 않는다. 이 온도는 1000 K부터 400 K 사이로 생각되며, 거기서의 조성이 탈가스 기체 조성의 추정치가 된다. 또한 수증기의 양은 응결에 따라 변하기 때문에 나타내지 않았지만, 고온에서의 수소와 비슷하거나 또는 그 이상의 양이 존재한다.

면 행성의 중력을 이기는 에너지가 필요한데, 이때 산란하는 속도는 상층 대기에 주어진 단위시간당 에너지 공급률로 그 상한이 정해져 있다.

8.2.3 원시바다

행성 초기 환경에 바다가 존재했는지의 여부도 중요한 문제 가운데 하나이다. 지구에서는 약 38억 년 전의 암석으로, 변성한 퇴적암의 존재가 알려져 있다. 이 퇴적암에서 원시지구에는 적어도 38억 년 전에 바다가 존재했다는 것이 확실하다. 하지만 그 이전에 바다가 존재했는가는 아직 확실하게 알려진 것이 없다. 그러나 약 43억 년 전의 지르콘zircon이라는 광물의 산소동위원소 분석에서, 이 광물이 수중에 퇴적된 암석에서 유래한 것이라는 추측도 있다.

한편, 이론적으로는 만약 물분자가 행성 표면에 대량으로 존재했다면, 행성이 우주 공간으로 복사하는 에너지 플럭스가 단위면적당 약 300W 이하라면 물분자들이 모두 액체의 물로 존재한다고 한다. 원시지구로 입사하는 태양복사의 값은 대기의 반사율에서 추정하면 단위면적당 200W 이하로 생각되고, 지구 내부에서의 에너지 플럭스가 단위면적당 100W 이하가 되면 바다가 형성된다고 할 수 있다. 나중에 설명하겠지만, 행성 내부에서의 에너지 플럭스가 단위면적당 100 W를 넘는 것은 행성 집적 과정 중의 특수한 상황에 한해서다. 그러므로 집적 종료 후의 원시지구에서 바다가 존재한다는 생각이 자연스럽다.

8.2.4 맨틀의 상태

행성 형성 초기의 맨틀은 고온이었을 것으로 추정된다. 지구형 행성의 형성 과정에서는 대량의 중력에너지가 방출된다. 그 결과 원시행성 대기의 보온효과 및 미행성의 충돌에 따른 중력에너지의 행성 내부로의 전달 등으로 지구형 행성 내부가 고온이 된다. 특히 지구형 행성의 집적 말기에는 원시행성끼리의 충돌, 다시 말해 거대충돌giant impact이 있었다고 생각된다.

거대충돌 과정에서 원시행성이 어떠한 상태가 되는지는 아직 정확하게 알려진 것이 없다. 하지만 기존의 수치계산 결과에 따르면, 거의 중심부까지 융해될 정도의 고온 상태인 것으로 보인다. 단순히 생각해도 화성 정도 크기의 천체 충돌에 따른 중력에너지의 방출이 한순간에 일어난다면 행성 중심부까지 융해되는 것은 당연하다. 중심부까지 융해된 행성이 냉각되는데 얼마만큼의 시간이 걸리는지 정확하게 알 수는 없지만, 적어도 중심부는 수천 년 정도의 비교적 단시간에 냉각되었을 것으로 추측한다. 중심부가 융해되는 상황에서 암석의 융점기울기와 단열 온도기울기의 관계에서,

표면 부근은 완전용융 상태로 점성률이 낮아 대류 열운반 효율이 매우 좋다고 생각할 수 있기 때문이다.

그러나 표면 부근이 부분용융 상태가 되면 점성률은 눈에 띄게 올라 열운반의 효율이 떨어지므로 냉각이 급격하게 느려지는 것으로 예측된다. 그래도 부분용융 상태로 있는 한, 마그마가 지표로 분출되는 것에서 냉각이 일어날 것이다. 이에 따른 냉각의 속도가 어느 정도인지는 단순하게 예측할 수 없지만, 거대충돌에서부터 수억 년 정도 경과한 단계에서는 맨틀 내부가 여전히 고온이었을 가능성이 높다.

앞에서 언급했듯이, 초기의 행성 표면은 바다로 뒤덮였을 가능성이 높다. 바다가 형성될 때 행성 내부로부터의 열류량은 100 W/m^2 정도이다. 이 에너지는 태양복사와 비교하면 크다고 할 수 없지만 행성 내부에서의 에너지로는 상당히 크다. 현재 지구에서의 열류량은 100 mW/m^2 정도 이하이다. 100 W/m^2의 열류량을 유지하려면 행성 내부는 대부분 용융 상태가 되어야만 한다. 바꾸어 말하면, 바다의 형성은 아직 행성 내부가 대부분 용융되어 있는 상태에서 일어나는 것으로 예상된다. 즉, 이 단계에서는 원시바다 아래에 상당히 얇은 지각을 사이에 두고 용융 상태의 맨틀이 존재한다는 것을 의미한다.

현재 지구의 중앙 해저산맥에서는 뜨거운 맨틀 물질이 바다 바닥에서 분출되고 있어 활발한 열수순환이 일어나고 있다. 초기의 행성에서는 맨틀의 온도가 현재보다 높고, 격렬한 열수순환이 현재와 비슷한 모양으로 일어났음을 추측할 수 있다. 오히려 얇은 지각의 냉각 과정이 이 열수순환에 따라 일어났다고 생각하는 편이 맞을 것이다. 열수계에서 생명의 탄생이 일어났다는 주장이 있는데, 원시지구에서는 현재의 지구에 비해 훨씬 많은 장소에서 활발한 열수순환이 일어났다고 추측된다.

8.2.5 천체 충돌

행성의 초기 환경을 특징짓는 또 하나의 중요한 요인은 천체 충돌이다. 달에서는 약 40억 년 전에 대량의 천체 충돌이 일어났다고 생각된다. 이 천체 충돌이 행성 집적 단계에서부터 계속된 천체 충돌의 최후 잔재인지, 아니면 이 시기에 무언가의 이유로 천체 충돌 빈도가 높아졌는지 현시점에서는 알 수 없다. 천체 충돌 빈도가 이 시기에만 높아졌다고 생각하는 근거 가운데 하나의 예로, 달의 암석 중에 이보다 오랜 연대의 충돌에 따른 유리질을 거의 볼 수 없다는 점 등을 들 수 있지민, 좀 더 오래선에 만들어진 유리질이 이 시대의 충돌로 파괴되었을 가능성을 고려하면 반드시 이 시대가 그 전의 시대보다 충돌 빈도가 높았다는 강력한 근거로는 생각되지 않는다.

이론적인 연구에서 지구형 행성 영역의 역학적인 시간규모를 생각하면, 행성 집적의 재료인 소천체의 충돌이 5억 년이나 계속되는 것은 부자연스럽다고 할 수 있다. 한편, 목성 등의 행성이 이동함에 따라 소행성대의 내부에 공명이 이동하는(6.3절 참조) 것이 지적되었고, 이에 따라 소행성대에서 천체 낙하의 빈도가 높아졌을 가능성이 있다. 달 등에 있는 오래된 구덩이의 크기 분포와 소행성의 크기 분포가 비슷한 점은 이러한 현상이 일어났음을 보여주는 것일지도 모른다.

어느 쪽이든 간에 형성 초기의 행성 표면에서는 천체 충돌 빈도가 높았다고 생각할 수 있다. 이는 행성의 초기 환경에 큰 영향을 가져왔을 것이다. 그러나 아쉽게도 현시점에서 이 천체 충돌이 환경에 어떤 영향에 주었는지에 대해서는 충분한 연구가 이루어지지 않았다. 여기서는 몇 가지 가능성에 대해 알아보기로 한다.

천체 충돌의 영향으로 대기의 흩어짐이나 바다의 증발 등의 가능성이 거론되고 있다. 대기의 흩어짐은, 충돌할 때에 암석의 증발이 일어날 정도의 고속으로 소천체가 충돌하고 거기서 발생한 암석 증기가 행성의 탈출속도를 넘을 정도의 속도로 팽창하는 경우에 발생한다. 지구 정도의 큰 행성에서는 탈출속도가 상당히 커서 이런 충돌은 일어나기 어렵지만, 화성 정도의 행성에서는 빈번하게 일어난다고 해도 이상한 일이 아니다. 그러므로 이것은 화성이 원시대기를 잃어버린 원인 가운데 중요한 요인일지도 모른다. 그러나 천체 충돌에서는 동시에 휘발성 물질의 반입도 일어나므로, 실제로 대기를 잃는 과정으로써 중요한지, 아니면 대기를 얻는 과정으로써 중요한지에 대해서는 더 많은 검토가 필요하다.

대규모 천체 충돌이 일어날 때 바다의 증발이 몇 번씩 일어날 것으로 생각된다. 충돌로 발생한 암석 증기가 넓은 범위를 뒤덮어버림으로써 바다 전체를 가열하거나 또는 충돌로 발생한 증기가 응결되어 지구 대기에 재돌입할 때 대기를 가열하는 데에서 비롯된다. 그러나 충돌 천체의 규모를 모르기 때문에 이 같은 충돌이 실제로 일어났는지의 여부는 알 수 없다.

8.2.6 강한 자외선

어린 태양은 강한 자외선을 내었다고 생각된다. 그 세기는 태양 정도의 질량을 가진 어린별을 관측하여 추측한다. 그 결과에 따르면, 형성 직후 1억 년 전후의 단계에서 2~36 nm 정도의 파장을 가진 자외선이 현재의 100배였다고 추측된다. 이 자외선은 상층대기를 가열하고, 앞에서 언급했듯이 대기를 흩어지게 했을 가능성이 있다. 이 과정은, 금성이나 화성에서 대기가 소실되는 데에 중요한 역할을 했을 가능성이 높고, 지구의 환경 변화에도 큰 영향을 주었을 가능성이 있다. 그러나 현시점에서는 정량적인 연구가 아직 충분히 이루어지지 않고 있다.

8.3 화학진화와 생명의 기원

8.3.1 자연발생설의 부정에서부터 오파린설까지

생명의 기원은 우주의 기원 등과 더불어 인류에게 주어진 최대의 의문이라 할 수 있다. 하지만 생명의 기원이 자연과학에서 연구 주제로 확립된 것은 비교적 최근인 19세기 중반이며, 그때까지는 생명의 '자연발생설'이 폭넓게 받아들여졌다. 기원전 4세기, 아리스토텔레스는『동물지』에서 생물의 자연발생을 당연한 것으로 기술했는데, 이 자연발생은 그의 천동설 등과 함께 중세 기독교 교회에서 보호받아 검증조차 이루어지지 않았다. 17세기가 되어서도, 예를 들어 하비W. Harvey는『동물발생론』(1651년)에서 곤충 등이 썩은 땅에서 생긴다고 했다.

1660년대에 이르러, 레디F. Redi는 파리가 자연발생하지 않는 것을 실험으로 보여주었다. 그러나 레벤후크A. Leeuwenhoek가 밝힌 미생물에 대해서는 19세기에 들어와서도 자연발생하는 것으로 계속 믿어왔다. 1861년, 파스퇴르L. Pasteur는 '백조 목 모양의 플라스크'를 이용하여 미생물의 자연발생을 부정했다(그림 8.11 참조).

거의 같은 시기에 다윈 등이 생물 '종'의 기원에 관한 진화론을 주장했다. 이 생물 진화론에 따르면, 생물은 아주 하등한 종에서 고등한 종으로 진화해왔다. 즉, 가장 원시적인 '종' 이외의 생물 기원의 설명이 가능하다. 그러면 최초의 가장 원시적인 생물 종은 어떻게 하여 탄생했을까. 여기에 생명의 기원이 처음으로 과학적인 문제로 떠오르기 시작했다.

지구상에서 생명의 자연발생이 부정됨에 따라 생명은 지구 밖에서 왔다는 설이 나타났다. 20세기 초반, 아레니우스S. Arrhenius는 이 생각을 정리하여 '판스페르미아panspermia설(배종보편설胚種普遍說)'이라 이름 지었다.

그림 8.11 파스퇴르의 '백조 목 모양의 플라스크.' 수프를 넣은 플라스크의 목을 길게 늘려 공기 중의 먼지 등이 들어가지 않게 했는데, 수프에서 미생물이 발생하지 않았다(오른쪽). 하지만 목의 가장 가느다란 부분을 구부려 먼지가 들어가게 했더니 수프가 썩었고 미생물이 확인되었다(왼쪽). 파리 파스퇴르 박물관.

이것은 생명의 '배종胚種'이 우주 공간을 떠돌다가 우연히 지구에 도달하여 지구 생명의 근원이 되었다는 설이다. 이 설은 생명의 기원물질이 지구 밖에서 온 것에 선수를 뺏긴 것에 지나지 않는다거나, 생명의 배종이 우주선이나 고진공 등의 가혹한 우주 환경에서 과연 살아남을 수 있는가 등의 비평을 받아 그리 높은 지지를 얻지 못했다. 그러나 최근 들어 미생물 중에 고진공, 고방사선의 우주 환경에서도 생존이 가능한 것이 발견된 점, 화성 기원의 암석이 지구상에서 발견된 점 등으로 보아 판스페르미아설, 특히 생명이 행성 간에 이동했을 가능성이 있는 것으로 인식이 바뀌고 있다.

1920년대에는 오파린A. Oparin과 홀데인J. B. S. Haldane이 생명의 기원에 관해 정리한 내용들을 독자적으로 발표했다. 그들의 생각은, 물질도 단순한 것에서 복잡한 것으로 '진화'하며 그 결과로 생명이 탄생했다는 것이고, 생물진화에 대응하여 '화학진화설'이라 한다. 화학진화설은 지금까지 생명의 기원을 생각하는 기본적인 사고방식으로 인정받아왔다. 하지만 그 당시에는 물질 진화에는 긴 시간이 걸리므로 그것을 실험적으로 검증하는 것은 불가능하다고 생각했다.

8.3.2 원시지구 대기 중에서의 아미노산 탄생

화학진화를 실험적으로 검증해보려는 시도는 1950년대에 이르러 시작되었다. 먼저, 1951년에 캘빈M. Calvin 연구진은 이산화탄소와 철(II)이온을 용해시킨 물에 가속기에서 고에너지의 헬륨이온을 쬐었는데, 포름산formic acid 및 포름알데히드 등의 유기물이 생성되는 것을 발견했다. 다음으로, 1953년에 밀러S. L. Miller는 메탄, 암모니아, 수소, 수증기의 혼합기체에 고압전류를 이용해 방전 실험을 했다(그림 8.12). 며칠 동안의 방전 후, 플라스크 아래쪽의 액체를 분석한 결과, 아세트산, 요소 등과 함께 글리신, 알라닌 등의 아미노산이 검출되었다. 아미노산 등 생체를 직접 구성하는 유기물(생체 유기물)이 무기물이나 메탄 등의 단순한 분자에서 생성될 수 있다는 것은 생명의 기원으로서 화학진화의 과정이 실험실에서 검증이 가능하다는 것을 보여준다. 이를 계기로 수많은 과학자가 생명의 기원 연구에 계속해서 참여하고 있다.

화학진화의 무대로는 먼저, 원시지구 환경을 생각할 수 있다. 생체 유기물의 생성에는 원료, 에너지, 그리고 생성물을 보존하는 장소가 필요하다. 다음에서 각각에 대해 살펴보도록 하자.

원료

유기물의 원료로 원시지구 대기를 생각할 수 있다. 원시지구 대기의 조성에는 여러 가지 설이 있는데, 밀러는 오파린이나 유리Urey 등의 주장(1차 대기설)에 따라 메탄·암모니아가 풍부한 혼합기체(강환원형 혼합기체)를 이용했다. 한편, 캘빈은 화산가스 등을 모형으로 비환원형 원시대기 모형을

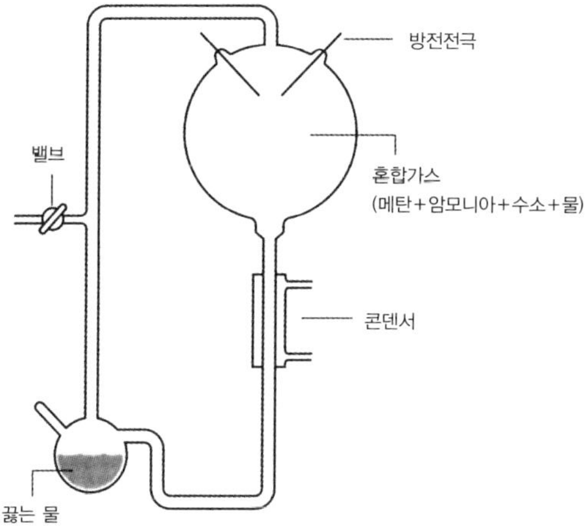

그림 8.12 밀러의 방전 실험장치.

따랐다. 현재는 미행성의 충돌 탈가스에 기초한 새로운 원시대기 생성론이 주류를 이룬다(8.2절 참조).

이 가설에서는 강환원형 원시지구 대기 모형이 아닌, 이산화탄소 · 질소 · 수증기를 다량으로 함유한 대기였던 것으로 생각했다. 그러나 일산화탄소 · 메탄 · 수증기 등의 환원형 기체 성분도 어느 정도 포함한 '약환원형 대기'였을 가능성도 있다.[7]

에너지

화학진화의 에너지로는 벼락(방전) 외에 태양의 자외선, 화산열, 방사선 원소에 따른 방사선, 우주선, 그리고 운석 충돌의 충격파 등이 제안되었고, 그것들의 효과를 조사하는 모의실험도 많이 진행되었다. 메탄 · 암모

7 미행성의 충돌 탈가스에서는 일산화탄소, 질소가 주로 생긴다(아베 · 마쓰이의 시나리오를 기초로 홀로웨이가 계산). 일산화탄소는 자외선에 따라 서서히 이산화탄소로 변화하지만, 천체 충돌의 빈도가 높을 때에는 혜성 성분 등과의 상호작용으로 다시 일산화탄소가 공급될 가능성이 있다.

니아를 포함하는 강환원형 혼합기체를 이용한 경우에 방전, 자외선, 열, 방사선, 충격파 등 어느 에너지를 이용해도 아미노산이 발생하는 것을 확인했다. 즉, 강환원형 대기설의 경우에 원시지구상에서의 에너지 플럭스의 크기, 자외선, 열, 방전 등이 화학진화의 주요 에너지가 된다. 그러나 이산화탄소 · 질소 · 수증기만으로 이루어진 비환원형 원시대기에서는 어느 쪽의 에너지에서도 유기물의 생성이 매우 어렵다. 약환원형 원시대기의 경우는 에너지의 종류에 크게 의존한다. 예를 들면, 일산화탄소 · 질소 · 수증기로 이루어진 혼합기체에서는 자외선, 열, 방전 등에 대부분 유기물이 생성되지 않은 것에 비해, 방사선(고에너지 입자선이나 γ선, X선 등)이나 고온 플라스마 안에서의 반응(운석 충돌 시의 고온 환경을 상정)에서는 아미노산 등이 쉽게 생성된다.[8]

생성물 보존장소

유기물이 높은 에너지에 계속 노출될 경우, 분해되어 안정된 이산화탄소 등으로 되돌아온다. 그러므로 열이나 방사선 등으로 생긴 유기물이 분해되지 않을 장소가 필요하다. 원시지구의 경우에는 원시바다가 그 역할을 했을 것이다. 밀러의 실험에서도 위에 전극을 삽입한 용기 안에서 유기물이 생성되었지만, 생성된 유기물은 아래쪽 플라스크의 물에 녹아들어 방전에 따른 분해에서 벗어나게 하는 구조로 되어 있다.

원시지구 대기의 조성에는 여러 가지가 추정되지만, 정확한 혼합비 등은 아직 불명확하다. 그러나 원시대기 중에 일산화탄소, 메탄이 조금이라도 존재하면, 우주선 에너지 등에 따라 아미노산을 시작으로 여러 유기물이 생성될 수 있다.

8 여러 종류의 아미노산 외에 우라실 등의 핵산염기도 생성된다.

단, 그 생성률은 일산화탄소 또는 메탄의 분압에 크게 의존한다는 점, 그리고 메탄 · 암모니아가 주성분인 강환원형 대기를 가정한 경우보다 유기물의 생성량이 큰 폭으로 줄어든다는 것은 확실하다.

8.3.3 지구 밖 유기물과 생명의 기원

원시지구에서의 유기물 생성이 제한적이라면, 그다음으로 떠오르는 것이 지구 밖에서의 유기물 공급이다. 지구 생성에서부터 수억 년 동안 지구에서 많은 운석과 혜성이 충돌했으며, 특히 40억 년 전 무렵에는 충돌이 격렬했던 시기가 있었다고 알려졌다. 또 행성간 먼지도 다량으로 지구 대기에 쏟아져 내려왔다. 그러므로 이 운석, 혜성, 행성간 먼지에서 운반된 유기물의 질과 양이 지구의 생명 탄생에 크게 기여했다고 생각할 수 있다.

탄소를 많이 함유한 운석인 탄소질 콘드라이트(5.2절 참조)에는 다양한 유기물이 들어 있다고 알려졌는데, 대표적인 탄소질 콘드라이트로는 1969년에 오스트레일리아에 낙하한 머치슨Murchison 운석이 있다. 이 운석 내부를 뜨거운 물로 추출한 결과, 글리신 · 알라닌 등 적어도 8종류의 단백질 아미노산을 포함한 수십 종류의 아미노산이 검출되었다. 그 외에 핵산염기, 당유도체 등의 생체 관련 유기물도 검출되었다. 같은 해에는 일본의 남극관측대가 남극 야마토 평원에서 다수의 운석을 채집했다. 이 남극운석 중에서도 Yamato 791198 등의 탄소질 콘드라이트의 추출물에서 아미노산과 핵산염기가 확인되었다.

또한 지상 관측이나 탐사기의 분석 등에서 혜성 내에도 다양한 유기물이 포함되어 있는 것이 밝혀졌다. 예를 들면 1986년 핼리혜성이 접근했을 때, 탐사기 베가 및 지오트가 혜성핵에 접근하여 촬영에 성공했다. 이때 탑재한 질량분석계를 이용해 혜성 코마 안의 먼지를 분석했고, 분자량이

100을 넘는 복잡한 유기물이 다량으로 존재하는 것을 밝혀냈다.[9] 2006년에는 NASA의 스타더스트 계획에 따라, 와일드 제2혜성의 먼지를 지구로 가지고 와서 검출한 결과 복잡한 유기물이 검출되었다.

이 유기물들은 지구 생물권의 소재라는 관점에서도 논의되고 있다. 그 기원에 대해 여러 가지 가설이 있지만, 성간구름 내에 존재하는 성간먼지의 환경에서 자외선 · 우주선의 활동에 따라 생성되었다는 가설이 유력하다. 이 가설을 내세운 그린버그J. M. Greenberg의 이름을 따서 그린버그 모형이라 한다(8.1절 참조).

성간먼지 아이스맨틀 안에는 일산화탄소 · 메탄 · 메탄올 등의 탄소원이나 암모니아 등의 질소원이 존재하는 것으로 알려졌다. 현재까지 성간먼지 아이스맨틀을 본뜬 '얼음'을 만들고, 이것에 자외선 또는 입자선을 쬐는 실험이 이루어졌다. 여기에서 얻은 생성물을 가수분해하면 아미노산이 생성된다는 결과를 얻었다. 즉, 성간 환경에서도 물에 녹이면 아미노산을 만드는 '아미노산 전구체'가 생성된다는 것을 보여준다. 이 같은 유기물이 태양계가 생성될 때 혜성 등에 포함되어 지구에 도달했을 가능성이 높다.

8.3.4 광학활성의 기원과 성간 유기물

아미노산에는 그 구조에 따라 L-아미노산과 D-아미노산이라는 두 종류의 아미노산이 있다. 이 두 종류는 왼손과 오른손처럼 거울에 비추면 서로 겹치는 구조이며(그림 8.13 참조) 그 화학적 성질이 같다. 밀러의 실험 등에서 합성된 아미노산은 양쪽이 1 : 1로 섞여 있었다. 그러나 지구상의 생물은 L-아미노산만을 이용하는데, 그 이유에 대해서는 여러 가지 가설이

9 비슷한 분석이 2004년에 와일드 제2혜성에서 이루어졌다.

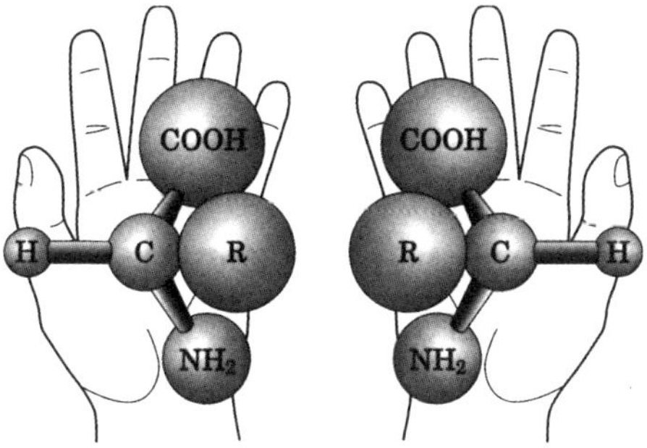

그림 8.3 왼손형(L) 아미노산과 오른손형(D) 아미노산.

등장했다.

1997년에 운석에서 그 비밀을 풀 열쇠가 발견되었다. 크로닌J. R. Cronin과 피자렐로S. Pizzarello는 머치슨 운석 안의 아미노산을 세밀하게 분석했고, 일부 아미노산에 왼손형(L)의 아미노산이 오른손형(D)보다 많다는 것을 발견했다.[10] 이는 지구생물이 L-아미노산을 사용하는 원인이 지구 밖에서 지구로 들어온 유기물임을 나타낸다.

왜 운석의 아미노산에 L-아미노산이 많이 존재하는지의 이유에 대해서 여러 가지 주장이 있지만, 그 가운데

(1) 중성자별에서 발생한 원편광에 따라 한쪽의 아미노산이 선택적으로 합성(또는 분해)되었다는 원편광설

(2) 초신성 폭발에서 발생한 β붕괴로 다량의 편극전자가 생겼고, 이에 따라 L-아미노산이 선택적으로 생성되었다는 패리티 비보존유래설

10 L-아미노산의 과잉은 주로 이소발린Isovaline처럼 중심 탄소에 수소가 결합되어 있지 않은 종류의 아미노산에서 발견되었다. 이는 중심 탄소에 수소가 붙어 있는 일반적인 아미노산은 수십억 년 동안의 반응으로 L과 D의 수가 평균화 되었지만, 이소발린 등은 그 반응속도가 느려 L쪽의 과잉이 보존되었기 때문으로 설명할 수 있다.

등이 있다. (1)의 경우는 우주의 어딘가에 D-아미노산을 이용하는 생물이 있을 가능성이 있지만, (2)의 경우는 우주에서는 모든 생물이 L-아미노산을 이용한다는 것이다. 이 이론들에 대한 정밀한 실험검증과 지구 밖 생명에 대한 아미노산의 탐사가 필요하다.

8.3.5 원시바다 속에서의 화학진화와 생명의 기원

원시대기나 성간에서 생성된 유기물을 기초로 하여 지구상에서 생명이 탄생했다면,[11] 그 무대는 바다라고 생각할 수 있다. 생명활동에 물은 필수 불가결이며, 생체 내의 원소조성이 바닷물의 원소조성과 매우 유사하기 때문이다. 생명이 탄생한 원시바다의 이미지는, '뜨거운 콩소메 수프' 나 '따뜻한 포타주 수프'[12] 등으로 묘사되었다.

그러나 1977년에 이 이미지를 뒤엎은 새로운 발견이 보고되었다. 심해 잠수정인 앨빈호가 갈라파고스 제도 부근의 해저를 탐사하던 중 300℃가 넘는 열수가 분출되는 것을 발견했다. 이러한 '해저열수 분출공' 은 그 후에 세계 곳곳에서 발견되어, 판의 경계 근처에 보편적으로 존재하는 것으로 인식하게 되었다.

또 1980년대에 들어서서 분자생물학의 지식과 견해가 더해졌다. 우즈C. R. Woose는 현존하는 지구상 생물의 단백질과 핵산의 배열을 조사했고, 그 결과로 모든 생물을 하나의 '계통수phylogenetic tree' 로 묶었다(그림 8.14). 이 계통수의 근원이 지구상 모든 생물의 공통적인 조상이 된다는 뜻이다. 이 근원 부근의 생물은 고온 환경에서만 사는 고도호열균高度好熱菌이라는 것이 밝혀졌다. 그러므로 지구 생명은 뜨거운 바다 속에서 탄생했다는 것,

11 8.3.1절에서 설명한 것처럼, 생명의 지구외 기원설이 완전히 부정되고 있는 것은 아니다.
12 콩소메와 포타주는 각각 묽은 수프, 걸쭉한 수프를 가리킨다.(옮긴이 주)

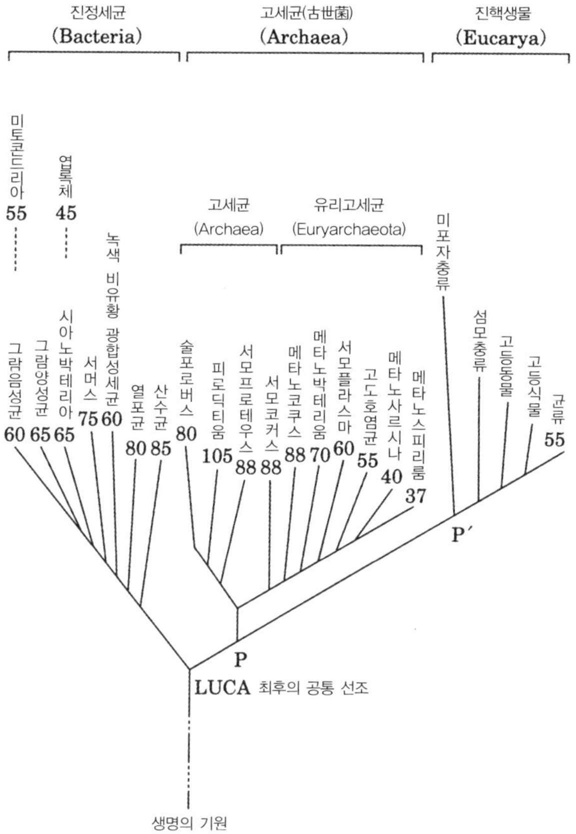

그림 8.14 리보솜(Ribosome) 내의 RNA 염기배열을 기본으로 하여 작성한 분자계통수. 생물 이름 뒤의 숫자는 그 생물의 생육에 최적인 온도를 뜻한다. 계통수의 뿌리 근처에 고온을 좋아하는 '고도호열균'이 모여 있음을 알 수 있다. 石川統 & 山岸明彦他, 『化學進化 · 細胞進化』(岩波書店, 2004), p.37의 그림 보완.

즉 해저열수 환경이야말로 생명 기원의 장이라는 생각이 폭넓게 지지받게 되었다.

생명 탄생의 시기에 관해서는 지질학과 행성과학에서 계속 논의되어왔다. 그린란드에 있는 38억 년 전의 고암석에 포함된 탄소의 안정 동위원소비에서 그 당시 이미 생물이 존재했을 가능성이 높다는 주장도 있다.[13] 한편, 지구 생성에서부터 약 40억 년 전의 '천체 충돌이 빈번하게 일어났던 시기'(8.2절 참조)까지는 안정된 바다가 존재하지 않았으며, 생명이 탄생했다 해도 살아남기 어려웠다고 여겨진다. 즉, 생명 탄생의 무대가 만들어지고 나서 실제 탄생까지는 몇억 년씩 걸렸다는 뜻이 아니라, 생명이 약 40억 년 전에 꽤 빠르게 탄생했다고 생각할 수 있다. 그러므로 이는 다른 천체에서의 생명 탄생의 가능성을 생각하는 데에도 중요한 정보라고 할 수 있다.

8.3.6 생명 기원에 대한 여러 가지 고찰

생명의 기원을 연구할 때 가장 어려운 점은, 물질에서 생명으로의 전환점이 어디인지를 정하는 것이다. 어떤 점에서 생명으로 간주할 것인가? 일반적인 생명의 특징을 살펴보면 다음과 같다.

(1) 외부에서 물질이나 에너지를 섭취하여 몸과 활동에너지를 만들어낸다(대사작용).

(2) 자기복제를 한다.

(3) 외부와 자신을 구별하는 경계(막)을 가진다.

(4) 진화한다.

13 생물이 외부로부터 물질을 받아들이고, 효소반응에 의해 대사를 하는 과정에서 원소의 무거운 안정 동위원소가 제외되는 경향이 알려져 있다. 탄소의 경우, 자연계에 약 1% 정도 포함된 탄소 13의 비율이 대사로 감소한다.

지구 생물은 분자단계에서 (1)은 단백질(효소)이 (2)는 핵산이 (3)은 인지질이 열쇠를 쥐고 있다. 특히 단백질과 핵산은 서로 도우면서 생명활동의 근간을 담당하고 있고, 어느 쪽이 먼저 생겨났는가에 대한 '닭과 달걀' 논쟁이 계속되어왔다.

핵산파가 힘을 더 얻게 된 계기는, 1982년 체크T. R. Cech 등이 '융매활성을 갖는 RNA(리보자임)'의 발견에서였다.[14] 그때까지는 단백질만이 융매분자로 대사를 담당한다고 생각했는데, RNA도 한정적으로 융매분자의 일을 한다는 것을 알게 되었다. 즉, 생명이 탄생할 무렵에는 RNA가 '대사'와 '자기복제'의 두 가지 역할을 해낸다는 가능성이 생긴 것이다. 자기복제를 생명의 가장 중요한 기능으로 보는 대부분의 분자생물학자 중에서 이 RNA 세계World설에 따라 생명의 기원이 결정되었다고 단정하는 학자가 등장하게 되었다.

그러나 RNA 세계설에는 약점이 있다. 말하자면, RNA를 무생물적으로 만들어내는 것은 단백질보다도 매우 어려운 일이다. 아미노산의 무생물적 생성은 밀러의 실험 이후 여러 가지 환경에서 검증되어왔다. 그러나 RNA의 부품 중에 핵산염기(아데닌 등)는 별도로 하더라도, 당(리보스)의 무생물적 생성은 매우 어렵다. 또 핵산염기 · 당 · 인산을 올바르게 결합하지 않으면 RNA가 생성되지 않는데, 이 또한 매우 어려운 일이다. 더욱이 생명의 탄생이 열수에서 비롯되었다면, RNA가 열에 상당히 약하다는 것도 문제가 된다.

한편, 최근에는 대사에 무게가 실린 몇 가지의 가설도 주목받고 있다. 그중 하나는 베히터스호이저G. Wachtershauser의 황철광 세계설이다. 해저

14 리보자임의 발견을 기본으로 하여, 길버트는 "RNA야말로 최초의 생명이다"라는 RNA 세계설을 주장했다.

열수 분출공에 많이 존재하는 황철광 등의 금속유화물에서 여러 가지 화학반응이 연쇄적으로 일어나 유기물이 생성될 가능성이 있음을 주장했다.

또 다이슨F. Dyson은 쓰레기봉투 세계Garbage-bag World설을 주장한다. 이는 원시바다 속에 축적된 여러 가지 유기분자(그 대부분은 잡동사니이지만 몇 가지의 융매분자도 포함된다)를 가득 채운 봉투(오파린의 코아세르베이트 등[15])야말로 최초의 생명이라는 설이다.[16]

생명의 기원에 이르는 시나리오를 구축할 때 최대의 장벽은, 지구상에서 화학진화의 흔적을 남기는 분자는 생물에게 먹혀 현재 지구상에는 존재하지 않는다는 사실이다. 하지만 지구 외에 그러한 생명의 흔적을 가진 분자들이 남아 있을지도 모른다. 그러한 환경을 가진 후보로 화성, 목성, 목성의 위성인 유로파, 토성의 위성인 타이탄 · 엔셀라두스, C형 · D형 소행성, 혜성이나 태양계 외연 천체 등을 생각할 수 있다. 앞으로의 행성 탐사의 성과가 기대된다.

15 젤라틴 수용액과 아라비아고무 수용액을 섞으면 일정한 조건에서 아주 작은 액체 방울이 생긴다. 이것을 코아세르베이트coacervate라 한다. 오파린은 코아세르베이트를 원시세포 모형으로 생각했다. 그 밖에 아미노산에서 프로테이노이드 마이크로스피어microsphere(S. 폭스Fox와 하라다原田馨), 매리그래뉼(marigranule, 에가미江上不二夫 등), 고온고압에서 생기는 마이크로스피어(야나가와柳川弘志 등) 등이 생긴다고 보고되었고, 원시세포 모형으로 제안되었다.

16 실제로 원시대기 모의실험이나 성간 모의실험을 하면, 고분자량의 '잡동사니 분자'가 다량 발생하는 것이 확인되었다(小林憲正 著, 伏見譲 編, 『生命の起源』(丸善, 2004), pp. 14~25).

칼럼 생물천문학과 우주생물학

지구 이외에 생명을 가진 천체가 있을까? 이는 누구나 품고 있는 궁금증일 것이다. 이 궁금증에 접근하려면 천문학과 생명과학의 경계를 허물어야 한다. 노벨 의학생리학상 수상자인 레더버그J. Lederberg는 1960년에 생명의 기원이나 우주에서의 생명의 분포를 다루는 학문 영역을 외계생물학Exobiology이라 이름 붙였다. 그리고 나사(NASA)나 유럽우주국(ESA)의 생명 탐사 계획은 '외계 생물학 프로그램' 으로 불려왔다.

한편, 생명의 기원이나 지구 밖 생명에 관심을 가진 천문학자들은 국제천문연맹의 51회 위원회에서 1982년에 생물천문학Bioastronomy위원회를 설립했다. 이 위원회에서는 천문학자들이 많이 사용하던 전파를 이용하여 지구 밖 지성체의 탐사(SETI) · 생명에 관련한 성간분자의 탐사 · 외계 행성의 탐사 등에 역점을 두었다.

1996년, NASA 존슨 우주센터의 매케이D. McKay 연구진은 화성에서 날아온 운석 ALH 84001의 안에서 생명의 흔적을 발견했다고 발표했다. 이를 계기로 지구 밖 생명의 관심이 높아졌고, NASA는 '우주에서의 생명의 기원 · 진화 · 분포와 미래' 를 탐구하는 학문 영역을 우주생물학Astrobiology으로 이름 붙이는 것을 제안했고, 1997년에 NASA 우주생물학 연구소를 설립했다.

우주생물학은 기존의 외계 생물학의 틀을 더욱 넓혀, 생물천문학의 영역을 포함한 새로운 학문 영역으로 발전해가고 있다.

참고문헌

제1장

M. チヤウン 著, 糸川洋 譯『僕らは星のかけら — 原子をつくった魔法の爐を探して』, ソフトバンククリエイティブ, 2005

海老原 充 著『太陽系の化學 — 地球の成り立ちを 理解するために』, 裳華房, 2006

渡部潤一 著 『新書で入門 新しい太陽系』, 新潮社, 2007

제2장

C. R. Chapman, Mercury: Introduction to an end-member planet, *Mercury* (M. S. Matthews ed.), University of Arizona Press, 1989

R. Greely, *Planetary Landscapes*, Allen and Unwin, 1987

小松吾郎 執筆「惑星と衛星の地質, 内部構造」『比較惑星學』(松井孝典, 永原裕子, 藤原 顯, 渡邊誠一郎, 井田 茂, 阿部 豊, 中村正人, 小松吾郎, 山本哲生 著), 岩波講座 地球惑星科學 第 12卷, 岩波書店, 1997

제3장

D. Morrison, T. Owen, *The Planetary System*, 2nd ed., Addison-Wesley, 1995

P. A. Bland *et al.*, *An Introduction to the Solar System* (N. Nail and G. Iain eds.), Cambridge University Press, 2004

I. de Pater, J. Lissauer, *Planetary Sciences*, Cambridge University Press, 2001

F. Bagenal, T. E. Dowling and W. B. McKinnon eds, *Jupiter: The Planet, Satellites and Magnetosphere* (Cambridge Planetary Science), Cambridge University Press, 2004

제4장

J. A. Burns, Planetary Rings, *The New Solar System* (J. K. Beatty, C. C. Petersen and A. Chaikin eds.), Cambridge University Press, 1998

J. エリオット, R. カー 著, 中村 士, 相馬 充 譯『惑星のリングはなぜあるのか — 木星・土星・天王星』, 岩波書店, 1987

제5장

中澤 清 編『太陽系の構造と起源』, 現代天文學講座 3, 恒星社厚生閣, 1979

小松吾郎 執筆「惑星と衛星の地質, 內部構造」『比較惑星學』(松井孝典, 永原裕子, 藤原 顯, 渡邊誠一郎, 井田 茂, 阿部 豊, 中村正人, 小松吾郎, 山本哲生 著), 岩波講座 地球惑星科學 第 12巻, 岩波書店, 1997

渡部潤一, 布施哲治 著『太陽系の果てを探る ― 第十番惑星は存在するか』東京大學出版會, 2004

D. S. Lauretta, H. Y. McSween Jr. eds., *Meteorites and the Early Solar System* II, University of Arizona Press, 2006

櫻井邦朋, 淸水幹夫 編『彗星 ― その本性と起源』, 朝倉書店, 1989

M.C. Festou, H. U. Keller and H.A. Weaver eds., *COMETS* II (University of Arizona Space Science Series), University of Arizona Press, 2004

長澤 工 著『流星と 流星群 ― 流星とは何がどうして光るのか』, 地人書館, 1997

제6장

小松吾郎 執筆「惑星と衛星の地質, 內部構造」『比較惑星學』(松井孝典, 永原裕子, 藤原 顯, 渡邊誠一郎, 井田 茂, 阿部 豊, 中村正人, 小松吾郎, 山本哲生 著), 岩波講座 地球惑星科學 第 12巻, 岩波書店, 1997

中澤 清 編『太陽系の構造と起源』, 現代天文?講座 3, 恒星社厚生閣, 1979

井田 茂 著『系外惑星』, 東京大學出版會, 2007

제7장

井田 茂 著『異形の惑星 ― 系外惑星形成理論から』, NHK ブックス, NHK 出版, 2003

井田 茂 著『系外惑星』, 東京大學出版會, 2007

제8장

前野紀一 著『氷の科學』, 北海道大學圖書刊行會, 2004

日本化學會 編『先端化學シリーズ IV 理論・計算化學/クラスター / スペースケミストリー』, 丸善, 2003

久保田 競, 馬場悠男, 小林憲正他 著『自然の謎と科學のロマン（下）生命と人間・編』, 新日本出版社, 2003

嶺重 慎, 小久保英一郎 編『宇宙と生命の起源 — ビッグバンから人類誕生まで』, 岩波ジュニア新書, 岩波書店, 2004

F. Dyson, *Origins of Life*, 2nd ed., Cambridge University Press, 1999

伏見 譲, パリティ編集委員會 編『生命の起源 —「物質の進化」から「生命の進化」へ』, 丸善, 2004

石川 統, 山岸明彦, 河野重行, 渡辺雄一郎, 大島泰郎 著『化學進化・細胞進化』シリーズ進化學 3, 岩波書店, 2004

小林憲正 著『アストロバイオロジー — 宇宙が語る〈生命の起源〉』, 岩波科學ライブラリー, 岩波書店, 2008

표 1 태양계 행성의 궤도 요소*1 등

행성	궤도 장반경 [천문단위(AU)]	이심률	궤도 경사각 (도)	근일점 황경 (도)	승교점 황경 (도)
수성	0.3871	0.2056	7.005	77.470	48.320
금성	0.7233	0.0068	3.395	131.564	76.655
지구	1.0000	0.0167	0.001	102.967	174.852
화성	1.5237	0.0934	1.849	336.100	49.532
목성	5.2026	0.0485	1.303	14.351	100.482
토성	9.5549	0.0555	2.489	93.107	113.642
천왕성	19.2184	0.0463	0.773	173.013	74.013
해왕성	30.1104	0.0090	1.770	48.123	131.782

행성	역기점 평균근점이각*2 (도)	항성에 대한 평균공전주기 (년)	궤도 평균속도 (kms^{-1})	회합주기 (일)
수성	177.390	0.24085	47.36	115.9
금성	226.151	0.61521	35.02	583.9
지구	326.150	1.00004	29.78	—
화성	285.322	1.88089	24.08	779.9
목성	290.504	11.8622	13.06	398.9
토성	65.898	29.4578	9.65	378.1
천왕성	179.232	84.0223	6.81	369.7
해왕성	275.698	164.774	5.44	367.5

*1 궤도 요소는 모두 평균요소이며, 2000년 1월 1.5일=JD2451545.0의 황도와 평균춘분점이 기준이다.

*2 역기점[曆起點, 천체의 궤도 요소의 기준이 되는, 관측 또는 예측이 실시된 시기로 원기(元期, Epoch)라고도 한다] 2008년 11월 30.0일=JD2454800.5

표 2 태양계 행성의 물리량

행성	적도 반경 (km)	편율*1	모양의 역학계수 J_2	적도 중력 (지구=1)	부피 (지구=1)	위성수*2
수성	2440	0	0	0.38	0.056	0
금성	6052	0	0.027×10^{-3}	0.91	0.857	0
지구	6378	0.0034	1.083×10^{-3}	1.00	1.000	1
화성	3396	0.0059	1.964×10^{-3}	0.38	0.151	2
목성	71492	0.0649	14.75×10^{-3}	2.37	1321	49(63)
토성	60268	0.0980	16.45×10^{-3}	0.94	755	48(63)
천왕성	25559	0.0229	3.52×10^{-3}	0.89	63	27(27)
해왕성	24764	0.0171	3.54×10^{-3}	1.11	58	13(13)

행성	질량*3 (지구=1)	밀도 ($g cm^{-3}$)	탈출속도 ($km s^{-1}$)	자전주기 (일)	적도 경사각 (도)	반사능
수성	0.05527	5.43	4.25	58.65	0	0.06
금성	0.8150	5.24	10.36	243.02	177.4	0.78
지구	1.0000	5.52	11.18	0.9973	23.44	0.30
화성	0.1074	3.93	5.02	1.0260	25.19	0.16
목성	317.83	1.33	59.53	0.414	3.1	0.73
토성	95.16	0.69	35.48	0.444	26.7	0.77
천왕성	14.54	1.27	21.29	0.718	97.9	0.82
해왕성	17.15	1.64	23.49	0.671	27.8	0.65

*1 편율扁率이란 적도 반경과 극 반경의 차를 적도 반경으로 나눈 값이다.
*2 위성 수는 2007년 7월 말 현재로, 국제천문학연맹에 등록 및 이름 붙인 수로, 괄호 안은 발견된 수를 나타낸다.
*3 지구의 질량은 5.974×10^{24}kg이다.

표 3 태양계의 핵종 존재도

원자 번호	원소	태양 광구[*1] A05[*4]		태양 광구[*1] AG89[*4]		CI 콘드라이트[*2] AG89[*4]	45.5억 년 전[*3] L03[*4]	
1	H	≡12[*1]		≡12[*1]		2.79×10^{10}	≡12	
2	He[*5]	10.93	±0.01	10.99	±0.04	2.72×10^{9}	10.984	±0.02
3	Li	1.05	±0.10	1.16	±0.10	57.1	3.35	±0.06
4	Be	1.38	±0.09	1.15	±0.10	0.73	1.48	±0.08
5	B	2.70	±0.20	2.6	±0.30	21.2	2.85	±0.04
6	C	8.39	±0.05	8.56	±0.04	1.01×10^{7}	8.46	±0.04
7	N	7.78	±0.06	8.05	±0.04	3.13×10^{6}	7.9	±0.11
8	O	8.66	±0.05	8.93	±0.04	2.38×10^{7}	8.76	±0.05
9	F	4.56	±0.30	4.56	±0.30	843	4.53	±0.06
10	Ne[*5]	7.84	±0.06	8.09	±0.10	3.44×10^{6}	7.95	±0.10
11	Na	6.17	±0.04	6.33	±0.03	5.74×10^{4}	6.37	±0.03
12	Mg	7.53	±0.09	7.58	±0.05	1.07×10^{6}	7.62	±0.02
13	Al	6.37	±0.06	6.47	±0.07	8.49×10^{4}	6.54	±0.02
14	Si	7.51	±0.04	7.55	±0.05	$\equiv1\times10^{6}$[*2]	7.61	±0.02
15	P	5.36	±0.04	5.45	±0.04	1.04×10^{4}	5.54	±0.04
16	S	7.14	±0.05	7.21	±0.06	5.15×10^{5}	7.26	±0.04
17	Cl	5.50	±0.30	5.5	±0.30	5240	5.33	±0.06
18	Ar[*5]	6.18	±0.08	6.56	±0.10	1.01×10^{5}	6.62	±0.08
19	K	5.08	±0.07	5.12	±0.13	3770	5.18	±0.05
20	Ca	6.31	±0.04	6.36	±0.02	6.11×10^{4}	6.41	±0.03
21	Sc	3.05	±0.08	3.10	±0.09	34.2	3.15	±0.04
22	Ti	4.90	±0.06	4.99	±0.02	2400	5	±0.03
23	V	4.00	±0.02	4.00	±0.02	293	4.07	±0.03
24	Cr	5.64	±0.10	5.67	±0.03	1.35×10^{4}	5.72	±0.05
25	Mn	5.39	±0.03	5.39	±0.03	9550	5.58	±0.03
26	Fe	7.45	±0.05	7.67	±0.03	9.00×10^{5}	7.54	±0.03
27	Co	4.92	±0.08	4.92	±0.04	2250	4.98	±0.03
28	Ni	6.23	±0.04	6.25	±0.04	4.93×10^{4}	6.29	±0.03
29	Cu	4.21	±0.04	4.21	±0.04	522	4.34	±0.06
30	Zn	4.60	±0.03	4.60	±0.08	1260	4.7	±0.04

원자 번호	원소	태양 광구[*1] A05[*4]		AG89[*4]		CI 콘드라이트[*2] AG89[*4]	45.5억 년 전[*3] L03[*4]	
31	Ga	2.88	±0.10	2.88	±0.10	37.8	3.17	±0.06
32	Ge	3.58	±0.05	3.41	±0.14	119	3.7	±0.05
33	As					6.56	2.4	±0.05
34	Se					62.1	3.43	±0.04
35	Br					11.8	2.67	±0.09
36	Kr*[5]	3.28	±0.08			45	3.36	±0.08
37	Rb	2.60	±0.15	2.60	±0.15	7.09	2.44	±0.06
38	Sr	2.92	±0.05	2.90	±0.06	23.5	2.99	±0.04
39	Y	2.21	±0.02	2.24	±0.03	4.64	2.28	±0.03
40	Zr	2.59	±0.04	2.60	±0.03	11.4	2.67	±0.03
41	Nb	1.42	±0.06	1.42	±0.06	0.698	1.49	±0.03
42	Mo	1.92	±0.05	1.92	±0.05	2.55	2.03	±0.04
44	Ru	1.84	±0.07	1.84	±0.07	1.86	1.89	±0.08
45	Rh	1.12	±0.12	1.12	±0.12	0.344	1.18	±0.03
46	Pd	1.69	±0.04	1.69	±0.04	1.39	1.77	±0.03
47	Ag	0.94	±0.24	0.94	±0.25	0.486	1.3	±0.06
48	Cd	1.77	±0.11	1.86	±0.15	1.61	1.81	±0.03
49	In	1.60	±0.20	1.66	±0.15	0.184	0.87	±0.03
50	Sn	2.00	±0.30	2.0	±0.30	3.82	2.19	±0.04
51	Sb	1.00	±0.30	1.0	±0.30	0.309	1.14	±0.07
52	Te					4.81	2.3	±0.04
53	I					0.9	1.61	±0.12
54	Xe*[5]	2.27	±0.02			4.7	2.35	±0.02
55	Cs					0.372	1.18	±0.03
56	Ba	2.17	±0.07	2.13	±0.05	4.49	2.25	±0.03
57	La	1.13	±0.05	1.22	±0.09	0.446	1.25	±0.06
58	Ce	1.58	±0.09	1.55	±0.20	1.136	1.68	±0.02
59	Pr	0.17	±0.08	0.17	±0.08	0.1669	0.85	±0.03
60	Nd	1.45	±0.05	1.50	±0.06	0.8279	1.54	±0.03
62	Sm	1.01	±0.06	1.00	±0.08	0.2582	1.02	±0.04
63	Eu	0.52	±0.06	0.51	±0.08	0.0973	0.6	±0.04
64	Gd	1.12	±0.04	1.124	±0.04	0.33	1.13	±0.02

원자 번호	원소	태양 광구[*1] A05[*4]		AG89[*4]		CI 콘드라이트[*2] AG89[*4]	45.5억 년 전[*3] L03[*4]	
65	Tb	0.28	±0.30	-0.1	±0.30	0.0603	0.38	±0.03
66	Dy	1.14	±0.08	1.1	±0.15	0.3942	1.21	±0.04
67	Ho	0.51	±0.10	0.26	±0.16	0.0889	0.56	±0.02
68	Er	0.93	±0.06	0.93	±0.06	0.2508	1.02	±0.03
69	Tm	0.00	±0.15	0	±0.15	0.0378	0.18	±0.06
70	Yb	1.08	±0.15	1.08	±0.15	0.2479	1.01	±0.03
71	Lu	0.06	±0.10	0.76	±0.30	0.0367	0.17	±0.06
72	Hf	0.88	±0.08	0.88	±0.08	0.154	0.84	±0.04
73	Ta					0.0207	-0.06	±0.03
74	W	1.11	±0.15	1.11	±0.15	0.133	0.72	±0.03
75	Re					0.0517	0.36	±0.04
76	Os	1.45	±0.10	1.45	±0.10	0.675	1.44	±0.03
77	Ir	1.38	±0.05	1.35	±0.10	0.661	1.42	±0.03
78	Pt			1.8	±0.30	1.34	1.75	±0.03
79	Au	1.01	±0.15	1.01	±0.15	0.187	0.91	±0.06
80	Hg					0.34	1.23	±0.18
81	Tl	0.90	±0.20	0.9	±0.20	0.184	0.88	±0.04
82	Pb	2.00	±0.05	1.85	±0.05	3.15	2.12	±0.04
83	Bi					0.144	0.76	±0.03
90	Th			0.12	±0.06	0.0335	0.26	±0.04
93	U	-0.47		-0.47		0.009	0.01	±0.04

*1 log[H 존재도(개)]≡12로 정의. 천문학적 규모astronomical scale.
*2 Si 존재도(개)≡1×10⁶으로 정의. 우주화학적 규모cosmochemical scale.
*3 방사성 원소 및 딸 원소의 존재도에 대해 방사성 원소 붕괴의 효과를 보정한 45.5 억 년 전의 태양계 원소 존재도.
*4 A05: Asplund *et al.* 2005, in *Cosmic abundances as records of stellar evolution and nucleosynthesis*, 25: AG89: Anders & Grevesse 1989, *Geochim. Cosmochim. Acta*, 59, 197; L03: Lodders 2003, *ApJ*, 591, 1220.
*5 비활성기체 존재도는 항성의 원소합성 모형과 태양풍의 관측으로 추정.

표 4 태양계의 핵종 존재도*1

원자 번호	원소	질량 수	원자 (%)	존재도*2 (개)
1	H	1	99.99806	2.431×10^{10}
		2	0.00194	471600
2	He	3	0.016597	388900
		4	99.983403	2.343×10^{6}
3	Li	6	7.589	4.21
		7	92.411	51.26
4	Be	9	100	0.7374
5	B	10	19.82	3.433
		11	80.18	13.887
6	C	12	98.8922	7.001×10^{6}
		13	1.1078	78420
7	N	14	99.6337	1.943×10^{6}
		15	0.3663	7143
8	O	16	99.7628	1.410×10^{7}
		17	0.0372	5260
		18	0.2004	28270
9	F	19	100	841.1
10	Ne	20	92.9431	1.996×10^{6}
		21	0.228	4786
		22	6.8341	1.468×10^{5}
11	Na	23	100	57510
12	Mg	24	78.992	8.057×10^{5}
		25	10.003	1.020×10^{5}
		26	11.005	1.123×10^{5}
13	Al	27	100	84100
14	Si	28	92.22968	9.223×10^{5}
		29	4.68316	46830
		30	3.08716	30870
15	P	31	100	8373
16	S	32	95.018	4.227×10^{5}
		33	0.75	3340
		34	4.215	18750
		36	0.017	76
17	Cl	35	75.771	3968
		37	24.229	1269

원자 번호	원소	질량 수	원자 (%)	존재도*2 (개)
18	Ar	36	84.5946	86710
		38	15.3808	15765
		40	0.0246	25
		40*3		24
19	K	39	93.25811	3443
		40	0.011672	0.431
		40*3		5.37
		41	6.73022	248.5
20	Ca	40	96.941	60947
		42	0.647	407
		43	0.315	84.9
		44	2.086	1311
		46	0.004	2.5
		48	0.187	118
21	Sc	45	100	34.2
22	Ti	46	8.249	200
		47	7.437	180
		48	73.72	1785
		49	5.409	131
		50	5.185	126
23	V	50	0.2467	0.72
		51	99.7503	287.68
24	Cr	50	4.3452	559
		52	83.7895	10775
		53	9.5006	1222
		54	2.3647	304
25	Mn	55	100	9168
26	Fe	54	5.845	48980
		56	91.754	7.689×10^{5}
		57	2.119	17760
		58	0.282	2360
27	Co	59	100	2323
28	Ni	58	68.0769	32541
		60	26.2231	12532
		61	1.1399	545

원자 번호	원소	질량 수	원자 (%)	존재도*2 (개)
		62	3.6345	1737
		64	0.9256	442
29	Cu	63	69.174	364.5
		65	30.826	162.5
30	Zn	64	48.63	596
		66	27.9	342
		67	4.1	50.3
		68	18.75	230
		70	0.62	7.6
31	Ga	69	60.1079	21.62
		71	39.8921	14.35
32	Ge	70	21.234	25.6
		72	27.662	33.4
		73	7.717	9.3
		74	35.943	43.3
		76	7.444	9
33	As	75	100	6.089
34	Se	74	0.889	0.58
		76	9.366	6.16
		77	7.635	5.02
		78	23.772	15.64
		80	49.607	32.64
		82	8.731	5.74
35	Br	79	50.686	5.74
		81	49.314	5.74
36	Kr	78	0.362	0.2
		80	2.33	1.28
		82	11.65	6.43
		83	11.55	6.37
		84	56.9	31.38
		86	17.21	9.49
37	Rb	85	72.1654	4.743
		87	27.8346	1.829
		87*3		1.951
38	Sr	84	0.5551	0.13124
		86	9.8168	2.32069
		87	7.3771	1.7439
		87*3		1.62181
		88	82.251	19.4441
39	Y	89	100	4.608
40	Zr	90	51.452	5.83
		91	11.223	1.272
		92	17.146	1.943
		94	17.38	1.969
		96	2.799	0.317
41	Nb	93	100	0.7554
42	Mo	92	14.8362	0.386
		94	9.2466	0.241
		95	15.9201	0.414
		96	16.6756	0.434
		97	9.5551	0.249
		98	24.1329	0.628
		100	9.6335	0.251
44	Ru	96	5.542	0.1053
		98	1.8688	0.0355
		99	12.7579	0.242
		100	12.5985	0.239
		101	17.06	0.324
		102	31.5519	0.599
		104	18.621	0.354
45	Rh	103	100	0.3708
46	Pd	102	1.02	0.0146
		104	11.14	0.16
		105	22.33	0.32
		106	27.33	0.392
		108	26.46	0.38
		110	11.72	0.168
47	Ag	107	51.8392	0.2547
		109	48.1608	0.2366
48	Cd	106	1.25	0.0198
		108	0.89	0.141
		110	12.49	0.198
		111	12.8	0.203

원자 번호	원소	질량 수	원자 (%)	존재도*2 (개)
		112	24.13	0.382
		113	12.22	1.194
		114	28.73	0.455
		116	7.49	0.119
49	In	113	4.288	0.0078
		115	95.712	0.173
50	Sn	112	0.971	0.03625
		114	0.659	0.0246
		115	0.339	0.01265
		116	14.536	0.5426
		117	7.676	0.2865
		118	24.223	0.9042
		119	8.585	0.3205
		120	32.593	1.2167
		122	4.629	0.1728
		124	5.789	0.2161
51	Sb	121	57.213	0.1883
		123	42.787	0.1409
52	Te	120	0.096	0.0046
		122	2.603	0.1253
		123	0.908	0.0437
		124	4.816	0.2319
		125	7.139	0.3437
		126	18.952	0.9125
		128	31.687	1.526
		130	33.799	1.627
53	I	127	100	0.9975
54	Xe	124	0.129	0.00694
		126	0.112	0.00602
		128	2.23	0.12
		129	27.46	1.48
		130	4.38	0.236
		131	21.8	1.175
		132	26.36	1.421
		134	9.66	0.521
		136	7.87	0.424
55	Cs	133	100	0.3671

원자 번호	원소	질량 수	원자 (%)	존재도*2 (개)
56	Ba	130	0.1058	0.0046
		132	0.1012	0.0044
		134	2.417	0.1052
		135	6.592	0.2868
		136	7.853	0.3417
		137	11.232	0.4887
		138	71.699	3.12
57	La	138	0.09017	0.000397
		138		0.000401
		139	99.90983	0.4401
58	Ce	136	0.186	0.00217
		138	0.251	0.00293
		138		0.00293
		140	88.449	1.034
		142	11.114	0.1299
59	Pr	141	100	0.1737
60	Nd	142	27.16	0.22689
		143	12.19	0.1018631
		143		0.1007121
		144	23.83	0.1990728
		145	8.3	0.06934
		146	17.17	0.14344
		148	5.74	0.04795
		150	5.62	0.04695
62	Sm	144	3.0734	0.00781
		147	14.9934	0.03811
		147		0.03926
		148	11.2406	0.0286
		149	13.8189	0.0351
		150	7.3796	0.0188
		152	26.7421	0.068
		154	22.752	0.0578
63	Eu	151	47.81	0.04548
		153	52.19	0.04965
64	Gd	152	0.2029	0.00067
		154	2.1809	0.00724
		155	14.7998	0.04915

원자 번호	원소	질량 수	원자 (%)	존재도*[2] (개)
		156	20.4664	0.06797
		157	15.6518	0.05198
		158	24.8347	0.08248
		160	21.8635	0.07261
65	Tb	159	100	0.05907
66	Dy	156	0.056	0.000216
		158	0.096	0.000371
		160	2.34	0.00904
		161	18.91	0.073
		162	25.51	0.0985
		163	24.9	0.0962
		164	28.19	0.1089
67	Ho	165	100	0.08986
68	Er	162	0.137	0.00035
		164	1.609	0.004109
		166	33.61	0.08584
		167	22.93	0.05856
		168	26.79	0.06842
		170	14.93	0.03813
69	Tm	169	100	0.037
70	Yb	168	0.13	0.000323
		170	3.04	0.007551
		171	14.28	0.03547
		172	21.83	0.05423
		173	16.13	0.04007
		174	31.83	0.07907
		176	12.76	0.0317
71	Lu	175	97.416	0.0348
		176	2.584	0.000923
		176*[3]		0.001008
72	Hf	174	0.162	0.000275
		176	5.2502	0.0089201
		176*[3]		0.0088353
		177	18.5973	0.0315968
		178	27.284	0.046356
		179	13.6225	0.023145
		180	35.084	0.05968
73	Ta	180	0.0123	0.00000258
		181	99.9877	0.020987
74	W	180	0.1198	0.000153
		182	26.4985	0.03384
		183	14.3136	0.01828
		184	30.6422	0.03913
		186	28.4259	0.0363
75	Re	185	37.398	0.01965
		187	62.602	0.03289
		187*[3]		0.03544
76	Os	184	0.0198	0.000133
		186	1.5922	0.010728
		186*[3]		0.010727
		187	1.644	0.01108
		187*[3]		0.008532
		188	13.2865	0.089524
		189	16.1992	0.10915
		190	26.3438	0.1775
		192	40.9142	0.27568
77	Ir	191	37.272	0.2403
		193	62.728	0.4045
78	Pt	190	0.013634	0.000185
		190*[3]		0.000186
		192	0.78206	0.01062
		194	32.967	0.44736
		195	33.83156	0.45909
		196	25.24166	0.34253
		198	7.16349	0.09721
79	Au	197	100	0.1955
80	Hg	196	0.15344	0.00063
		198	9.968	0.0411
		199	16.873	0.0697
		200	23.096	0.0953
		201	13.181	0.0544
		202	29.863	0.1233

원자 번호	원소	질량 수	원자 (%)	존재도*2 (개)	원자 번호	원소	질량 수	원자 (%)	존재도*2 (개)
		204	6.865	0.0283	83	Bi	209	100	0.1388
81	Tl	203	29.524	0.0545	90	Th	232	100	0.03512
		205	70.476	0.13			232*3		0.04399
82	Pb	204	1.982	0.064573	92	U	235	0.72	0.000067
		206	18.7351	0.61039			235*3		0.005918
		206*3		0.60091			238	99.2745	0.009238
		207	22.59	0.67082			238*3		0.018713
		207*3		0.66497					
		208	58.6929	1.91222					
		208*3		1.90335					

*1 Lodders 2003, *ApJ*, 591, 1220.
*2 Si 존재도(개)$\equiv 1\times10^6$.
*3 45.5억 년 전.

현대의 천문학 시리즈 제9권

태양계와 행성

초판 1쇄 발행일 | 2017년 2월 10일

엮은이 | 와타나베 쥰이치 · 이다 시게루 · 사사키 쇼
옮긴이 | 오충식

펴낸이 | 이원중
펴낸곳 | 지성사
출판등록일 | 1993년 12월 9일 등록번호 제10 - 916호
주소 | (03408) 서울시 은평구 진흥로1길, 4, 2층
전화 | (02) 335 - 5494 팩스 (02) 335 - 5496
홈페이지 | 지성사.한국 www.jisungsa.co.kr **이메일** | jisungsa@hanmail.net

ISBN 978-89-7889-328-2 (94440)
978-89-7889-255-1 (세트)
잘못된 책은 바꾸어드립니다. 책값은 뒤표지에 있습니다.

「이 도서의 국립중앙도서관 출판예정도서목록(CIP)은 서지정보유통지원시스템 홈페이지(http://seoji.nl.go.kr)와
국가자료공동목록시스템(http://www.nl.go.kr/kolisnet)에서 이용하실 수 있습니다.(CIP제어번호: CIP2017000918)」